教科書ガイド 数研出版版 高等学校 数学C

JN064154

本書は，数研出版が発行する教科書「高等学校数学C［数C/709］」に沿って編集された，教科書の**公式ガイドブック**です。教科書のすべての問題の解き方と答えに加え，例と例題の解説動画も付いていますので，教科書の内容がすべてわかります。また，巻末には，オリジナルの演習問題も掲載していますので，これらに取り組むことで，更に実力が高まります。

本書の特徴と構成要素

1　教科書の問題の解き方と答えがわかる。予習・復習にピッタリ！
2　オリジナル問題で演習もできる。定期試験対策もバッチリ！
3　例・例題の解説動画付き。教科書の理解はバンゼン！

まとめ	各項目の冒頭に，公式や解法の要領，注意事項をまとめてあります。
指針	問題の考え方，解法の手がかり，解答の進め方を説明しています。
解答	指針に基づいて，できるだけ詳しい解答を示しています。
別解	解答とは別の解き方がある場合は，必要に応じて示しています。
注意 など	問題の考え方，解法の手がかり，解答の進め方で，特に注意すべきことや参考事項などを，必要に応じて示しています。
演習編	巻末に，教科書の問題の類問を掲載しています。これらの問題に取り組むことで，教科書で学んだ内容がいっそう身につきます。また，章ごとにまとめの問題も取り上げていますので，定期試験対策などにご利用ください。
デジタルコンテンツ	2次元コードを利用して，教科書の例・例題の解説動画や，巻末の演習編の問題の詳しい解き方などを見ることができます。

目　次

第1章　平面上のベクトル

第2章　空間のベクトル

第3章　複素数平面

第4章　式と曲線

第1節　2次曲線

第2節　媒介変数表示と極座標

第5章　数学的な表現の工夫

〈デジタルコンテンツ〉
次のものを用意しております。　デジタルコンテンツ ➡

① 教科書「高等学校数学C[数C/709]」の例・例題の解説動画
② 演習編の詳解
③ 教科書「高等学校数学C[数C/709]」と青チャート・黄チャートの対応表

教科書 *p.*8

第1章　平面上のベクトル

第1節　ベクトルとその演算

1　ベクトル

まとめ

1　有向線分（ゆうこう）

向きをつけた線分を **有向線分** という。有向線分 AB では，A をその **始点**，B をその **終点** といい，その **向き** は A から B へ向かっているとする。

また，線分 AB の長さを，有向線分 AB の **大きさ** または長さという。

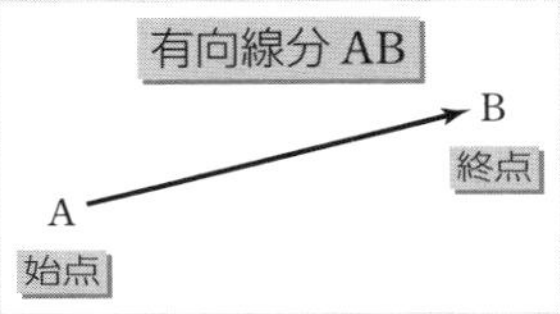

2　ベクトル

有向線分の位置の違いを無視して，その向きと大きさだけに着目したものを **ベクトル** という。ベクトルは，向きと大きさをもつ量である。

たとえば，力や速度などは，向きと大きさをもつ量であり，ベクトルで表すと考えやすくなる。

注意　本章では平面上の有向線分が表すベクトルを考える。これを平面上のベクトルということがある。なお，空間の有向線分が表すベクトルについては，第2章で扱う。

3　ベクトルの表し方

有向線分 AB が表すベクトルを $\overrightarrow{\mathrm{AB}}$ で表す。また，ベクトルを $\vec{a}$，$\vec{b}$ などで表すこともある。ベクトル $\overrightarrow{\mathrm{AB}}$，$\vec{a}$ の大きさは，それぞれ $|\overrightarrow{\mathrm{AB}}|$，$|\vec{a}|$ で表す。

$|\overrightarrow{\mathrm{AB}}|$ は有向線分 AB の長さに等しい。

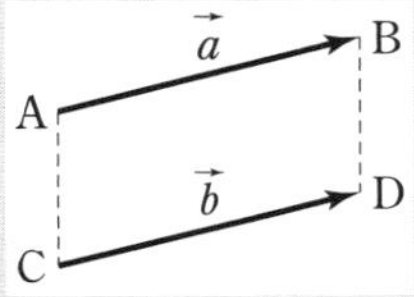

4　ベクトルの相等

向きが同じで大きさも等しい2つのベクトル $\vec{a}$，$\vec{b}$ は **等しい** といい，$\vec{a}=\vec{b}$ と書く。

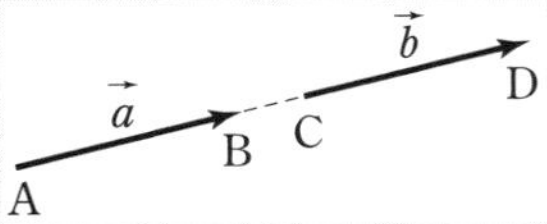

5　逆ベクトル

ベクトル $\vec{a}$ と大きさが等しく，向きが反対のベクトルを，$\vec{a}$ の **逆ベクトル** といい，$-\vec{a}$ で表す。

$\vec{a}=\overrightarrow{\mathrm{AB}}$ のとき，$-\vec{a}=\overrightarrow{\mathrm{BA}}$ である。

すなわち　　$\overrightarrow{\mathrm{BA}}=-\overrightarrow{\mathrm{AB}}$

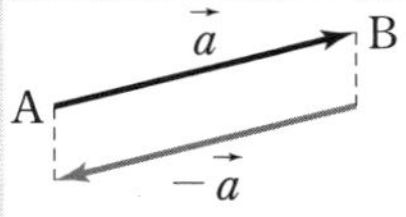

A 有向線分とベクトル　B ベクトルの表記

練習 1 教 p.9

右の図に示されたベクトルについて，次のようなベクトルの番号の組をすべてあげよ。

(1) 大きさが等しいベクトル

(2) 向きが同じベクトル

(3) 等しいベクトル

(4) 互いに逆ベクトル

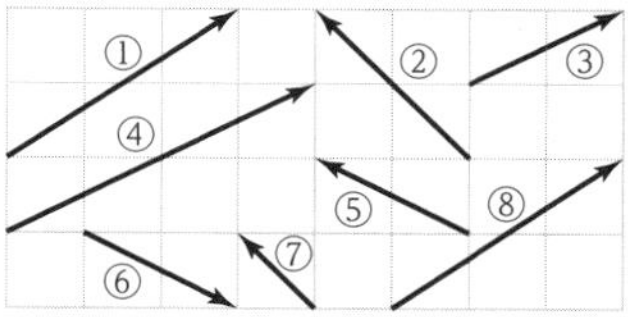

指針 **ベクトルの向き，相等，逆ベクトル**　ベクトルは，大きさと向きの2つの要素をもつ量で，この2つが等しいとき，ベクトルは等しい。
また，大きさが等しく向きが反対のベクトルを逆ベクトルという。

解答 (1) 大きさが等しいベクトルは，

①と⑧，③と⑤と⑥　答

(2) 向きが同じベクトルは，線分が平行で，向きが等しいことから

①と⑧，②と⑦，③と④　答

(3) ベクトルが等しいのは，大きさも，向きも等しいことから

①と⑧　答

(4) 逆ベクトルは，大きさが等しく向きが反対のベクトルであるから

⑤と⑥　答

2 ベクトルの演算

まとめ

1　ベクトルの加法

ベクトル $\vec{a}=\overrightarrow{\mathrm{AB}}$ とベクトル $\vec{b}$ に対して，$\overrightarrow{\mathrm{BC}}=\vec{b}$ となるように点Cをとる。このようにして定まるベクトル $\overrightarrow{\mathrm{AC}}$ を，$\vec{a}$ と $\vec{b}$ の**和**といい，$\vec{a}+\vec{b}$ と書く。

すなわち，次のことが成り立つ。

$$\overrightarrow{\mathrm{AB}}+\overrightarrow{\mathrm{BC}}=\overrightarrow{\mathrm{AC}}$$

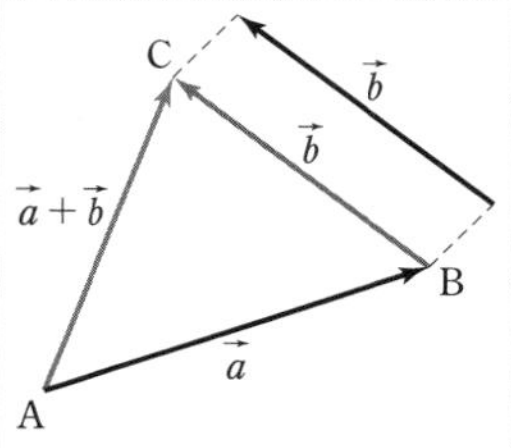

2　ベクトルの加法の性質

ベクトルの加法について，次の性質が成り立つ。

[1]　$\vec{a}+\vec{b}=\vec{b}+\vec{a}$　交換法則

[2]　$(\vec{a}+\vec{b})+\vec{c}=\vec{a}+(\vec{b}+\vec{c})$　結合法則

3　零(れい)ベクトル

大きさが0のベクトルを **零ベクトル** またはゼロベクトルといい，$\vec{0}$ で表す。

$\overrightarrow{AA}=\vec{0}$

$\overrightarrow{BB}=\vec{0}$

零ベクトルの向きは考えない。

零ベクトルに関して，次の性質が成り立つ。

$$\vec{a}+(-\vec{a})=\vec{0}, \quad \vec{a}+\vec{0}=\vec{a}$$

4　ベクトルの差

ベクトル $\vec{a}$，$\vec{b}$ に対して，$\vec{b}+\vec{c}=\vec{a}$ を満たすベクトル $\vec{c}$ を，$\vec{a}$ と $\vec{b}$ の **差** といい，$\vec{a}-\vec{b}$ と書く。

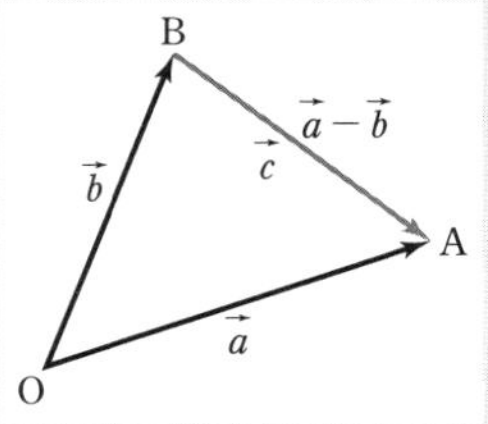

一般に，$\overrightarrow{OB}+\overrightarrow{BA}=\overrightarrow{OA}$ であるから

$$\overrightarrow{OA}-\overrightarrow{OB}=\overrightarrow{BA}$$

同様に，$\overrightarrow{OA}+\overrightarrow{AB}=\overrightarrow{OB}$ から

$$\overrightarrow{AB}=\overrightarrow{OB}-\overrightarrow{OA}$$

5　ベクトルの減法の性質

ベクトルの減法について，次の性質が成り立つ。

[1]　$\vec{a}-\vec{b}=\vec{a}+(-\vec{b})$　　　[2]　$\vec{a}-\vec{a}=\vec{0}$

6　ベクトルの実数倍

実数 k とベクトル $\vec{a}$ に対して，$\vec{a}$ の k 倍のベクトル $k\vec{a}$ を次のように定める。

$\vec{a}\neq\vec{0}$ のとき

[1]　$k>0$ ならば，$\vec{a}$ と向きが同じで，大きさが k 倍のベクトル。

とくに　$1\vec{a}=\vec{a}$

[2]　$k<0$ ならば，$\vec{a}$ と向きが反対で，大きさが $|k|$ 倍のベクトル。

とくに　$(-1)\vec{a}=-\vec{a}$

[3]　$k=0$ ならば，$\vec{0}$ とする。

すなわち　$0\vec{a}=\vec{0}$

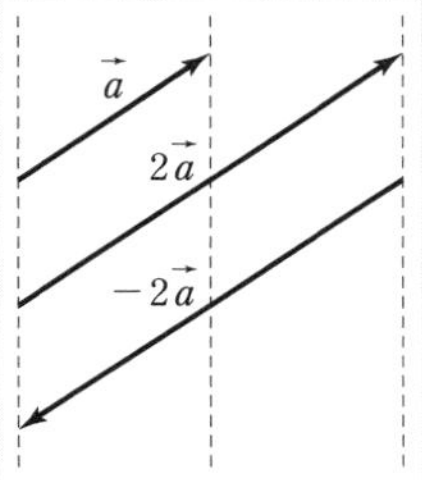

$\vec{a}=\vec{0}$ のとき　どんな k に対しても $k\vec{0}=\vec{0}$ とする。

注意　$(-2)\vec{a}=-(2\vec{a})$ が成り立つので，これらを単に $-2\vec{a}$ と書く。

7　ベクトルの実数倍の性質

k，l は実数とする。

[1]　$k(l\vec{a})=(kl)\vec{a}$

[2]　$(k+l)\vec{a}=k\vec{a}+l\vec{a}$

[3]　$k(\vec{a}+\vec{b})=k\vec{a}+k\vec{b}$

8　ベクトルの平行

$\vec{0}$ でない2つのベクトル $\vec{a}$，$\vec{b}$ は，向きが同じか反対のとき，**平行** であるといい，$\vec{a}\parallel\vec{b}$ と書く。

9　ベクトルの平行条件　$\vec{a} \neq \vec{0}$，$\vec{b} \neq \vec{0}$ のとき

$$\vec{a} /\!/ \vec{b} \iff \vec{b} = k\vec{a} \text{ となる実数 } k \text{ がある}$$

注意　$\vec{b}=k\vec{a}$ において，$k>0$ のとき $\vec{a}$，$\vec{b}$ は同じ向きに平行，$k<0$ のとき $\vec{a}$，$\vec{b}$ は反対向きに平行である。

10　単位ベクトル

大きさが1のベクトルを **単位ベクトル** という。

$\vec{a} \neq \vec{0}$ のとき，$\vec{a}$ と平行な単位ベクトルは　$\dfrac{\vec{a}}{|\vec{a}|}$ と $-\dfrac{\vec{a}}{|\vec{a}|}$

11　ベクトルの分解

$\vec{0}$ でない2つのベクトル $\vec{a}$，$\vec{b}$ が平行でないとき，どんなベクトル $\vec{p}$ も，$\vec{a}$，$\vec{b}$ と適当な実数 s，t を用いて $\vec{p}=s\vec{a}+t\vec{b}$ の形に表すことができる。

しかも，この表し方はただ1通りである。

注意　$\vec{0}$ でない2つのベクトル $\vec{a}$，$\vec{b}$ が平行でないとき，平面上におけるこのような2つのベクトル $\vec{a}$，$\vec{b}$ は **1次独立** であるという。

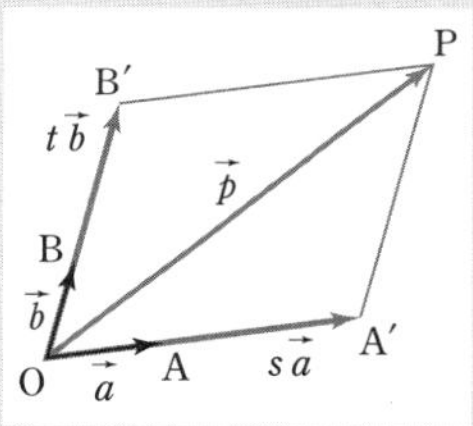

A　ベクトルの加法

練習 2　教 p.10

次のベクトル $\vec{a}$，$\vec{b}$ について，$\vec{a}+\vec{b}$ をそれぞれ図示せよ。

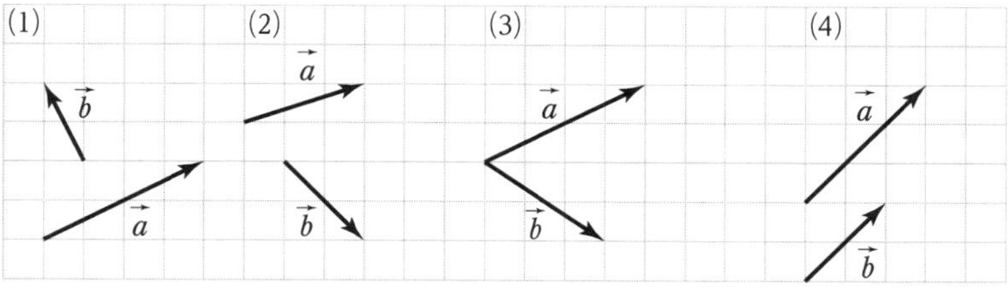

指針　**ベクトルの加法**　2つのベクトル $\vec{a}$，$\vec{b}$ の和 $\vec{a}+\vec{b}$ は，$\vec{b}$ を，その始点Pが $\vec{a}$ の終点Aに一致するように平行移動させ，$\vec{a}$ の始点Oから $\vec{b}$ の終点Cへ向かって線分を引くと得られる。

解答

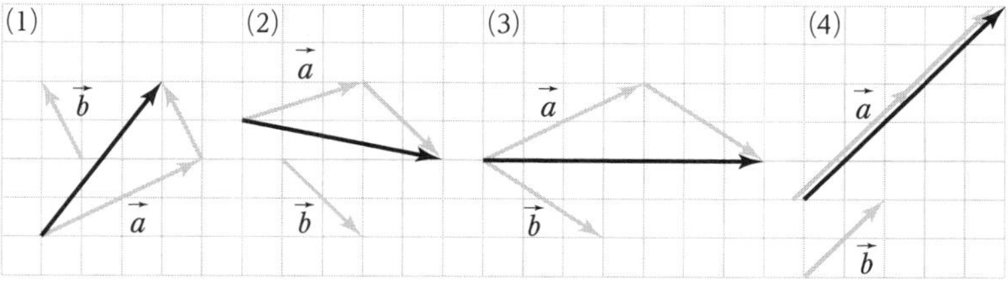

練習 3 教 p.11

次の等式が成り立つことを示せ。

$$\overrightarrow{AB}+\overrightarrow{BD}+\overrightarrow{CA}=\overrightarrow{CD}$$

指針 **ベクトルの和** 交換法則，結合法則を利用する。

解答 $\overrightarrow{AB}+\overrightarrow{BD}+\overrightarrow{CA}=(\overrightarrow{AB}+\overrightarrow{BD})+\overrightarrow{CA}=\overrightarrow{AD}+\overrightarrow{CA}$

$=\overrightarrow{CA}+\overrightarrow{AD}=\overrightarrow{CD}$ 終

B 零ベクトル

練習 4 教 p.12

次の等式が成り立つことを示せ。

$$\overrightarrow{AB}+\overrightarrow{BC}+\overrightarrow{CA}=\vec{0}$$

指針 **ベクトルの加法と零ベクトル** 結合法則を利用して，$\overrightarrow{AB}+\overrightarrow{BC}$ を先に計算する。$\overrightarrow{A\square}+\overrightarrow{\square A}=\overrightarrow{AA}=\vec{0}$ である。

解答 $\overrightarrow{AB}+\overrightarrow{BC}+\overrightarrow{CA}=(\overrightarrow{AB}+\overrightarrow{BC})+\overrightarrow{CA}=\overrightarrow{AC}+\overrightarrow{CA}$

$=\overrightarrow{AA}=\vec{0}$ 終

C ベクトルの減法

練習 5 教 p.12

練習 2 のベクトル $\vec{a}$，$\vec{b}$ について，$\vec{a}-\vec{b}$ をそれぞれ図示せよ。

指針 **ベクトルの差** 1 つの点を始点として，$\vec{a}$，$\vec{b}$ をかき，$\vec{b}$ の終点を始点とし，$\vec{a}$ の終点を終点とするベクトルをかく。

解答

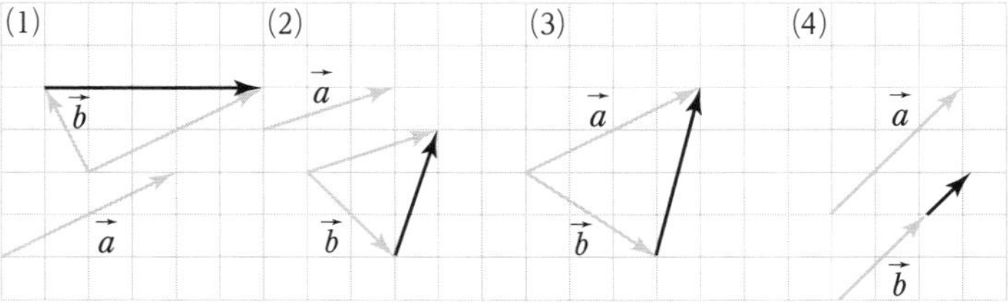

D ベクトルの実数倍

練習 6 教 p.13

教科書の例 3 のベクトル $\vec{a}$，$\vec{b}$，$\vec{c}$ について，次の(　)に適する実数を求めよ。

(1) $\vec{b}=(\quad)\vec{a}$　　(2) $\vec{a}=(\quad)\vec{c}$　　(3) $\vec{b}=(\quad)\vec{c}$

指針 **ベクトルの実数倍**　向きが反対のとき，負の実数倍となる。

解答 (1)　$\vec{b}$ は $\vec{a}$ と向きが同じで，大きさが $\frac{1}{4}$ 倍であるから

$\vec{b}=\frac{1}{4}\vec{a}$　　　答　$\frac{1}{4}$

(2)　$\vec{a}$ は $\vec{c}$ と向きが反対で，大きさが 2 倍であるから
$\vec{a}=-2\vec{c}$　　　答　-2

(3)　$\vec{b}$ は $\vec{c}$ と向きが反対で，大きさが $\frac{1}{2}$ 倍であるから

$\vec{b}=-\frac{1}{2}\vec{c}$　　　答　$-\frac{1}{2}$

練習 7　教 p.13

右の図のベクトル $\vec{a}$，$\vec{b}$ について，
次のベクトルを図示せよ。

(1)　$2\vec{a}$　　　(2)　$-2\vec{b}$

(3)　$2\vec{a}+\vec{b}$　　　(4)　$\vec{a}-2\vec{b}$

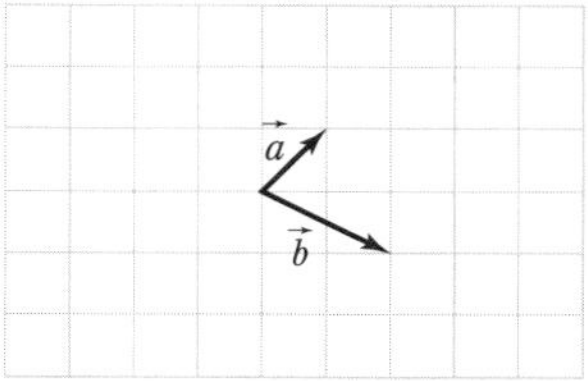

指針 **ベクトルの図示**　まず，$\vec{a}$，$\vec{b}$ をそれぞれ実数倍したベクトルを作図する。
(3), (4)　ベクトルの加法，減法の定義から向きを決定し，求めるベクトルを作図する。

解答 図のように，$\vec{a}=\overrightarrow{OA}$，$\vec{b}=\overrightarrow{OB}$ とする。

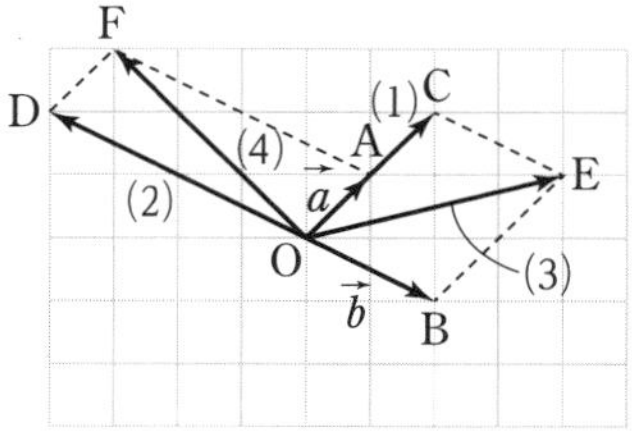

(1)　線分 OA の延長上に
OC$=2$OA となる点 C をとると
$2\vec{a}=\overrightarrow{OC}$

(2)　線分 BO の延長上に
OD$=2$OB となる点 D をとると
$-2\vec{b}=\overrightarrow{OD}$

(3)　$2\vec{a}+\vec{b}=\overrightarrow{OC}+\overrightarrow{OB}=\overrightarrow{OE}$

(4)　$\vec{a}-2\vec{b}=\vec{a}+(-2\vec{b})=\overrightarrow{OA}+\overrightarrow{OD}=\overrightarrow{OF}$

E　ベクトルの計算

練習 8　教 p.14

次の計算をせよ。

(1)　$\vec{a}+3\vec{a}-2\vec{a}$　　　(2)　$2(\vec{a}-3\vec{b})-3(3\vec{a}-2\vec{b})$

指針 **ベクトルの計算**　$\vec{a}$，$\vec{b}$ などの式を文字式と同じように扱うことができる。

(1) 同類項をまとめる。

(2) 分配法則により，かっこをはずし，同類項をまとめる。

解答 (1) $\vec{a}+3\vec{a}-2\vec{a}=(1+3-2)\vec{a}=\boldsymbol{2\vec{a}}$ 答

(2) $2(\vec{a}-3\vec{b})-3(3\vec{a}-2\vec{b})=2\vec{a}-6\vec{b}-9\vec{a}+6\vec{b}$

$=(2-9)\vec{a}+(-6+6)\vec{b}$

$=\boldsymbol{-7\vec{a}}$ 答

F ベクトルの平行

練習 9 教 p.15

次の問いに答えよ。

(1) 単位ベクトル $\vec{e}$ と平行で，大きさが 4 のベクトルを $\vec{e}$ を用いて表せ。

(2) $|\vec{a}|=3$ のとき，$\vec{a}$ と同じ向きの単位ベクトルを $\vec{a}$ を用いて表せ。

指針 **平行なベクトルと単位ベクトル**

(1) $\vec{e}$ と平行なベクトルは $k\vec{e}$ である。

(2) $\vec{a}$ と同じ向きの単位ベクトル，すなわち，$\vec{a}$ と同じ向きの大きさが 1 のベクトルは $\dfrac{\vec{a}}{|\vec{a}|}$ である。

解答 (1) $\boldsymbol{4\vec{e}}$，$\boldsymbol{-4\vec{e}}$ 答

(2) $\boldsymbol{\dfrac{1}{3}\vec{a}}$ $\left(\dfrac{\vec{a}}{3}\right)$ 答

G ベクトルの分解

練習 10 教 p.16

教科書の例題 1 において，次のベクトルを $\vec{a}$，$\vec{b}$ を用いて表せ。

(1) $\overrightarrow{AC}$ (2) $\overrightarrow{EF}$ (3) $\overrightarrow{DB}$

指針 **ベクトルの分解**

$\overrightarrow{○△}=\overrightarrow{○□}+\overrightarrow{□△}$ のように分解することができる。

解答 (1) $\overrightarrow{AC}=\overrightarrow{AF}+\overrightarrow{FC}$

$=\vec{b}+2\vec{a}$

$=\boldsymbol{2\vec{a}+\vec{b}}$ 答

(2) $\overrightarrow{EF}=\overrightarrow{EO}+\overrightarrow{OF}$

$=-\vec{b}+(-\vec{a})$

$=\boldsymbol{-\vec{a}-\vec{b}}$ 答

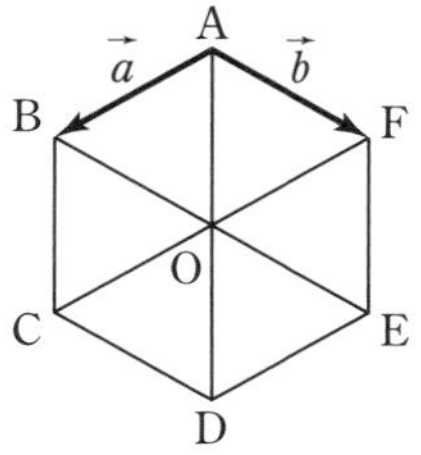

(3) $\overrightarrow{DB}=\overrightarrow{DE}+\overrightarrow{EB}$
$=-\vec{a}+(-2\vec{b})$
$=-\vec{a}-2\vec{b}$ 答

3 ベクトルの成分

まとめ

1 基本ベクトル

O を原点とする座標平面上で，x 軸，y 軸の正の向きと同じ向きの単位ベクトルを，**基本ベクトル** といい，それぞれ $\vec{e_1}$, $\vec{e_2}$ で表す。

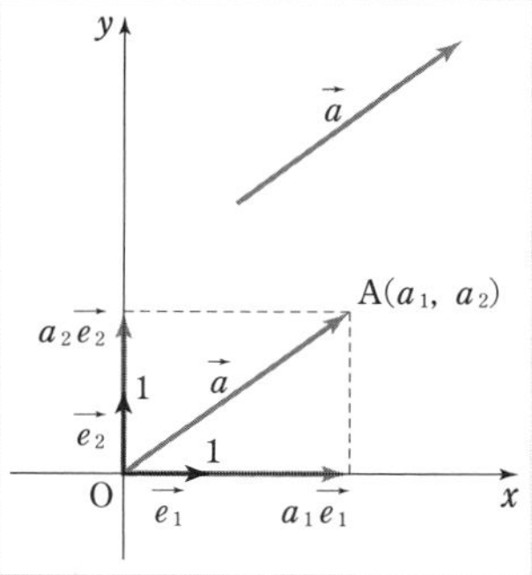

2 ベクトルの成分

座標平面上のベクトル $\vec{a}$ に対し，$\vec{a}=\overrightarrow{OA}$ である点Aの座標が$(a_1,\ a_2)$のとき，$\vec{a}$ は次のように表される。

$$\vec{a}=a_1\vec{e_1}+a_2\vec{e_2}$$
$$\vec{a}=(a_1,\ a_2) \quad \cdots\cdots ①$$

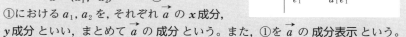

①における a_1, a_2 を，それぞれ $\vec{a}$ の **x成分**，**y成分** といい，まとめて $\vec{a}$ の **成分** という。また，①を $\vec{a}$ の **成分表示** という。

3 ベクトルの相等

$\vec{a}=(a_1,\ a_2)$，$\vec{b}=(b_1,\ b_2)$のとき

$$\vec{a}=\vec{b} \iff a_1=b_1,\ a_2=b_2$$

4 ベクトルの大きさ

$\vec{a}=(a_1,\ a_2)$のとき

$$|\vec{a}|=\sqrt{a_1^2+a_2^2}$$

5 和，差，実数倍の成分表示

$$(a_1,\ a_2)+(b_1,\ b_2)=(a_1+b_1,\ a_2+b_2)$$
$$(a_1,\ a_2)-(b_1,\ b_2)=(a_1-b_1,\ a_2-b_2)$$
$$k(a_1,\ a_2)=(ka_1,\ ka_2)$$ ただし，k は実数

6 2点A，Bとベクトル $\overrightarrow{AB}$

2点 A$(a_1,\ a_2)$，B$(b_1,\ b_2)$について

$$\overrightarrow{AB}=(b_1-a_1,\ b_2-a_2)$$
$$|\overrightarrow{AB}|=\sqrt{(b_1-a_1)^2+(b_2-a_2)^2}$$

A ベクトルの成分表示

練習 11 教 p.18

右の図のベクトル $\vec{b}$, $\vec{c}$, $\vec{d}$, $\vec{e}$ を，それぞれ成分表示せよ。また，各ベクトルの大きさを求めよ。

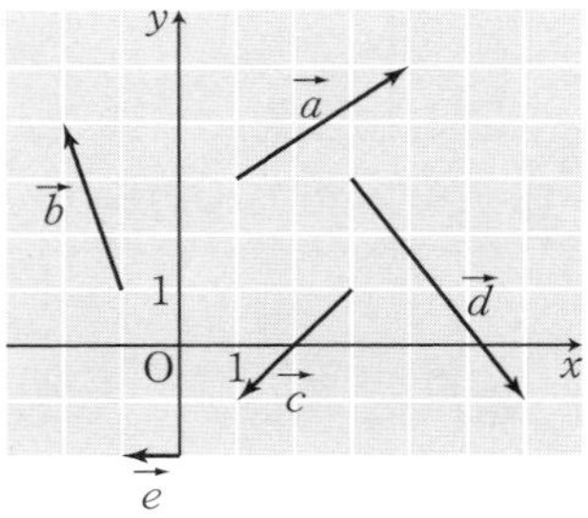

指針 **ベクトルの成分と大きさ**　有向線分が表す各ベクトルの始点，終点の座標をもとに求める。

解答 $\vec{b}=(-1,\ 3)$,　$|\vec{b}|=\sqrt{(-1)^2+3^2}=\sqrt{10}$　答

$\vec{c}=(-2,\ -2)$,　$|\vec{c}|=\sqrt{(-2)^2+(-2)^2}=2\sqrt{2}$　答

$\vec{d}=(3,\ -4)$,　$|\vec{d}|=\sqrt{3^2+(-4)^2}=5$　答

$\vec{e}=(-1,\ 0)$,　$|\vec{e}|=\sqrt{(-1)^2+0^2}=1$　答

B 和，差，実数倍の成分表示

練習 12 教 p.19

$\vec{a}=(3,\ -1)$，$\vec{b}=(-4,\ 2)$のとき，次のベクトルを成分表示せよ。

(1) $\vec{a}+\vec{b}$　　(2) $4\vec{a}$

(3) $4\vec{a}-3\vec{b}$　　(4) $-2(\vec{a}-\vec{b})$

指針 **和，差，実数倍の成分表示**　(1)は和。x成分どうし，y成分どうしの和が，それぞれx成分，y成分となる。(2)は実数倍。x成分，y成分とも実数倍する。(3)は差も加わる。差は，x成分どうし，y成分どうしの差が，それぞれx成分，y成分となる。(4)は差の実数倍。

解答 (1) $\vec{a}+\vec{b}=(3,\ -1)+(-4,\ 2)$

$=(3+(-4),\ -1+2)=(-1,\ 1)$　答

(2) $4\vec{a}=4(3,\ -1)=(12,\ -4)$　答

(3) $4\vec{a}-3\vec{b}=4(3,\ -1)-3(-4,\ 2)$

$=(12,\ -4)-(-12,\ 6)$

$=(12+12,\ -4-6)=(24,\ -10)$　答

(4) $-2(\vec{a}-\vec{b})=-2\vec{a}+2\vec{b}=-2(3,\ -1)+2(-4,\ 2)$

$=(-6,\ 2)+(-8,\ 4)=(-6-8,\ 2+4)=(-14,\ 6)$　答

練習 13 教 p.19

$\vec{a}=(2,\ 1)$, $\vec{b}=(-1,\ 3)$ とする。$\vec{c}=(8,\ -3)$ を，適当な実数 s, t を用いて $s\vec{a}+t\vec{b}$ の形に表せ。

指針 **ベクトルの分解** ベクトル $s\vec{a}+t\vec{b}$ を成分表示し，$\vec{c}$ の成分と比べて，s, t の値を求める。

解答 $s\vec{a}+t\vec{b}=s(2,\ 1)+t(-1,\ 3)$

$=(2s-t,\ s+3t)$

であるから，$\vec{c}=s\vec{a}+t\vec{b}$ とすると

$(8,\ -3)=(2s-t,\ s+3t)$

よって　$2s-t=8,\quad s+3t=-3$

これを解くと　$s=3,\ t=-2$

したがって　$\boldsymbol{\vec{c}=3\vec{a}-2\vec{b}}$ 答

練習 14 教 p.19

次の2つのベクトルが平行になるように，x の値を定めよ。

(1) $\vec{a}=(-2,\ 1)$, $\vec{b}=(x,\ -3)$　(2) $\vec{a}=(2,\ x)$, $\vec{b}=(3,\ 6)$

指針 **ベクトルの平行** $\vec{a}\,/\!/\,\vec{b}$ であるとき，$\vec{b}=k\vec{a}$ となる実数 k がある。$\vec{a}$, $k\vec{b}$ の成分表示から実数 k の値を求め，続いて x の値を求める。

解答 (1) $\vec{a}\neq\vec{0}$, $\vec{b}\neq\vec{0}$ であるから，$\vec{a}\,/\!/\,\vec{b}$ になるのは，$\vec{b}=k\vec{a}$ となる実数 k が存在するときである。

$(x,\ -3)=(-2k,\ k)$ から　$x=-2k,\quad -3=k$

よって　$k=-3$

したがって　$x=-2\times(-3)=6$　答 $\boldsymbol{x=6}$

(2) $\vec{a}\neq\vec{0}$, $\vec{b}\neq\vec{0}$ であるから，$\vec{a}\,/\!/\,\vec{b}$ になるのは，$\vec{a}=k\vec{b}$ となる実数 k が存在するときである。

$(2,\ x)=(3k,\ 6k)$ から　$2=3k,\quad x=6k$

よって　$k=\dfrac{2}{3}$

したがって　$x=6\times\dfrac{2}{3}=4$　答 $\boldsymbol{x=4}$

C 座標平面上の点とベクトル

練習 15 教 p.20

次の2点A，Bについて，$\overrightarrow{AB}$ を成分表示し，$|\overrightarrow{AB}|$ を求めよ。

(1) A(5, 2)，B(1, 6)　(2) A(−3, 4)，B(2, 0)

指針 **座標平面上の点とベクトル**　$A(a_1,\ a_2)$，$B(b_1,\ b_2)$のとき

$\overrightarrow{AB}=(b_1-a_1,\ b_2-a_2)$，　$|\overrightarrow{AB}|=\sqrt{(b_1-a_1)^2+(b_2-a_2)^2}$

解答 (1)　$\overrightarrow{\mathbf{AB}}=(1-5,\ 6-2)=(-4,\ 4)$　答

$|\overrightarrow{\mathbf{AB}}|=\sqrt{(-4)^2+4^2}=4\sqrt{2}$　答

(2)　$\overrightarrow{\mathbf{AB}}=(2-(-3),\ 0-4)=(5,\ -4)$　答

$|\overrightarrow{\mathbf{AB}}|=\sqrt{5^2+(-4)^2}=\sqrt{41}$　答

教 p.20

練習 16　4点 $A(-2,\ 1)$，$B(x,\ y)$，$C(2,\ 4)$，$D(-1,\ 3)$を頂点とする四角形ABCDが平行四辺形になるように，x，yの値を定めよ。

指針 **平行四辺形とベクトル**　平行四辺形ABCDでは，$\overrightarrow{AD}=\overrightarrow{BC}$ が成り立つ。

解答 四角形ABCDが平行四辺形になるのは，$\overrightarrow{BC}=\overrightarrow{AD}$ のときであるから

$$(2-x,\ 4-y)=(-1-(-2),\ 3-1)$$
$$=(1,\ 2)$$

よって　$2-x=1$，$4-y=2$

したがって　$\boldsymbol{x=1}$，$\boldsymbol{y=2}$　答

4 ベクトルの内積

まとめ

1　2つのベクトルのなす角

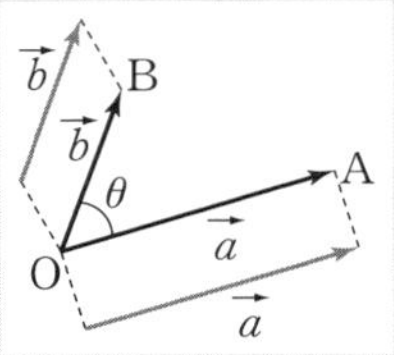

$\vec{0}$ でない2つのベクトル $\vec{a}$，$\vec{b}$ について，1点Oを定め，$\vec{a}=\overrightarrow{OA}$，$\vec{b}=\overrightarrow{OB}$ となる点A，Bをとる。このようにして定まる∠AOBの大きさθを，$\vec{a}$と$\vec{b}$ の **なす角** という。ただし，$0°\leqq\theta\leqq180°$である。

2　ベクトルの内積

$\vec{0}$ でない2つのベクトル $\vec{a}$ と $\vec{b}$ のなす角をθとするとき，$|\vec{a}||\vec{b}|\cos\theta$ を $\vec{a}$ と $\vec{b}$ の **内積** といい，$\vec{a}\cdot\vec{b}$ で表す。

$$\boldsymbol{\vec{a}\cdot\vec{b}=|\vec{a}||\vec{b}|\cos\theta}\qquad \text{ただし，}\theta\text{は}\vec{a}\text{と}\vec{b}\text{のなす角}$$

$\vec{a}=\vec{0}$ または $\vec{b}=\vec{0}$ のときは，$\vec{a}$と $\vec{b}$ の内積を $\vec{a}\cdot\vec{b}=0$ と定める。

注意 2つのベクトルの内積は，ベクトルではなく実数である。

3　ベクトルの垂直・平行

$\vec{0}$ でない2つのベクトル $\vec{a}$，$\vec{b}$ のなす角をθとする。

$\theta=90°$　のとき，$\vec{a}$と $\vec{b}$ は **垂直** であるといい，$\vec{a}\perp\vec{b}$ と書く。

$\theta=0°$　のとき $\vec{a}$と $\vec{b}$ は同じ向きに平行，

$\theta=180°$のとき $\vec{a}$と $\vec{b}$ は反対向きに平行である。

4 ベクトルの垂直・平行と内積

$\vec{a} \neq \vec{0}$, $\vec{b} \neq \vec{0}$ のとき

[1] $\vec{a} \perp \vec{b} \iff \vec{a} \cdot \vec{b} = 0$

[2] $\vec{a} /\!/ \vec{b} \iff \vec{a} \cdot \vec{b} = |\vec{a}||\vec{b}|$ または $\vec{a} \cdot \vec{b} = -|\vec{a}||\vec{b}|$

5 内積と成分

$\vec{a} = (a_1, a_2)$, $\vec{b} = (b_1, b_2)$ のとき

$$\vec{a} \cdot \vec{b} = a_1 b_1 + a_2 b_2$$

注意 上のことは，$\vec{a} = \vec{0}$ または $\vec{b} = \vec{0}$ のときも成り立つ。

6 ベクトルのなす角の余弦

$\vec{0}$でない2つのベクトル $\vec{a} = (a_1, a_2)$，$\vec{b} = (b_1, b_2)$ のなす角を θ とする。ただし，$0° \leqq \theta \leqq 180°$ である。このとき

$$\cos\theta = \frac{\vec{a} \cdot \vec{b}}{|\vec{a}||\vec{b}|} = \frac{a_1 b_1 + a_2 b_2}{\sqrt{a_1^2 + a_2^2}\sqrt{b_1^2 + b_2^2}}$$

7 ベクトルの垂直条件

$\vec{0}$でない2つのベクトル $\vec{a} = (a_1, a_2)$，$\vec{b} = (b_1, b_2)$ について

$$\vec{a} \perp \vec{b} \iff a_1 b_1 + a_2 b_2 = 0$$

8 内積の性質

[1] $\vec{a} \cdot \vec{a} = |\vec{a}|^2$

[2] $\vec{a} \cdot \vec{b} = \vec{b} \cdot \vec{a}$

[3] $(\vec{a} + \vec{b}) \cdot \vec{c} = \vec{a} \cdot \vec{c} + \vec{b} \cdot \vec{c}$

[4] $\vec{a} \cdot (\vec{b} + \vec{c}) = \vec{a} \cdot \vec{b} + \vec{a} \cdot \vec{c}$

[5] $(k\vec{a}) \cdot \vec{b} = \vec{a} \cdot (k\vec{b}) = k(\vec{a} \cdot \vec{b})$ ただし，k は実数

注意 [1]から，$\vec{a} \cdot \vec{a} \geqq 0$，$|\vec{a}| = \sqrt{\vec{a} \cdot \vec{a}}$ が成り立つ。

A ベクトルの内積

練習 17 教 p.21

$\vec{a}$ と $\vec{b}$ のなす角を θ とする。次の場合に内積 $\vec{a} \cdot \vec{b}$ を求めよ。

(1) $|\vec{a}| = 4$，$|\vec{b}| = 3$，$\theta = 45°$　　(2) $|\vec{a}| = 6$，$|\vec{b}| = 6$，$\theta = 150°$

指針 **ベクトルの内積** $\vec{a}$ と $\vec{b}$ の内積は，$\vec{a} \cdot \vec{b} = |\vec{a}||\vec{b}|\cos\theta$ により求める。

解答 (1) $\vec{a} \cdot \vec{b} = |\vec{a}||\vec{b}|\cos 45°$

$$= 4 \times 3 \times \frac{1}{\sqrt{2}} = 6\sqrt{2}$$ 答

(2) $\vec{a} \cdot \vec{b} = |\vec{a}||\vec{b}|\cos 150°$

$$= 6 \times 6 \times \left(-\frac{\sqrt{3}}{2}\right) = -18\sqrt{3}$$ 答

教 p.22

練習 18

教科書の例 10 の直角三角形 ABC において，次の内積を求めよ。

(1) $\overrightarrow{BA}\cdot\overrightarrow{AC}$　　(2) $\overrightarrow{AC}\cdot\overrightarrow{BC}$

指針 **図形と内積**

(1) $\overrightarrow{BA}$ と $\overrightarrow{AC}$ のなす角は $180°-30°=150°$ である。

(2) $\overrightarrow{AC}$ と $\overrightarrow{BC}$ のなす角は $90°$ である。

解答 (1) $|\overrightarrow{BA}|=2$, $|\overrightarrow{AC}|=\sqrt{3}$, $\overrightarrow{BA}$ と $\overrightarrow{AC}$ のなす角 θ は $150°$ であるから

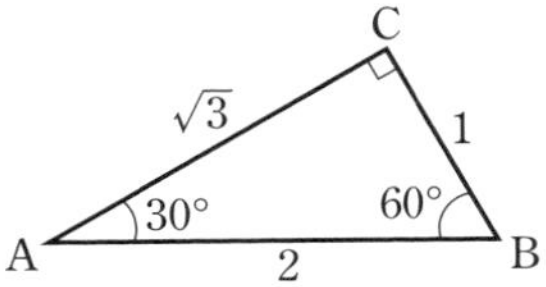

$$\begin{aligned}\overrightarrow{BA}\cdot\overrightarrow{AC}&=|\overrightarrow{BA}||\overrightarrow{AC}|\cos\theta\\&=2\times\sqrt{3}\times\cos 150°\\&=2\times\sqrt{3}\times\left(-\frac{\sqrt{3}}{2}\right)\\&=-3\end{aligned}$$ 答

(2) $|\overrightarrow{AC}|=\sqrt{3}$, $|\overrightarrow{BC}|=1$, $\overrightarrow{AC}$ と $\overrightarrow{BC}$ のなす角 θ は $90°$ であるから

$$\begin{aligned}\overrightarrow{AC}\cdot\overrightarrow{BC}&=|\overrightarrow{AC}||\overrightarrow{BC}|\cos\theta\\&=\sqrt{3}\times1\times\cos 90°\\&=\sqrt{3}\times1\times0=\mathbf{0}\end{aligned}$$ 答

B 成分による内積の表示

教 p.23

練習 19

次のベクトル $\vec{a}$, $\vec{b}$ について，内積 $\vec{a}\cdot\vec{b}$ を求めよ。

(1) $\vec{a}=(2,\ 5)$, $\vec{b}=(3,\ -2)$

(2) $\vec{a}=(1,\ \sqrt{3})$, $\vec{b}=(\sqrt{3},\ -1)$

指針 **内積と成分**　$\vec{a}=(a_1,\ a_2)$, $\vec{b}=(b_1,\ b_2)$ のとき，$\vec{a}$ と $\vec{b}$ の内積は，$\vec{a}\cdot\vec{b}=a_1b_1+a_2b_2$ により求める。

解答 (1) $\vec{a}\cdot\vec{b}=2\times3+5\times(-2)=\mathbf{-4}$ 答

(2) $\vec{a}\cdot\vec{b}=1\times\sqrt{3}+\sqrt{3}\times(-1)=\mathbf{0}$ 答

C ベクトルのなす角

教 p.24

練習 20

次の 2 つのベクトルのなす角 θ を求めよ。

(1) $\vec{a}=(2,\ 1)$, $\vec{b}=(-3,\ 1)$

(2) $\vec{a}=(1,\ \sqrt{3})$, $\vec{b}=(\sqrt{3},\ 1)$

(3) $\vec{a}=(3,\ -1)$, $\vec{b}=(2,\ 6)$

(4) $\vec{a}=(-4,\ 2)$, $\vec{b}=(2,\ -1)$

指針 **ベクトルのなす角** $\vec{a}=(a_1,\ a_2)$，$\vec{b}=(b_1,\ b_2)$のとき，なす角θは

$\cos\theta=\dfrac{\vec{a}\cdot\vec{b}}{|\vec{a}||\vec{b}|}=\dfrac{a_1b_1+a_2b_2}{\sqrt{a_1^2+a_2^2}\sqrt{b_1^2+b_2^2}}$により求める。

解答 (1) $\vec{a}\cdot\vec{b}=2\times(-3)+1\times1=-5$

$|\vec{a}|=\sqrt{2^2+1^2}=\sqrt{5}$

$|\vec{b}|=\sqrt{(-3)^2+1^2}=\sqrt{10}$

よって　$\cos\theta=\dfrac{\vec{a}\cdot\vec{b}}{|\vec{a}||\vec{b}|}=\dfrac{-5}{\sqrt{5}\sqrt{10}}=-\dfrac{1}{\sqrt{2}}$

$0^\circ\leqq\theta\leqq180^\circ$であるから　$\boldsymbol{\theta=135^\circ}$ 答

(2) $\vec{a}\cdot\vec{b}=1\times\sqrt{3}+\sqrt{3}\times1=2\sqrt{3}$

$|\vec{a}|=\sqrt{1^2+(\sqrt{3})^2}=2$

$|\vec{b}|=\sqrt{(\sqrt{3})^2+1^2}=2$

よって　$\cos\theta=\dfrac{\vec{a}\cdot\vec{b}}{|\vec{a}||\vec{b}|}=\dfrac{2\sqrt{3}}{2\times2}=\dfrac{\sqrt{3}}{2}$

$0^\circ\leqq\theta\leqq180^\circ$であるから　$\boldsymbol{\theta=30^\circ}$ 答

(3) $\vec{a}\cdot\vec{b}=3\times2+(-1)\times6=0$

$|\vec{a}|=\sqrt{3^2+(-1)^2}=\sqrt{10}$

$|\vec{b}|=\sqrt{2^2+6^2}=2\sqrt{10}$

よって　$\cos\theta=\dfrac{\vec{a}\cdot\vec{b}}{|\vec{a}||\vec{b}|}=\dfrac{0}{\sqrt{10}\times2\sqrt{10}}=0$

$0^\circ\leqq\theta\leqq180^\circ$であるから　$\boldsymbol{\theta=90^\circ}$ 答

(4) $\vec{a}\cdot\vec{b}=-4\times2+2\times(-1)=-10$

$|\vec{a}|=\sqrt{(-4)^2+2^2}=2\sqrt{5}$

$|\vec{b}|=\sqrt{2^2+(-1)^2}=\sqrt{5}$

よって　$\cos\theta=\dfrac{\vec{a}\cdot\vec{b}}{|\vec{a}||\vec{b}|}=\dfrac{-10}{2\sqrt{5}\sqrt{5}}=-1$

$0^\circ\leqq\theta\leqq180^\circ$であるから　$\boldsymbol{\theta=180^\circ}$ 答

教 p.25

練習 21 次の2つのベクトルが垂直になるように，xの値を定めよ。

(1) $\vec{a}=(3,\ 6)$，$\vec{b}=(x,\ 4)$　　(2) $\vec{a}=(x,\ -1)$，$\vec{b}=(x,\ x+2)$

指針 **垂直なベクトル** ベクトルの垂直条件 $\vec{a}\cdot\vec{b}=0$ を用いる。

解答 (1) $\vec{a}\cdot\vec{b}=0$ より　$3x+6\times4=0$

よって　$\boldsymbol{x=-8}$ 答

(2) $\vec{a}\cdot\vec{b}=0$ より　$x\times x+(-1)\times(x+2)=0$　ゆえに　$x^2-x-2=0$

左辺を因数分解して　$(x+1)(x-2)=0$

よって　$\boldsymbol{x=-1,\ 2}$ 答

教 p.25

練習 22

次の問いに答えよ。

(1) $\vec{a}=(2,\ 1)$に垂直で大きさが$\sqrt{10}$のベクトル$\vec{b}$を求めよ。

(2) $\vec{a}=(4,\ 3)$に垂直な単位ベクトル$\vec{e}$を求めよ。

指針 **垂直なベクトル**

(1) $\vec{b}=(x,\ y)$とすると$\vec{a}\cdot\vec{b}=0$から　　$2x+y=0$

また，$|\vec{b}|^2=(\sqrt{10})^2$から　　$x^2+y^2=10$

このx，yの連立方程式を解く。

(2) (1)と同様に$\vec{e}=(x,\ y)$として，x，yの連立方程式を作ってそれを解く。

$\vec{e}$は単位ベクトルであるから　　$|\vec{e}|^2=x^2+y^2=1$

解答 (1) $\vec{b}=(x,\ y)$とする。

$\vec{a}\perp\vec{b}$であるから　　$\vec{a}\cdot\vec{b}=0$　すなわち　$2x+y=0$

よって　　$y=-2x$　……①

$|\vec{b}|^2=(\sqrt{10})^2$であるから　　$x^2+y^2=10$　……②

①を②に代入すると　　$x^2+(-2x)^2=10$

整理すると　　$5x^2=10$　すなわち　$x=\pm\sqrt{2}$

①に代入して

$x=\sqrt{2}$のとき$y=-2\sqrt{2}$，　$x=-\sqrt{2}$のとき$y=2\sqrt{2}$

よって　　$\vec{b}=(\sqrt{2},\ -2\sqrt{2})$，$(-\sqrt{2},\ 2\sqrt{2})$　答

(2) $\vec{e}=(x,\ y)$とする。

$\vec{a}\perp\vec{e}$であるから　　$\vec{a}\cdot\vec{e}=0$　すなわち　$4x+3y=0$

よって　　$y=-\dfrac{4}{3}x$　……①

$|\vec{e}|^2=1^2$であるから　　$x^2+y^2=1$　……②

①を②に代入すると　　$x^2+\left(-\dfrac{4}{3}x\right)^2=1$

整理すると　　$\dfrac{25}{9}x^2=1$　すなわち　$x=\pm\dfrac{3}{5}$

①に代入して

$x=\dfrac{3}{5}$のとき$y=-\dfrac{4}{5}$，　$x=-\dfrac{3}{5}$のとき$y=\dfrac{4}{5}$

よって　　$\vec{e}=\left(\dfrac{3}{5},\ -\dfrac{4}{5}\right)$，$\left(-\dfrac{3}{5},\ \dfrac{4}{5}\right)$　答

教 p.25

練習 23

次の問いに答えよ。

(1) $\vec{0}$ でないベクトル $\vec{a}=(a_1,\ a_2)$ と $\vec{b}=(a_2,\ -a_1)$ は垂直であることを示せ。

(2) (1)を用いて，$\vec{a}=(1,\ 2)$ に垂直な単位ベクトル $\vec{e}$ を求めよ。

指針 **垂直であることの証明，垂直な単位ベクトル**

(1) $\vec{0}$ でないベクトル $\vec{a}=(a_1,\ a_2)$ と $\vec{b}=(a_2,\ -a_1)$ が垂直であることを示すには，$\vec{a}\cdot\vec{b}=0$ と $\vec{b}\neq\vec{0}$ を示せばよい。

(2) (1)より，$\vec{a}$ に垂直な単位ベクトルは　$\dfrac{\vec{b}}{|\vec{b}|}$ と $-\dfrac{\vec{b}}{|\vec{b}|}$

解答 (1) $\vec{a}\cdot\vec{b}=a_1a_2+a_2(-a_1)=a_1a_2-a_2a_1=0$

$\vec{a}\neq\vec{0}$ であるから　　$a_1\neq0$　または　$a_2\neq0$

よって　　$\vec{b}\neq\vec{0}$

したがって，ベクトル $\vec{a}=(a_1,\ a_2)$ と $\vec{b}=(a_2,\ -a_1)$ は垂直である。 終

(2) (1)から，$\vec{a}=(1,\ 2)$ と $\vec{b}=(2,\ -1)$ は垂直である。

$|\vec{b}|=\sqrt{2^2+(-1)^2}=\sqrt{5}$ であるから，$\vec{b}$ に平行な単位ベクトル $\vec{e}$ は

$$\vec{e}=\pm\frac{\vec{b}}{|\vec{b}|}=\pm\frac{\vec{b}}{\sqrt{5}}=\pm\frac{\sqrt{5}}{5}\vec{b}\qquad\text{（複号同順）}$$

よって　$\dfrac{\sqrt{5}}{5}\vec{b}=\dfrac{\sqrt{5}}{5}(2,\ -1)=\left(\dfrac{2\sqrt{5}}{5},\ -\dfrac{\sqrt{5}}{5}\right)$,

$-\dfrac{\sqrt{5}}{5}\vec{b}=-\dfrac{\sqrt{5}}{5}(2,\ -1)=\left(-\dfrac{2\sqrt{5}}{5},\ \dfrac{\sqrt{5}}{5}\right)$

したがって　$\vec{e}=\left(\dfrac{2\sqrt{5}}{5},\ -\dfrac{\sqrt{5}}{5}\right),\ \left(-\dfrac{2\sqrt{5}}{5},\ \dfrac{\sqrt{5}}{5}\right)$ 答

D 内積の性質

教 p.26

練習 24

次の等式を証明せよ。

(1) $|\vec{a}+2\vec{b}|^2=|\vec{a}|^2+4\vec{a}\cdot\vec{b}+4|\vec{b}|^2$

(2) $(\vec{a}+\vec{b})\cdot(\vec{a}-\vec{b})=|\vec{a}|^2-|\vec{b}|^2$

指針 **ベクトルの大きさと内積**

(1) $|\vec{a}+2\vec{b}|$ はベクトル $\vec{a}+2\vec{b}$ の大きさを表す実数であるから，このままでは内積の計算法則を利用することはできない。まず，$\vec{a}\cdot\vec{a}=|\vec{a}|^2$ であることを用いて，$|\vec{a}+2\vec{b}|^2$ を内積の形に表す。

解答 (1) 左辺$=(\vec{a}+2\vec{b})\cdot(\vec{a}+2\vec{b})$

$=\vec{a}\cdot(\vec{a}+2\vec{b})+2\vec{b}\cdot(\vec{a}+2\vec{b})$

$=\vec{a}\cdot\vec{a}+2\vec{a}\cdot\vec{b}+2\vec{b}\cdot\vec{a}+4\vec{b}\cdot\vec{b}$　　←$\vec{a}\cdot\vec{b}=\vec{b}\cdot\vec{a}$

$=|\vec{a}|^2+4\vec{a}\cdot\vec{b}+4|\vec{b}|^2=$右辺

よって　$|\vec{a}+2\vec{b}|^2=|\vec{a}|^2+4\vec{a}\cdot\vec{b}+4|\vec{b}|^2$　終

(2)　左辺$=\vec{a}\cdot(\vec{a}-\vec{b})+\vec{b}\cdot(\vec{a}-\vec{b})$

$=\vec{a}\cdot\vec{a}-\vec{a}\cdot\vec{b}+\vec{b}\cdot\vec{a}-\vec{b}\cdot\vec{b}$　　←$\vec{a}\cdot\vec{b}=\vec{b}\cdot\vec{a}$

$=\vec{a}\cdot\vec{a}-\vec{b}\cdot\vec{b}$

$=|\vec{a}|^2-|\vec{b}|^2=$右辺

よって　$(\vec{a}+\vec{b})\cdot(\vec{a}-\vec{b})=|\vec{a}|^2-|\vec{b}|^2$　終

練習 25　教 p.27

$|\vec{a}|=3$，$|\vec{b}|=2$，$\vec{a}\cdot\vec{b}=-3$ のとき，次の値を求めよ。

(1)　$|\vec{a}+\vec{b}|$　　(2)　$|\vec{a}-2\vec{b}|$

指針　**ベクトルの大きさと内積**

(1)　$|\vec{a}+\vec{b}|^2=(\vec{a}+\vec{b})\cdot(\vec{a}+\vec{b})$から，まず $|\vec{a}+\vec{b}|^2$ の値を求める。

解答　(1)　$|\vec{a}+\vec{b}|^2=(\vec{a}+\vec{b})\cdot(\vec{a}+\vec{b})$

$=|\vec{a}|^2+2\vec{a}\cdot\vec{b}+|\vec{b}|^2$

$=3^2+2\times(-3)+2^2$

$=7$

$|\vec{a}+\vec{b}|\geqq 0$ であるから　$|\vec{a}+\vec{b}|=\sqrt{7}$　答

(2)　$|\vec{a}-2\vec{b}|^2=(\vec{a}-2\vec{b})\cdot(\vec{a}-2\vec{b})$

$=|\vec{a}|^2-4\vec{a}\cdot\vec{b}+4|\vec{b}|^2$

$=3^2-4\times(-3)+4\times 2^2$

$=37$

$|\vec{a}-2\vec{b}|\geqq 0$ であるから　$|\vec{a}-2\vec{b}|=\sqrt{37}$　答

練習 26　教 p.27

$|\vec{a}|=2$，$|\vec{b}|=2$ で，$3\vec{a}-2\vec{b}$ と $\vec{a}+4\vec{b}$ が垂直であるとする。
このとき，$\vec{a}$ と $\vec{b}$ のなす角 θ を求めよ。

指針　**ベクトルのなす角と内積**　$(3\vec{a}-2\vec{b})\perp(\vec{a}+4\vec{b})$から

$(3\vec{a}-2\vec{b})\cdot(\vec{a}+4\vec{b})=0$　　$|\vec{a}|$，$|\vec{b}|$ の値から $\vec{a}\cdot\vec{b}$ の値を求め，

$\cos\theta=\dfrac{\vec{a}\cdot\vec{b}}{|\vec{a}||\vec{b}|}$ より，θ を求める。

解答　$(3\vec{a}-2\vec{b})\perp(\vec{a}+4\vec{b})$であるから　$(3\vec{a}-2\vec{b})\cdot(\vec{a}+4\vec{b})=0$

よって　$3|\vec{a}|^2+10\vec{a}\cdot\vec{b}-8|\vec{b}|^2=0$

$|\vec{a}|=2$，$|\vec{b}|=2$ を代入すると　$3\times 2^2+10\vec{a}\cdot\vec{b}-8\times 2^2=0$

ゆえに　$\vec{a}\cdot\vec{b}=2$　よって　$\cos\theta=\dfrac{\vec{a}\cdot\vec{b}}{|\vec{a}||\vec{b}|}=\dfrac{2}{2\times2}=\dfrac{1}{2}$

$0^\circ\leqq\theta\leqq180^\circ$ であるから　$\boldsymbol{\theta=60^\circ}$　答

研究　三角形の面積

まとめ

三角形の面積

$\triangle$OAB において，$\overrightarrow{\mathrm{OA}}=\vec{a}$，$\overrightarrow{\mathrm{OB}}=\vec{b}$ とする。このとき，$\triangle$OAB の面積 S を，ベクトル $\vec{a}$，$\vec{b}$ で表すと

$$S=\frac{1}{2}\sqrt{|\vec{a}|^2|\vec{b}|^2-(\vec{a}\cdot\vec{b})^2}$$

また，$\overrightarrow{\mathrm{OA}}=\vec{a}=(a_1,\ a_2)$，$\overrightarrow{\mathrm{OB}}=\vec{b}=(b_1,\ b_2)$ とすると　$S=\dfrac{1}{2}|a_1b_2-a_2b_1|$

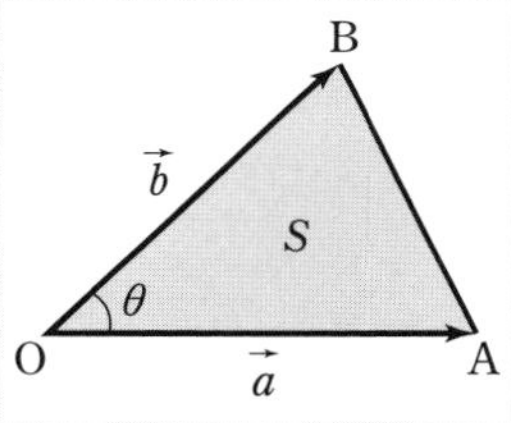

練習 1　教 p.28

次の 3 点を頂点とする三角形の面積を求めよ。

O(0, 0)，A(4, 1)，B(2, −1)

指針　**三角形の面積**　$\overrightarrow{\mathrm{OA}}=\vec{a}=(a_1,\ a_2)$，$\overrightarrow{\mathrm{OB}}=\vec{b}=(b_1,\ b_2)$ とすると，

$\triangle$OAB の面積 S は　$S=\dfrac{1}{2}\sqrt{|\vec{a}|^2|\vec{b}|^2-(\vec{a}\cdot\vec{b})^2}=\dfrac{1}{2}|a_1b_2-a_2b_1|$

解答　$\overrightarrow{\mathrm{OA}}=(4,\ 1)$，$\overrightarrow{\mathrm{OB}}=(2,\ -1)$ であるから

$|\overrightarrow{\mathrm{OA}}|^2=4^2+1^2=17$，　$|\overrightarrow{\mathrm{OB}}|^2=2^2+(-1)^2=5$

$\overrightarrow{\mathrm{OA}}\cdot\overrightarrow{\mathrm{OB}}=4\times2+1\times(-1)=7$

よって，求める三角形の面積 S は

$$S=\frac{1}{2}\sqrt{|\overrightarrow{\mathrm{OA}}|^2|\overrightarrow{\mathrm{OB}}|^2-(\overrightarrow{\mathrm{OA}}\cdot\overrightarrow{\mathrm{OB}})^2}=\frac{1}{2}\sqrt{17\times5-7^2}$$

$$=\frac{1}{2}\sqrt{36}=3$$　答

別解　$\overrightarrow{\mathrm{OA}}=(4,\ 1)$，$\overrightarrow{\mathrm{OB}}=(2,\ -1)$ であるから

$$S=\frac{1}{2}|4\times(-1)-1\times2|=\frac{1}{2}|-6|=3$$　答

教科書 p.29

コラム ベクトルの内積

教 p.29

練習 教科書のコラムのように平らな地面で物体を移動させたとき，重力が物体にした仕事を内積を利用して求めてみよう。

指針 重力は物体の移動の向きと垂直である。

解答 物体の移動を表すベクトルを $\vec{x}$，重力を表すベクトルを $\vec{F}$ とすると，
$\vec{F}\perp\vec{x}$ であるから　　$\vec{F}\cdot\vec{x}=0$
したがって，重力が物体にした仕事は **0** である。 答

第1章 第1節　問　題

教 p.30

1 次の等式を満たす $\vec{x}$ を，$\vec{a}$，$\vec{b}$ を用いて表せ。

(1) $3\vec{x}-4\vec{a}=\vec{x}-2\vec{b}$　　(2) $2(\vec{x}-3\vec{a})=5(\vec{x}+2\vec{b})$

指針 **ベクトルの計算**　ベクトルの加法，減法，実数倍の計算では，$\vec{a}$，$\vec{b}$ などを，数を表す文字と同じように扱うことができる。
$\vec{x}$ についての方程式を解くと考えてよい。

解答 (1) 移項すると　$3\vec{x}-\vec{x}=-2\vec{b}+4\vec{a}$
整理して　$2\vec{x}=4\vec{a}-2\vec{b}$
両辺を 2 で割って　$\boldsymbol{\vec{x}=2\vec{a}-\vec{b}}$ 答

(2) かっこをはずすと　$2\vec{x}-6\vec{a}=5\vec{x}+10\vec{b}$
移項すると　$2\vec{x}-5\vec{x}=10\vec{b}+6\vec{a}$
整理して　$-3\vec{x}=6\vec{a}+10\vec{b}$
両辺を −3 で割って　$\boldsymbol{\vec{x}=-2\vec{a}-\frac{10}{3}\vec{b}}$ 答

教 p.30

2 右の図の正六角形 ABCDEF において，AB=2 とする。次の内積を求めよ。

(1) $\overrightarrow{AB}\cdot\overrightarrow{AF}$　　(2) $\overrightarrow{AD}\cdot\overrightarrow{CE}$
(3) $\overrightarrow{AC}\cdot\overrightarrow{AE}$　　(4) $\overrightarrow{AC}\cdot\overrightarrow{CE}$

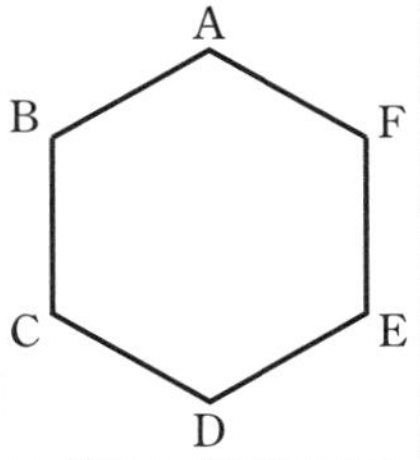

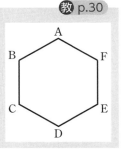

指針 **図形と内積**　正六角形 ABCDEF であるから，中心 O と各頂点を結んでできる 6 個の三角形は，すべて 1 辺の長さが 2 の正三角形である。

解答 正六角形 ABCDEF の中心を O とする。

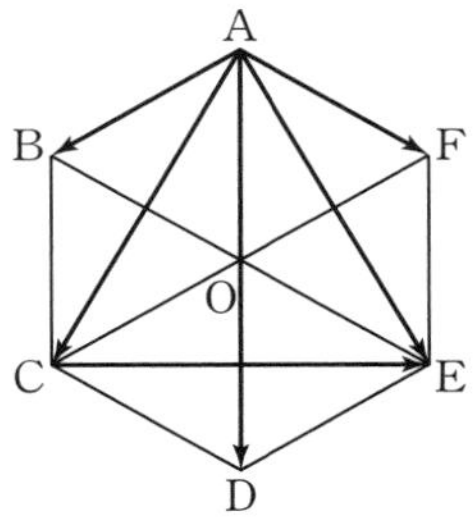

(1) $\angle BAF=120°$ であるから
$\overrightarrow{AB}\cdot\overrightarrow{AF}=|\overrightarrow{AB}||\overrightarrow{AF}|\cos 120°$
$=2\times2\times\left(-\frac{1}{2}\right)=\boldsymbol{-2}$ 答

(2) 正六角形であるから　$\overrightarrow{AD}\perp\overrightarrow{CE}$
よって　$\boldsymbol{\overrightarrow{AD}\cdot\overrightarrow{CE}=0}$ 答

(3) 1 辺の長さが 2 の正六角形であるから
$AC=AE=2\sqrt{3}$

また　　　$\angle \mathrm{CAE}=60^\circ$

よって　　$\overrightarrow{\mathrm{AC}}\cdot\overrightarrow{\mathrm{AE}}=|\overrightarrow{\mathrm{AC}}||\overrightarrow{\mathrm{AE}}|\cos 60^\circ$

$$=2\sqrt{3}\times 2\sqrt{3}\times\frac{1}{2}=6$$ 答

(4)　(3)と同様に　　$\mathrm{AC}=\mathrm{CE}=2\sqrt{3}$

また，$\overrightarrow{\mathrm{AC}}$ と $\overrightarrow{\mathrm{CE}}$ のなす角は 120° であるから

$$\overrightarrow{\mathrm{AC}}\cdot\overrightarrow{\mathrm{CE}}=|\overrightarrow{\mathrm{AC}}||\overrightarrow{\mathrm{CE}}|\cos 120^\circ$$

$$=2\sqrt{3}\times 2\sqrt{3}\times\left(-\frac{1}{2}\right)=-6$$ 答

教 p.30

3　次の問いに答えよ。

(1)　次が成り立つことを示せ。

$\vec{a}\neq\vec{0}$，$\vec{b}\neq\vec{0}$ で，$\vec{a}=(a_1,\ a_2)$，$\vec{b}=(b_1,\ b_2)$ のとき

$$\vec{a}\parallel\vec{b}\iff a_1b_2-a_2b_1=0$$

(2)　2 つのベクトル $\vec{a}=(9,\ -6)$，$\vec{b}=(x,\ 2)$ について，$\vec{a}\parallel\vec{b}$ のとき，(1)の結果を用いて，x の値を求めよ。

指針　**ベクトルの平行条件**

(1)　$\vec{a}=k\vec{b}$ となる 0 でない実数 k が存在することからも示せるが，場合分けが面倒である。ここでは内積を利用して示す。

$\vec{0}$ でない 2 つのベクトル $\vec{a}$，$\vec{b}$ のなす角を $\theta\ (0^\circ\leqq\theta\leqq180^\circ)$ とすると

$\vec{a}\parallel\vec{b}\iff\theta=0^\circ$ または $\theta=180^\circ$　　これを成分で表す。

(2)　$a_1=9$，$a_2=-6$，$b_1=x$，$b_2=2$ を $a_1b_2-a_2b_1=0$ に代入して求める。

解答　(1)　$\vec{a}$ と $\vec{b}$ のなす角を θ とすると，$\vec{a}\parallel\vec{b}$ のとき

$$\theta=0^\circ\quad\text{または}\quad\theta=180^\circ$$

このとき，$\cos 0^\circ=1$，$\cos 180^\circ=-1$ から

$$\vec{a}\cdot\vec{b}=|\vec{a}||\vec{b}|\quad\text{または}\quad\vec{a}\cdot\vec{b}=-|\vec{a}||\vec{b}|$$

すなわち　　$|\vec{a}\cdot\vec{b}|=|\vec{a}||\vec{b}|$

両辺を 2 乗して　　$|\vec{a}\cdot\vec{b}|^2=|\vec{a}|^2|\vec{b}|^2$

両辺を成分で表すと　$(a_1b_1+a_2b_2)^2=(a_1{}^2+a_2{}^2)(b_1{}^2+b_2{}^2)$

整理すると　　$a_1{}^2b_2{}^2-2a_1b_1a_2b_2+a_2{}^2b_1{}^2=0$

すなわち　　$(a_1b_2-a_2b_1)^2=0$

よって　　$a_1b_2-a_2b_1=0$

逆に，このとき $|\vec{a}\cdot\vec{b}|=|\vec{a}||\vec{b}|$ となり，$\vec{a}\parallel\vec{b}$ が成り立つ。 終

(2)　(1)より　　$9\times2-(-6)\times x=0$

すなわち　　$18+6x=0$

よって　　$x=-3$ 答

教 p.30

4 $|\vec{a}|=1$, $|\vec{b}|=\sqrt{3}$, $|\vec{a}-\vec{b}|=\sqrt{7}$ のとき，次の問いに答えよ。

(1) $\vec{a}$ と $\vec{b}$ のなす角 θ を求めよ。

(2) $\vec{a}+t\vec{b}$ と $\vec{a}-\vec{b}$ が垂直になるように，実数 t の値を定めよ。

指針 **ベクトルとなす角** (1) まず，$|\vec{a}-\vec{b}|^2=|\vec{a}|^2-2\vec{a}\cdot\vec{b}+|\vec{b}|^2$ を利用して内積 $\vec{a}\cdot\vec{b}$ を求める。次に $\cos\theta=\dfrac{\vec{a}\cdot\vec{b}}{|\vec{a}||\vec{b}|}$ により，なす角 θ を求める。

(2) ベクトルの垂直条件 $\vec{a}\perp\vec{b} \iff a_1b_1+a_2b_2=0$ を利用する。

解答 (1) $|\vec{a}-\vec{b}|=\sqrt{7}$ の両辺を 2 乗して

$$|\vec{a}-\vec{b}|^2=7 \quad すなわち \quad |\vec{a}|^2-2\vec{a}\cdot\vec{b}+|\vec{b}|^2=7$$

$|\vec{a}|=1$, $|\vec{b}|=\sqrt{3}$ を代入して

$$1^2-2\vec{a}\cdot\vec{b}+(\sqrt{3})^2=7$$

よって $\vec{a}\cdot\vec{b}=-\dfrac{3}{2}$

したがって $\cos\theta=\dfrac{\vec{a}\cdot\vec{b}}{|\vec{a}||\vec{b}|}=\dfrac{-\frac{3}{2}}{1\times\sqrt{3}}=-\dfrac{\sqrt{3}}{2}$

$0^\circ\leqq\theta\leqq180^\circ$ であるから **$\theta=150^\circ$** 答

(2) $(\vec{a}+t\vec{b})\perp(\vec{a}-\vec{b})$ であるから $(\vec{a}+t\vec{b})\cdot(\vec{a}-\vec{b})=0$

よって $|\vec{a}|^2-\vec{a}\cdot\vec{b}+t\vec{a}\cdot\vec{b}-t|\vec{b}|^2=0$

ここで，$|\vec{a}|=1$, $|\vec{b}|=\sqrt{3}$, $\vec{a}\cdot\vec{b}=-\dfrac{3}{2}$ であるから

$$1^2+\frac{3}{2}-\frac{3}{2}t-t\times(\sqrt{3})^2=0$$

よって $-\dfrac{9}{2}t+\dfrac{5}{2}=0$ これを解いて $t=\dfrac{5}{9}$

このとき，$\vec{a}+t\vec{b}\neq\vec{0}$, $\vec{a}-\vec{b}\neq\vec{0}$ である。 答 **$t=\dfrac{5}{9}$**

教 p.30

研究

5 次の三角形の面積 S を求めよ。

(1) $|\overrightarrow{OA}|=4$, $|\overrightarrow{OB}|=5$, $\overrightarrow{OA}\cdot\overrightarrow{OB}=-10$ を満たす △OAB

(2) 3 点 A(1, 0), B(−2, −1), C(−1, 3) を頂点とする △ABC

指針 **三角形の面積** △OAB の面積は，$\overrightarrow{OA}=\vec{a}$, $\overrightarrow{OB}=\vec{b}$ とすると

$S=\dfrac{1}{2}\sqrt{|\vec{a}|^2|\vec{b}|^2-(\vec{a}\cdot\vec{b})^2}$ で求めることができる。

(2) △ABC の面積は，$\overrightarrow{AB}=\vec{a}=(a_1, a_2)$, $\overrightarrow{AC}=\vec{b}=(b_1, b_2)$ とすると

$S=\frac{1}{2}|a_1b_2-a_2b_1|$ でも求めることができる。

解答 (1) $S=\frac{1}{2}\sqrt{|\overrightarrow{OA}|^2|\overrightarrow{OB}|^2-(\overrightarrow{OA}\cdot\overrightarrow{OB})^2}=\frac{1}{2}\sqrt{4^2\times5^2-(-10)^2}$

$=\frac{1}{2}\sqrt{300}=5\sqrt{3}$ 答

(2) $\overrightarrow{AB}=(-3,\ -1)$，$\overrightarrow{AC}=(-2,\ 3)$ であるから

$|\overrightarrow{AB}|^2=(-3)^2+(-1)^2=10$

$|\overrightarrow{AC}|^2=(-2)^2+3^2=13$

$\overrightarrow{AB}\cdot\overrightarrow{AC}=(-3)\times(-2)+(-1)\times3=3$

よって，求める三角形の面積 S は

$S=\frac{1}{2}\sqrt{|\overrightarrow{AB}|^2|\overrightarrow{AC}|^2-(\overrightarrow{AB}\cdot\overrightarrow{AC})^2}=\frac{1}{2}\sqrt{10\times13-3^2}$

$=\frac{1}{2}\sqrt{121}=\frac{11}{2}$ 答

別解 (2) $\overrightarrow{AB}=(-3,\ -1)$，$\overrightarrow{AC}=(-2,\ 3)$ であるから

$S=\frac{1}{2}|(-3)\times3-(-1)\times(-2)|=\frac{1}{2}|-11|=\frac{11}{2}$ 答

教 p.30

6 2つのベクトル $\vec{a}$，$\vec{b}$ について，次の問いに答えよ。

(1) 次が成り立つことを示せ。

$\vec{a}\cdot\vec{b}=0 \iff |\vec{a}+\vec{b}|=|\vec{a}-\vec{b}|$

(2) 平行四辺形 OACB において，$\overrightarrow{OA}=\vec{a}$，$\overrightarrow{OB}=\vec{b}$ とする。(1)で示した同値関係から，平行四辺形 OACB が長方形となるための必要十分条件を求めよ。

指針 **ベクトルのなす角と内積** (1) $|\vec{a}+\vec{b}|\geqq0$，$|\vec{a}-\vec{b}|\geqq0$ であるから，$|\vec{a}+\vec{b}|=|\vec{a}-\vec{b}|$ と $|\vec{a}+\vec{b}|^2=|\vec{a}-\vec{b}|^2$ は同値である。これを用いて証明する。

(2) $\vec{a}+\vec{b}=\overrightarrow{OC}$，$\vec{a}-\vec{b}=\overrightarrow{BA}$ であるから，(1)より

$\overrightarrow{OA}\cdot\overrightarrow{OB}=0 \iff |\overrightarrow{OC}|=|\overrightarrow{BA}|$

解答 (1) $(\Longrightarrow)$ $\vec{a}\cdot\vec{b}=0$ とする。

このとき $|\vec{a}+\vec{b}|^2-|\vec{a}-\vec{b}|^2=|\vec{a}|^2+2\vec{a}\cdot\vec{b}+|\vec{b}|^2-|\vec{a}|^2+2\vec{a}\cdot\vec{b}-|\vec{b}|^2$

$=4\vec{a}\cdot\vec{b}=0$

ゆえに $|\vec{a}+\vec{b}|^2=|\vec{a}-\vec{b}|^2$

$|\vec{a}+\vec{b}|\geqq0$，$|\vec{a}-\vec{b}|\geqq0$ であるから $|\vec{a}+\vec{b}|=|\vec{a}-\vec{b}|$

$(\Longleftarrow)$ $|\vec{a}+\vec{b}|=|\vec{a}-\vec{b}|$ とする。

$|\vec{a}+\vec{b}|^2-|\vec{a}-\vec{b}|^2=|\vec{a}|^2+2\vec{a}\cdot\vec{b}+|\vec{b}|^2-|\vec{a}|^2+2\vec{a}\cdot\vec{b}-|\vec{b}|^2$

$=4\vec{a}\cdot\vec{b}$

$|\vec{a}+\vec{b}|=|\vec{a}-\vec{b}|$ より，$|\vec{a}+\vec{b}|^2-|\vec{a}-\vec{b}|^2=0$ であるから　$4\vec{a}\cdot\vec{b}=0$

よって　$\vec{a}\cdot\vec{b}=0$

したがって　$\vec{a}\cdot\vec{b}=0 \iff |\vec{a}+\vec{b}|=|\vec{a}-\vec{b}|$ 終

(2) $\overrightarrow{OA}=\vec{a}$，$\overrightarrow{OB}=\vec{b}$ より　$\vec{a}+\vec{b}=\overrightarrow{OC}$，$\vec{a}-\vec{b}=\overrightarrow{BA}$

ゆえに，(1)の同値関係は，以下のように表すことができる。

$$\overrightarrow{OA}\cdot\overrightarrow{OB}=0 \iff |\overrightarrow{OC}|=|\overrightarrow{BA}|$$

$\overrightarrow{OA}\neq\vec{0}$，$\overrightarrow{OB}\neq\vec{0}$ であるから，$\overrightarrow{OA}\cdot\overrightarrow{OB}=0$ のとき　$\overrightarrow{OA}\perp\overrightarrow{OB}$

平行四辺形 OABC において，OA⊥OB のとき，平行四辺形 OABC は長方形となる。

また，平行四辺形 OABC が長方形のとき，$\overrightarrow{OA}\cdot\overrightarrow{OB}=0$ である。

よって，平行四辺形 OACB において

　　平行四辺形 OACB が長方形 $\iff \overrightarrow{OA}\cdot\overrightarrow{OB}=0$

ゆえに　平行四辺形 OACB が長方形 $\iff |\overrightarrow{OC}|=|\overrightarrow{BA}|$

すなわち　平行四辺形 OACB が長方形 $\iff$ OC=AB

したがって，平行四辺形 OACB が長方形であるための必要十分条件は

　　対角線 OC と AB の長さが等しい 答

第2節　ベクトルと平面図形

5 位置ベクトル

まとめ

1　位置ベクトル

平面上で，点Oを定めておくと，どんな点Pの位置も，ベクトル $\vec{p}=\overrightarrow{OP}$ によって決まる。
このようなベクトル $\vec{p}$ を，点Oに関する点Pの**位置ベクトル**という。
また，位置ベクトルが $\vec{p}$ である点Pを，$\mathbf{P}(\vec{p})$ で表す。

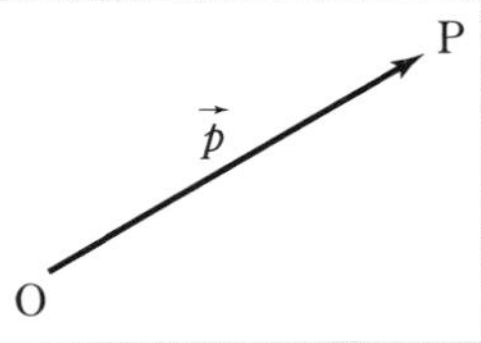

2点の位置ベクトルが同じならば，その2点は一致する。

注意　位置ベクトルにおける点Oは平面上のどこに定めてもよい。以下，とくに断らない限り，1つ定めた点Oに関する位置ベクトルを考える。

2　位置ベクトルと $\overrightarrow{AB}$

2点A，Bに対して

$$\overrightarrow{AB}=\overrightarrow{OB}-\overrightarrow{OA}$$

が成り立つから，次のことがいえる。

2点 $A(\vec{a})$，$B(\vec{b})$ に対して　　$\overrightarrow{AB}=\vec{b}-\vec{a}$

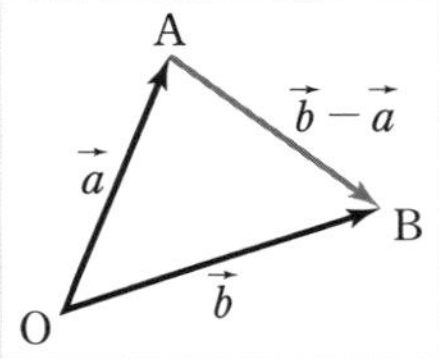

3　内分点・外分点の位置ベクトル

2点 $A(\vec{a})$，$B(\vec{b})$ に対して，線分ABを $m:n$ に内分する点，$m:n$ に外分する点の位置ベクトルは

$$\text{内分}\cdots\frac{n\vec{a}+m\vec{b}}{m+n}\qquad\text{外分}\cdots\frac{-n\vec{a}+m\vec{b}}{m-n}$$

とくに，線分ABの中点の位置ベクトルは　$\dfrac{\vec{a}+\vec{b}}{2}$

注意　内分の場合の n を $-n$ におき換えたものが，外分の場合である。また，線分ABの内分点も外分点もその位置ベクトルは，適当な実数 t を用いて $(1-t)\vec{a}+t\vec{b}$ の形に表される。

4　三角形の重心の位置ベクトル

3点 $A(\vec{a})$，$B(\vec{b})$，$C(\vec{c})$ を頂点とする△ABCの重心Gの位置ベクトル $\vec{g}$ は

$$\vec{g}=\frac{\vec{a}+\vec{b}+\vec{c}}{3}$$

注意　三角形の重心は，3本の中線が交わる点で，各中線を2：1に内分する。

A 位置ベクトル

練習 27 教 p.31

3 点 A($\vec{a}$), B($\vec{b}$), C($\vec{c}$) に対して，次のベクトルを $\vec{a}$, $\vec{b}$, $\vec{c}$ のいずれかを用いて表せ。

(1) $\overrightarrow{BC}$　　(2) $\overrightarrow{CA}$　　(3) $\overrightarrow{BA}$

指針 **位置ベクトル**　2 点 A，B に対して，$\overrightarrow{AB}=\overrightarrow{OB}-\overrightarrow{OA}$ が成り立つから，2 点 A，B の位置ベクトルを，それぞれ $\vec{a}$, $\vec{b}$ とするとき，$\overrightarrow{AB}=\vec{b}-\vec{a}$ が成り立つ。

解答 (1) $\overrightarrow{BC}=\vec{c}-\vec{b}$ 答

(2) $\overrightarrow{CA}=\vec{a}-\vec{c}$ 答

(3) $\overrightarrow{BA}=\vec{a}-\vec{b}$ 答

B 内分点・外分点の位置ベクトル

深める 教 p.32

教科書の外分点 Q の位置ベクトル $\vec{q}$ を求める式①について，$m<n$ のときも同じ式が得られることを確かめてみよう。

指針 図をかいて，3 点 A，B，Q の位置関係を把握する。
ここでは，Q，A，B の順に一直線上に並ぶ。

解答 $m<n$ のときに，AQ：AB$=m：(n-m)$ であるから

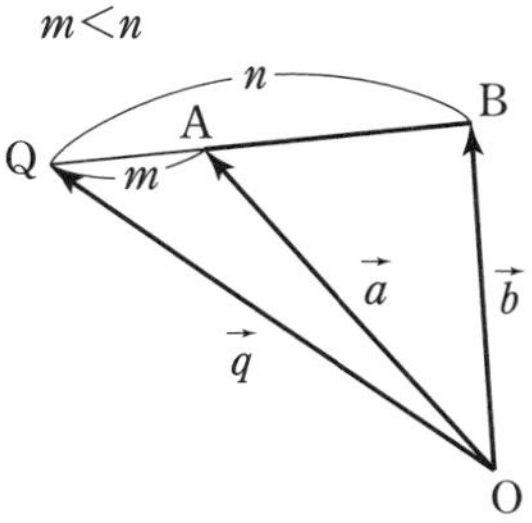

$$\overrightarrow{AQ}=-\frac{m}{n-m}\overrightarrow{AB}$$

ゆえに　$\vec{q}-\vec{a}=-\dfrac{m}{n-m}(\vec{b}-\vec{a})$

よって　$\vec{q}=\left(1+\dfrac{m}{n-m}\right)\vec{a}-\dfrac{m}{n-m}\vec{b}$

$$=\frac{-n\vec{a}+m\vec{b}}{m-n}$$ 終

練習 28 教 p.33

2 点 A($\vec{a}$), B($\vec{b}$) を結ぶ線分 AB に対して，次のような点の位置ベクトルを求めよ。

(1) 2：3 に内分する点　　(2) 3：1 に内分する点

(3) 4：1 に外分する点　　(4) 1：2 に外分する点

指針 **内分点・外分点の位置ベクトル**

(1), (2)　線分 AB を $m：n$ に内分する点の位置ベクトルは

$\dfrac{n\vec{a}+m\vec{b}}{m+n}$

(3), (4)　線分 AB を $m:n$ に外分する点の位置ベクトルは

$\dfrac{-n\vec{a}+m\vec{b}}{m-n}$

解答 (1)　$\dfrac{3\vec{a}+2\vec{b}}{2+3}=\dfrac{3}{5}\vec{\boldsymbol{a}}+\dfrac{2}{5}\vec{\boldsymbol{b}}$ 答

(2)　$\dfrac{\vec{a}+3\vec{b}}{3+1}=\dfrac{1}{4}\vec{\boldsymbol{a}}+\dfrac{3}{4}\vec{\boldsymbol{b}}$ 答

(3)　$\dfrac{-\vec{a}+4\vec{b}}{4-1}=-\dfrac{1}{3}\vec{\boldsymbol{a}}+\dfrac{4}{3}\vec{\boldsymbol{b}}$ 答

(4)　$\dfrac{-2\vec{a}+\vec{b}}{1-2}=2\vec{\boldsymbol{a}}-\vec{\boldsymbol{b}}$ 答

C 三角形の重心の位置ベクトル

教 p.35

練習 29

3 点 A($\vec{a}$), B($\vec{b}$), C($\vec{c}$) を頂点とする△ABC において，辺 BC, CA, AB を 2:1 に内分する点を，それぞれ P，Q，R とする。また，△ABC の重心を G，△PQR の重心を G′ とする。

(1)　点 G′ の位置ベクトル $\vec{g'}$ を $\vec{a}$，$\vec{b}$，$\vec{c}$ を用いて表せ。

(2)　等式 $\overrightarrow{GA}+\overrightarrow{GB}+\overrightarrow{GC}=\vec{0}$ が成り立つことを示せ。

指針 **三角形の重心の位置ベクトル**

(1)　P，Q，R の位置ベクトルを，それぞれ $\vec{p}$，$\vec{q}$，$\vec{r}$ とすると

$$\vec{g'}=\frac{\vec{p}+\vec{q}+\vec{r}}{3}$$

(2)　$\overrightarrow{GA}$，$\overrightarrow{GB}$，$\overrightarrow{GC}$ を，それぞれ $\vec{a}$，$\vec{b}$，$\vec{c}$ で表す。

解答 (1)　P，Q，R の位置ベクトルを，それぞれ $\vec{p}$，$\vec{q}$，$\vec{r}$ とすると

$$\vec{p}=\frac{\vec{b}+2\vec{c}}{3},\quad \vec{q}=\frac{\vec{c}+2\vec{a}}{3},\quad \vec{r}=\frac{\vec{a}+2\vec{b}}{3}$$

であるから

$$\vec{p}+\vec{q}+\vec{r}=\frac{\vec{b}+2\vec{c}}{3}+\frac{\vec{c}+2\vec{a}}{3}+\frac{\vec{a}+2\vec{b}}{3}$$

$$=\vec{a}+\vec{b}+\vec{c}$$

よって　$\vec{g'}=\dfrac{\vec{p}+\vec{q}+\vec{r}}{3}$

$$=\frac{\vec{\boldsymbol{a}}+\vec{\boldsymbol{b}}+\vec{\boldsymbol{c}}}{3}$$ 答

(2)　G の位置ベクトルを $\vec{g}$ とすると，$\vec{g}=\dfrac{\vec{a}+\vec{b}+\vec{c}}{3}$ であるから

$$\overrightarrow{GA}+\overrightarrow{GB}+\overrightarrow{GC}=(\vec{a}-\vec{g})+(\vec{b}-\vec{g})+(\vec{c}-\vec{g})$$
$$=\vec{a}+\vec{b}+\vec{c}-3\vec{g}$$
$$=\vec{a}+\vec{b}+\vec{c}-3\left(\frac{\vec{a}+\vec{b}+\vec{c}}{3}\right)=\vec{0}$$

よって　$\overrightarrow{GA}+\overrightarrow{GB}+\overrightarrow{GC}=\vec{0}$　終

6 ベクトルの図形への応用

まとめ

1　一直線上にある点

2点A，Bが異なるとき

点Cが直線AB上にある　⇔　$\overrightarrow{AC}=k\overrightarrow{AB}$ となる実数 k がある

2　ベクトルの分解の利用

2つのベクトル $\vec{a}$，$\vec{b}$ は $\vec{0}$ でなく，また平行でないとする。このとき，任意のベクトル $\vec{p}$ は，$\vec{p}=s\vec{a}+t\vec{b}$ の形にただ1通りに表される。

$s\vec{a}+t\vec{b}=s'\vec{a}+t'\vec{b}$　⇔　$s=s'$，$t=t'$

3　内積の利用

ベクトルの内積を利用して，図形の性質を証明するとき，内積に関しては，次のことがよく利用される。

[1]　$AB^2=|\overrightarrow{AB}|^2=\overrightarrow{AB}\cdot\overrightarrow{AB}$

[2]　3点O，A，Bが異なるとき

$OA\perp OB$　⇔　$\overrightarrow{OA}\cdot\overrightarrow{OB}=0$

A 一直線上にある点

練習 30　教 p.36

△ABCにおいて，辺ABを1：2に内分する点をD，辺BCを3：1に内分する点をEとし，線分CDの中点をFとする。このとき，3点A，F，Eは一直線上にあることを証明せよ。

指針　**3点が一直線上にあることの証明**　$\overrightarrow{AB}=\vec{b}$，$\overrightarrow{AC}=\vec{c}$ として，$\overrightarrow{AE}$，$\overrightarrow{AF}$ をそれぞれ $\vec{b}$，$\vec{c}$ で表し，$\overrightarrow{AE}=k\overrightarrow{AF}$ となる実数 k があることを示す。

解答　$\overrightarrow{AB}=\vec{b}$，$\overrightarrow{AC}=\vec{c}$ とする。

BE：EC＝3：1であるから

$$\overrightarrow{AE}=\frac{\overrightarrow{AB}+3\overrightarrow{AC}}{3+1}=\frac{\vec{b}+3\vec{c}}{4}$$

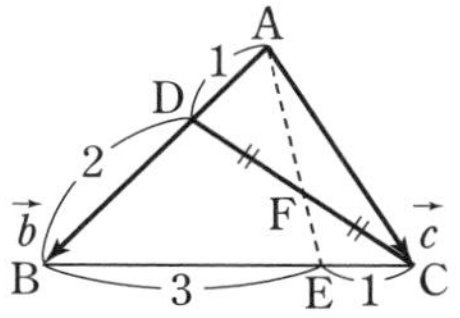

また，Fは線分CDの中点であるから

$$\overrightarrow{AF}=\frac{\overrightarrow{AD}+\overrightarrow{AC}}{2}=\frac{1}{2}\left(\frac{1}{3}\vec{b}+\vec{c}\right)$$
$$=\frac{\vec{b}+3\vec{c}}{6}$$

よって　　$\overrightarrow{AF}=\frac{2}{3}\overrightarrow{AE}$

したがって，3 点 A，F，E は一直線上にある。 終

B 2 直線の交点

教 p.37

練習 31

△OAB において，辺 OA を 3：2 に内分する点を C，辺 OB を 1：2 に内分する点を D とし，線分 AD と線分 BC の交点を P とする。$\overrightarrow{OA}=\vec{a}$，$\overrightarrow{OB}=\vec{b}$ とするとき，$\overrightarrow{OP}$ を $\vec{a}$，$\vec{b}$ を用いて表せ。

指針　**線分の交点**　AP：PD$=s$：$(1-s)$，BP：PC$=t$：$(1-t)$ とすると，$\overrightarrow{OP}$ は $\vec{a}$，$\vec{b}$ を用いて 2 通りに表されるが，$\overrightarrow{OP}$ の表し方はただ 1 通りしかないことから，s，t の値が定まる。

解答　AP：PD$=s$：$(1-s)$ とすると

$$\overrightarrow{OP}=(1-s)\overrightarrow{OA}+s\overrightarrow{OD}$$
$$=(1-s)\vec{a}+\frac{1}{3}s\vec{b}\quad\cdots\cdots①$$

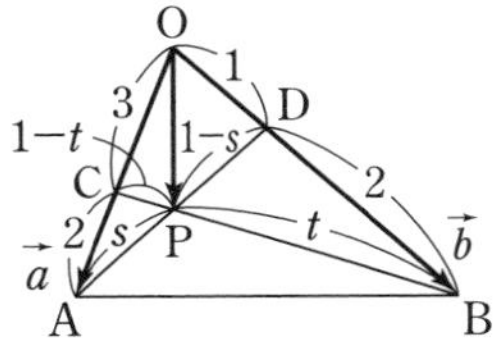

BP：PC$=t$：$(1-t)$ とすると

$$\overrightarrow{OP}=t\overrightarrow{OC}+(1-t)\overrightarrow{OB}$$
$$=\frac{3}{5}t\vec{a}+(1-t)\vec{b}\quad\cdots\cdots②$$

$\vec{a}\neq\vec{0}$，$\vec{b}\neq\vec{0}$ で，$\vec{a}$ と $\vec{b}$ は平行でないから，$\overrightarrow{OP}$ の $\vec{a}$，$\vec{b}$ を用いた表し方はただ 1 通りである。

①，②から　　$1-s=\frac{3}{5}t$，$\frac{1}{3}s=1-t$

これを解くと　$s=\frac{1}{2}$，$t=\frac{5}{6}$　　←①，②のどちらかに代入する。

よって　　$\overrightarrow{OP}=\frac{1}{2}\vec{a}+\frac{1}{6}\vec{b}$ 答

C 内積の利用

練習 32 教 p.38

平行四辺形 ABCD において，

　AB＝AD のとき，AC⊥DB

である。

このことを，ベクトルを用いて証明せよ。

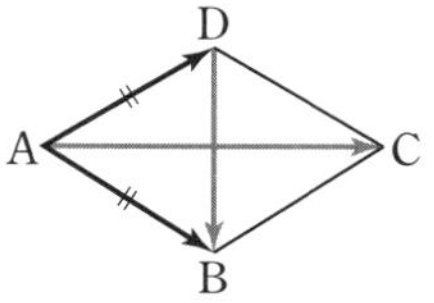

指針 **内積の利用**　AB＝AD すなわち $|\overrightarrow{AB}|^2=|\overrightarrow{AD}|^2$ から，$\overrightarrow{AC}\cdot\overrightarrow{DB}=0$ を示す。

解答 平行四辺形 ABCD において

$$\overrightarrow{AB}=\vec{b},\ \overrightarrow{AD}=\vec{d}$$

とすると

$$\overrightarrow{AC}=\vec{b}+\vec{d},\ \overrightarrow{DB}=\vec{b}-\vec{d}$$

であるから

$$\begin{aligned}\overrightarrow{AC}\cdot\overrightarrow{DB}&=(\vec{b}+\vec{d})\cdot(\vec{b}-\vec{d})\\&=|\vec{b}|^2-\vec{b}\cdot\vec{d}+\vec{d}\cdot\vec{b}-|\vec{d}|^2\\&=|\vec{b}|^2-|\vec{d}|^2\end{aligned}$$

AB＝AD のとき，$|\overrightarrow{AB}|^2=|\overrightarrow{AD}|^2$ すなわち $|\vec{b}|^2=|\vec{d}|^2$ であるから

$$\overrightarrow{AC}\cdot\overrightarrow{DB}=0$$

$\overrightarrow{AC}\neq\vec{0}$，$\overrightarrow{DB}\neq\vec{0}$ であるから　$\overrightarrow{AC}\perp\overrightarrow{DB}$

よって　AC⊥DB

したがって，AB＝AD　のとき　AC⊥DB　である。 終

7 図形のベクトルによる表示

まとめ

1　ベクトル $\vec{d}$ に平行な直線のベクトル方程式

点 A($\vec{a}$) を通り，ベクトル $\vec{d}$ に平行な直線を g とする。

直線 g 上のどんな点 P($\vec{p}$) に対しても，

$\overrightarrow{AP}=t\vec{d}$ となる実数 t がただ 1 つ定まる。

$\overrightarrow{AP}=\vec{p}-\vec{a}$ であるから

$$\vec{p}=\vec{a}+t\vec{d}\quad\cdots\cdots①$$

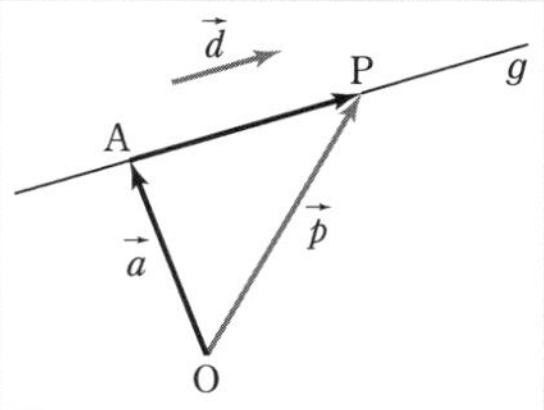

①において，t がすべての実数値をとって変化するとき，点 P($\vec{p}$) の全体は直線 g になる。①を直線 g の **ベクトル方程式** といい，t を **媒介変数** または **パラメータ** という。

また，$\vec{d}$ を直線 g の **方向ベクトル** という。

2　直線の媒介変数表示

O を原点とする座標平面上で，点 $A(x_1,\ y_1)$ を通り，ベクトル $\vec{d}=(l,\ m)$ に平行な直線 g 上の点を $P(x,\ y)$ とする。

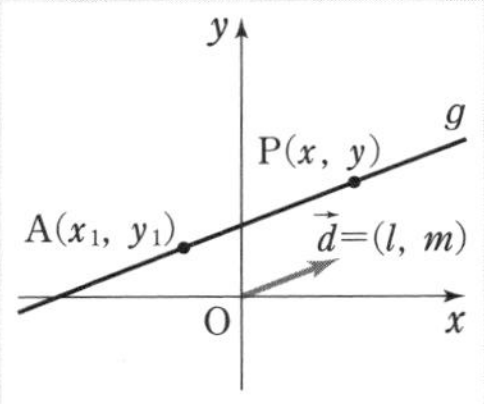

ベクトル方程式 $\vec{p}=\vec{a}+t\vec{d}$ において，

$\vec{p}=(x,\ y)$，$\vec{a}=(x_1,\ y_1)$，$\vec{d}=(l,\ m)$ であるから

$$(x,\ y)=(x_1,\ y_1)+t(l,\ m)$$

よって $\begin{cases} x=x_1+lt \\ y=y_1+mt \end{cases}$ ……②

②を直線 g の **媒介変数表示** という。

②から t を消去すると，次のことがいえる。

点 $A(x_1,\ y_1)$ を通り，$\vec{d}=(l,\ m)$ に平行な直線の方程式は

$$\boldsymbol{m(x-x_1)-l(y-y_1)=0}$$

3　異なる 2 点を通る直線のベクトル方程式

異なる 2 点 $A(\vec{a})$，$B(\vec{b})$ を通る直線 AB のベクトル方程式は

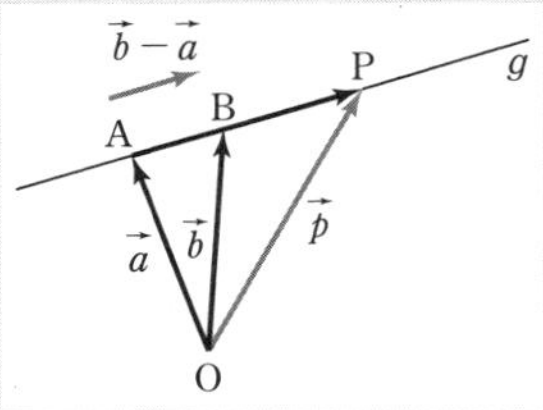

[1]　$\boldsymbol{\vec{p}=(1-t)\vec{a}+t\vec{b}}$

[2]　$\boldsymbol{\vec{p}=s\vec{a}+t\vec{b},\ s+t=1}$

解説　異なる 2 点 $A(\vec{a})$，$B(\vec{b})$ を通る直線のベクトル方程式は $\vec{p}=\vec{a}+t\vec{d}$ で $\vec{d}=\overrightarrow{AB}=\vec{b}-\vec{a}$ として整理すると，次の式が得られる。

$\vec{p}=(1-t)\vec{a}+t\vec{b}$

$1-t=s$ とおくと　$\vec{p}=s\vec{a}+t\vec{b}$，　$s+t=1$

4　点の存在範囲(1)

ベクトル方程式 $\vec{p}=(1-t)\vec{a}+t\vec{b}$ において，実数 t のとる値によって点 $P(\vec{p})$ の存在範囲は図のようになる。

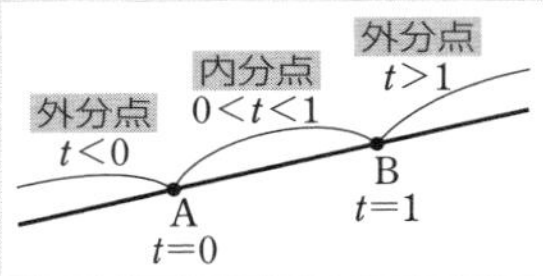

5　点の存在範囲(2)

異なる 2 点 $A(\vec{a})$，$B(\vec{b})$ について，次の式を満たす点 $P(\vec{p})$ の存在範囲は **直線 AB** である。

$$\boldsymbol{\vec{p}=s\vec{a}+t\vec{b},\quad s+t=1}$$

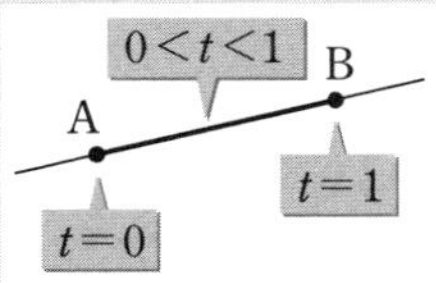

$t=0$ のとき P は A に一致し，$t=1$ のとき P は B に一致する。また，$0<t<1$ のとき，P は線分 AB の内分点である。

$s+t=1$ のとき，$s\geqq 0$，$t\geqq 0$ とすると $0\leqq t\leqq 1$ であるから，次の式を満たす点 $P(\vec{p})$ の存在範囲は，**線分 AB** である。

$$\boldsymbol{\vec{p}=s\vec{a}+t\vec{b},\quad s+t=1,\ s\geqq 0,\ t\geqq 0}$$

6　点の存在範囲(3)

$\overrightarrow{\mathrm{OP}}=s\overrightarrow{\mathrm{OA}}+t\overrightarrow{\mathrm{OB}}$，$0 \leqq s+t \leqq 1$，$s \geqq 0$，$t \geqq 0$ を満たす点 P の存在範囲は，△OAB の周および内部である。

7　ベクトル $\vec{n}$ に垂直な直線のベクトル方程式

点 $\mathrm{A}(\vec{a})$ を通り，ベクトル $\vec{n}$ に垂直な直線を g とする。

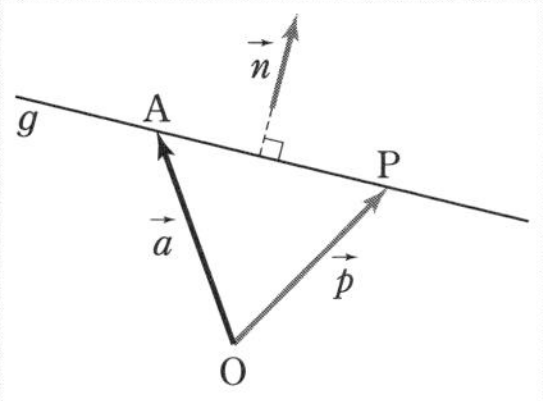

直線 g 上の点 $\mathrm{P}(\vec{p})$ が A に一致しないとき，$\vec{n} \perp \overrightarrow{\mathrm{AP}}$ である。すなわち，$\vec{n} \cdot \overrightarrow{\mathrm{AP}}=0$ となり，次の式が得られる。

$$\vec{n} \cdot (\vec{p}-\vec{a})=0 \quad \cdots\cdots ①$$

P が A に一致するときは，$\vec{p}-\vec{a}=\vec{0}$ であるから，このときも①は成り立つ。

①は，点 $\mathrm{A}(\vec{a})$ を通り，$\vec{n}$ に垂直な直線 g のベクトル方程式である。

直線 g に垂直なベクトル $\vec{n}$ を，直線 g の **法線ベクトル** という。

O を原点とする座標平面上で，点 $\mathrm{A}(x_1,\ y_1)$ を通り，$\vec{n}=(a,\ b)$ に垂直な直線 g 上の点を $\mathrm{P}(x,\ y)$ とする。

ベクトル方程式①において $\vec{n}=(a,\ b)$，$\vec{a}=(x_1,\ y_1)$，$\vec{p}=(x,\ y)$，$\vec{p}-\vec{a}=(x-x_1,\ y-y_1)$ であるから，次のことがいえる。

[1]　点 $\mathrm{A}(x_1,\ y_1)$ を通り，$\vec{n}=(a,\ b)$ に垂直な直線の方程式は

$$a(x-x_1)+b(y-y_1)=0$$

[2]　ベクトル $\vec{n}=(a,\ b)$ は，直線 $ax+by+c=0$ に垂直である。

8　円のベクトル方程式

点 $\mathrm{A}(\vec{a})$ を中心とする半径 r の円上のどんな点 $\mathrm{P}(\vec{p})$ に対しても，$|\overrightarrow{\mathrm{AP}}|=r$ が成り立つから，点 $\mathrm{A}(\vec{a})$ を中心とする半径 r の円のベクトル方程式は

$$|\vec{p}-\vec{a}|=r$$

で表される。これは，また，

$$(\vec{p}-\vec{a}) \cdot (\vec{p}-\vec{a})=r^2$$

で表される。

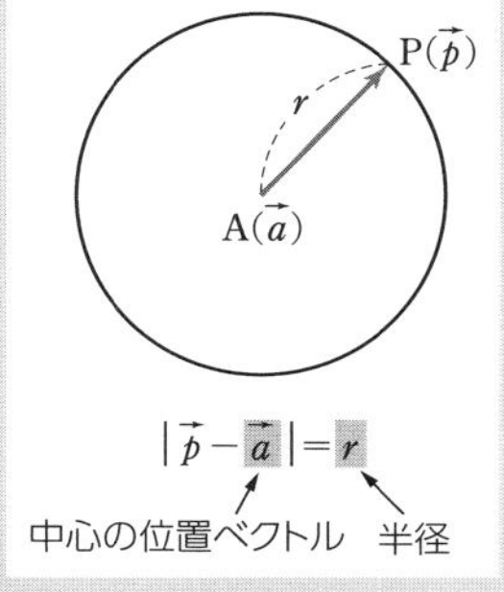

9　AB を直径とする円のベクトル方程式

2 点 $\mathrm{A}(\vec{a})$，$\mathrm{B}(\vec{b})$ を結ぶ線分 AB を直径とする円のベクトル方程式は

$$(\vec{p}-\vec{a}) \cdot (\vec{p}-\vec{b})=0$$

解説　円上の点を $\mathrm{P}(\vec{p})$ とすると，P が A にも B にも一致しないとき　$\mathrm{AP} \perp \mathrm{BP}$

すなわち　$\overrightarrow{\mathrm{AP}} \cdot \overrightarrow{\mathrm{BP}}=0$

よって　$(\vec{p}-\vec{a}) \cdot (\vec{p}-\vec{b})=0 \quad \cdots\cdots ①$

P が A または B に一致するときは，$\vec{p}-\vec{a}=\vec{0}$ または $\vec{p}-\vec{b}=\vec{0}$ で，このときも①は成り立つ。

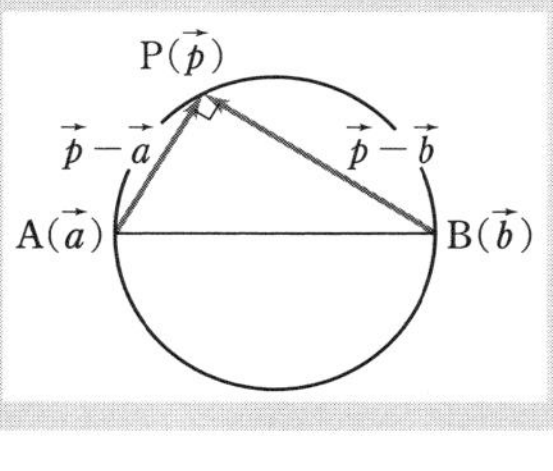

A ベクトル $\vec{d}$ に平行な直線

教 p.40

練習 33 点 A(2, −1) を通り，$\vec{d}=(-4,\ 3)$ に平行な直線を媒介変数表示せよ。また，媒介変数を消去した式で表せ。

指針 **ベクトル $\vec{d}$ に平行な直線の媒介変数表示**　点 A$(x_1,\ y_1)$ を通り，$\vec{d}=(l,\ m)$ に平行な直線の媒介変数表示は

$$\begin{cases} x=x_1+lt \\ y=y_1+mt \end{cases} \quad t \text{ は実数}$$

媒介変数 t を消去すると

$$m(x-x_1)-l(y-y_1)=0$$

解答 媒介変数表示すると

$$\begin{cases} \boldsymbol{x=2-4t} \\ \boldsymbol{y=-1+3t} \end{cases}$$ 答

媒介変数 t を消去すると

$$3(x-2)-(-4)\times\{y-(-1)\}=0$$

すなわち　$\boldsymbol{3x+4y-2=0}$ 答

B 異なる 2 点 A，B を通る直線　C 平面上の点の存在範囲

教 p.41

練習 34 △OAB において，次の式を満たす点 P の存在範囲を求めよ。

$$\overrightarrow{\mathrm{OP}}=s\overrightarrow{\mathrm{OA}}+t\overrightarrow{\mathrm{OB}},\quad s+t=\frac{1}{2},\ s\geqq 0,\ t\geqq 0$$

指針 **ベクトル方程式を満たす点の存在範囲**
$\overrightarrow{\mathrm{OP}}=s'\overrightarrow{\square}+t'\overrightarrow{\square}$　$(s'+t'=1)$ の形に変形する。

解答 $s+t=\dfrac{1}{2}$ から　$2s+2t=1$　　ここで，$2s=s'$，$2t=t'$ とおくと

$$\overrightarrow{\mathrm{OP}}=s'\left(\frac{1}{2}\overrightarrow{\mathrm{OA}}\right)+t'\left(\frac{1}{2}\overrightarrow{\mathrm{OB}}\right),\quad s'+t'=1,\ s'\geqq 0,\ t'\geqq 0$$

よって，$\boldsymbol{\overrightarrow{\mathrm{OA'}}=\frac{1}{2}\overrightarrow{\mathrm{OA}}}$，$\boldsymbol{\overrightarrow{\mathrm{OB'}}=\frac{1}{2}\overrightarrow{\mathrm{OB}}}$ **となる点 A′，B′ をとると**

$\overrightarrow{\mathrm{OP}}=s'\overrightarrow{\mathrm{OA'}}+t'\overrightarrow{\mathrm{OB'}}$,
$s'+t'=1$，$s'\geqq 0$，$t'\geqq 0$

したがって，点 P の存在範囲は **線分 A′B′** である。 答

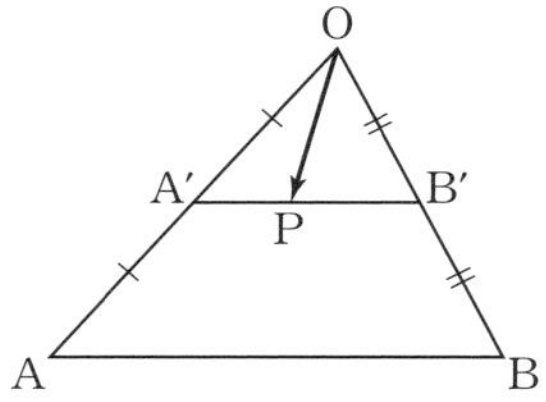

注意 「辺 OA，辺 OB の中点をそれぞれ A′，B′ とすると，線分 A′B′」と答えてもよい。

教 p.42

練習 35

△OAB において，次の式を満たす点 P の存在範囲を求めよ。

(1) $\overrightarrow{OP}=s\overrightarrow{OA}+t\overrightarrow{OB}$,　$0\leqq s+t\leqq 2$, $s\geqq 0$, $t\geqq 0$

(2) $\overrightarrow{OP}=s\overrightarrow{OA}+t\overrightarrow{OB}$,　$0\leqq s+t\leqq \dfrac{1}{2}$, $s\geqq 0$, $t\geqq 0$

指針 **ベクトル方程式を満たす点の存在範囲**

練習 34 と同じように，まず，$\overrightarrow{OP}=s'\overrightarrow{\square}+t'\overrightarrow{\square}$　$(s'+t'=1)$ の形に変形することを考える。

(1) $\dfrac{s}{2}=s'$, $\dfrac{t}{2}=t'$ とおくと　$0\leqq s'+t'\leqq 1$, $s'\geqq 0$, $t'\geqq 0$ となる。

(2) $2s=s'$, $2t=t'$ とおくと　$0\leqq s'+t'\leqq 1$, $s'\geqq 0$, $t'\geqq 0$ となる。

解答 (1) $0\leqq s+t\leqq 2$ の各辺を 2 で割ると

$$0\leqq \frac{s}{2}+\frac{t}{2}\leqq 1$$

$\dfrac{s}{2}=s'$, $\dfrac{t}{2}=t'$ とおくと

$$0\leqq s'+t'\leqq 1,\ s'\geqq 0,\ t'\geqq 0$$

$$\overrightarrow{OP}=s\overrightarrow{OA}+t\overrightarrow{OB}$$
$$=\frac{s}{2}(2\overrightarrow{OA})+\frac{t}{2}(2\overrightarrow{OB})=s'(2\overrightarrow{OA})+t'(2\overrightarrow{OB})$$

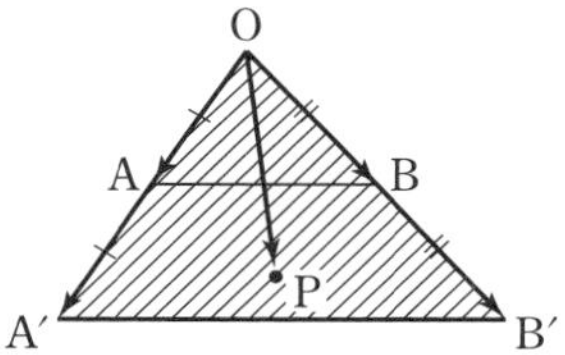

よって，$\overrightarrow{OA'}=2\overrightarrow{OA}$, $\overrightarrow{OB'}=2\overrightarrow{OB}$ **を満たす点 A′, B′ をとると**

$$\overrightarrow{OP}=s'\overrightarrow{OA'}+t'\overrightarrow{OB'},\ 0\leqq s'+t'\leqq 1,\ s'\geqq 0,\ t'\geqq 0$$

したがって，点 P の存在範囲は

△OA′B′ の周および内部 である。 答

(2) $0\leqq s+t\leqq \dfrac{1}{2}$ の各辺に 2 を掛けると

$$0\leqq 2s+2t\leqq 1$$

$2s=s'$, $2t=t'$ とおくと

$$0\leqq s'+t'\leqq 1,\ s'\geqq 0,\ t'\geqq 0$$

$$\overrightarrow{OP}=s\overrightarrow{OA}+t\overrightarrow{OB}$$
$$=2s\left(\frac{1}{2}\overrightarrow{OA}\right)+2t\left(\frac{1}{2}\overrightarrow{OB}\right)$$
$$=s'\left(\frac{1}{2}\overrightarrow{OA}\right)+t'\left(\frac{1}{2}\overrightarrow{OB}\right)$$

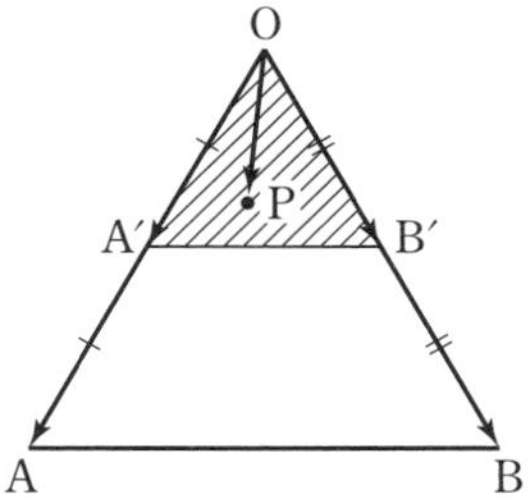

よって，$\overrightarrow{OA'}=\dfrac{1}{2}\overrightarrow{OA}$, $\overrightarrow{OB'}=\dfrac{1}{2}\overrightarrow{OB}$ **を満たす点 A′, B′ をとると**

$$\overrightarrow{OP}=s'\overrightarrow{OA'}+t'\overrightarrow{OB'},\ 0\leqq s'+t'\leqq 1,\ s'\geqq 0,\ t'\geqq 0$$

したがって，点 P の存在範囲は

△OA′B′ の周および内部 である。 答

注意 「辺 OA, 辺 OB の中点をそれぞれ A′, B′ とすると, △OA′B′ の周および内部」と答えてもよい。

D ベクトル $\vec{n}$ に垂直な直線

教 p.43

練習 36 次の点 A を通り，ベクトル $\vec{n}$ に垂直な直線の方程式を求めよ。

(1) A(3, 4), $\vec{n}=(1,\ 2)$　　(2) A(−1, 2), $\vec{n}=(3,\ -4)$

指針 **定ベクトルに垂直な直線の方程式**　点$(x_1,\ y_1)$を通り，ベクトル$(a,\ b)$に垂直な直線の方程式は　$a(x-x_1)+b(y-y_1)=0$

与えられた値を代入して，x, y について整理する。

解答 (1) 求める直線の方程式は　$1(x-3)+2(y-4)=0$

よって　$x-3+2y-8=0$

したがって　$\boldsymbol{x+2y-11=0}$ 答

(2) 求める直線の方程式は

$3\{x-(-1)\}-4(y-2)=0$

よって　$3x+3-4y+8=0$

したがって　$\boldsymbol{3x-4y+11=0}$ 答

E 円のベクトル方程式

教 p.44

練習 37 点 A$(\vec{a})$が与えられているとき，次のベクトル方程式において点 P$(\vec{p})$の全体は円となる。円の中心の位置ベクトル，円の半径を求めよ。

(1) $|\vec{p}-\vec{a}|=3$　　(2) $|2\vec{p}-\vec{a}|=4$

指針 **円のベクトル方程式**　(2) 円のベクトル方程式$|\vec{p}-\vec{b}|=r$で表せるよう，与えられたベクトル方程式を変形する。

解答 (1) **中心の位置ベクトルは $\vec{a}$，半径は 3** 答

(2) $|2\vec{p}-\vec{a}|=4$ を変形すると

$$2\left|\vec{p}-\frac{1}{2}\vec{a}\right|=4$$

よって　$\left|\vec{p}-\frac{1}{2}\vec{a}\right|=2$

したがって，**中心の位置ベクトルは $\frac{1}{2}\vec{a}$，半径は 2** 答

教 p.44

練習 38 平面上の異なる2点O，Aに対して $\overrightarrow{OA}=\vec{a}$ とすると，線分OAを直径とする円のベクトル方程式は，その円上の点Pについて $\overrightarrow{OP}=\vec{p}$ として，$\vec{p}\cdot(\vec{p}-\vec{a})=0$ で与えられることを示せ。

指針 **円のベクトル方程式** 直径に対する円周角の性質により，∠OPA=90°であるから，OP⊥APが成り立つ。これをベクトルで表す。
本書35ページのまとめ9において，AをOに，BをAに変えた場合である。

解答 PがOにもAにも一致しないとき

OP⊥AP すなわち $\overrightarrow{OP}\cdot\overrightarrow{AP}=0$

よって $\vec{p}\cdot(\vec{p}-\vec{a})=0$ ……①

PがOまたはAに一致するときは，

$\vec{p}=\vec{0}$ または $\vec{p}-\vec{a}=\vec{0}$

で，このときも①は成り立つ。

したがって，線分OAを直径とする円のベクトル方程式は

$\vec{p}\cdot(\vec{p}-\vec{a})=0$ 終

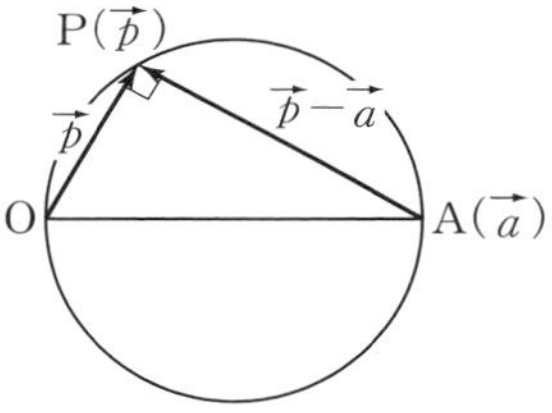

研究 点と直線の距離

まとめ

点と直線の距離

点P(x_1, y_1)と直線 $ax+by+c=0$ の距離 d は

$$d=\frac{|ax_1+by_1+c|}{\sqrt{a^2+b^2}}$$

第1章 第2節　問　題

教 p.46

7 平行四辺形OABCの辺OAと辺OCを2：1に内分する点を，それぞれD，Eとし，対角線OBを1：2に内分する点をFとする。このとき，3点D，F，Eは一直線上にあることを証明せよ。

指針　**3点が一直線上にあることの証明**　$\overrightarrow{OA}=\vec{a}$，$\overrightarrow{OC}=\vec{c}$ として，$\overrightarrow{DE}$，$\overrightarrow{DF}$ を $\vec{a}$，$\vec{c}$ で表し，$\overrightarrow{DE}=k\overrightarrow{DF}$ となる実数 k があることを示す。

解答　$\overrightarrow{OA}=\vec{a}$，$\overrightarrow{OC}=\vec{c}$ とする。

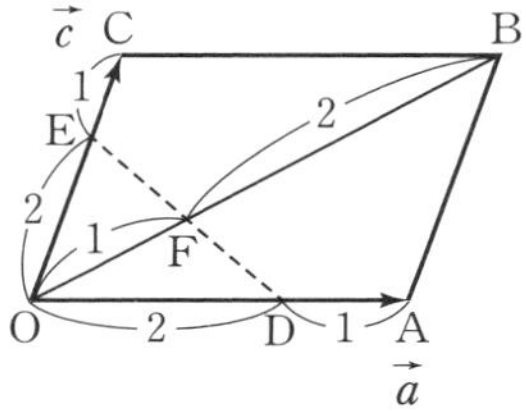

$$\overrightarrow{DE}=\overrightarrow{OE}-\overrightarrow{OD}=\frac{2}{3}\vec{c}-\frac{2}{3}\vec{a}$$

$$\overrightarrow{DF}=\overrightarrow{OF}-\overrightarrow{OD}=\frac{1}{3}\overrightarrow{OB}-\overrightarrow{OD}$$

$$=\frac{1}{3}(\vec{a}+\vec{c})-\frac{2}{3}\vec{a}$$

$$=\frac{1}{3}\vec{c}-\frac{1}{3}\vec{a}$$

よって　$\overrightarrow{DE}=2\overrightarrow{DF}$

したがって，3点D，F，Eは一直線上にある。 終

教 p.46

8 △OABにおいて，辺OAを2：3に内分する点をC，辺OBを1：3に内分する点をD，辺ABの中点をEとし，線分BCと線分EDの交点をPとする。$\overrightarrow{OA}=\vec{a}$，$\overrightarrow{OB}=\vec{b}$ とするとき，$\overrightarrow{OP}$を $\vec{a}$，$\vec{b}$ を用いて表せ。

指針　**線分の交点**　点Pは線分BCを $s:(1-s)$ に内分する点として，$\overrightarrow{OP}$ を $\vec{a}$，$\vec{b}$ で表す。また，点Pは線分DEを $t:(1-t)$ に内分する点として，$\overrightarrow{OP}$ を $\vec{a}$，$\vec{b}$ で表す。$\overrightarrow{OP}$ の表し方はただ1通りしかないことから，s，t の値が定まる。

解答　BP：PC$=s:(1-s)$ とすると

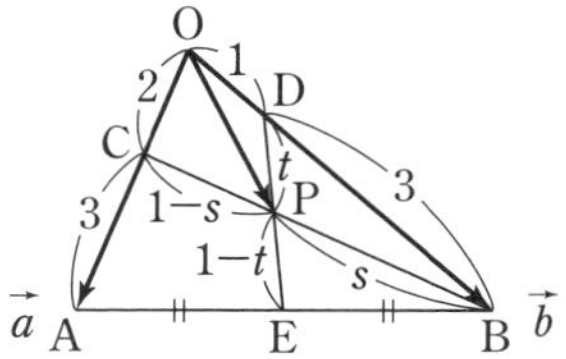

$$\overrightarrow{OP}=s\overrightarrow{OC}+(1-s)\overrightarrow{OB}$$

$$=\frac{2}{5}s\vec{a}+(1-s)\vec{b}\quad\cdots\cdots ①$$

DP：PE$=t:(1-t)$ とすると

$$\overrightarrow{OP}=t\overrightarrow{OE}+(1-t)\overrightarrow{OD}$$

$$=t\left(\frac{\vec{a}+\vec{b}}{2}\right)+(1-t)\times\frac{1}{4}\vec{b}$$

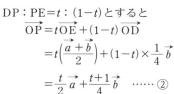

$$=\frac{t}{2}\vec{a}+\frac{t+1}{4}\vec{b}\quad\cdots\cdots ②$$

教科書 p.46

$\vec{a}\neq\vec{0}$, $\vec{b}\neq\vec{0}$ で，$\vec{a}$ と $\vec{b}$ は平行でないから，$\overrightarrow{\mathrm{OP}}$ の $\vec{a}$, $\vec{b}$ を用いた表し方はただ 1 通りである。

①，②から　$\frac{2}{5}s=\frac{t}{2}$，$1-s=\frac{t+1}{4}$

これを解くと　$s=\frac{5}{8}$，$t=\frac{1}{2}$

よって　$\overrightarrow{\mathbf{OP}}=\frac{1}{4}\vec{a}+\frac{3}{8}\vec{b}$　答

教 p.46

9 法線ベクトルを利用して，2 直線 $2x+4y+1=0$，$x-3y-7=0$ のなす鋭角 α を求めよ。

指針　**2 直線のなす鋭角**　直線 $ax+by+c=0$ の法線ベクトルの 1 つは $(a,\ b)$ である。
2 直線の法線ベクトル $\vec{m}$, $\vec{n}$ のなす角を θ とする。

[1]　$\cos\theta=\frac{\vec{m}\cdot\vec{n}}{|\vec{m}||\vec{n}|}$ から θ を求める。

[2]　$0^\circ\leqq\theta\leqq90^\circ$　のとき　$\alpha=\theta$
　　$90^\circ\leqq\theta\leqq180^\circ$ のとき　$\alpha=180^\circ-\theta$

解答　2 直線の法線ベクトルのなす角を θ とすると，
求める角 α は θ または $180^\circ-\theta$ に等しい。

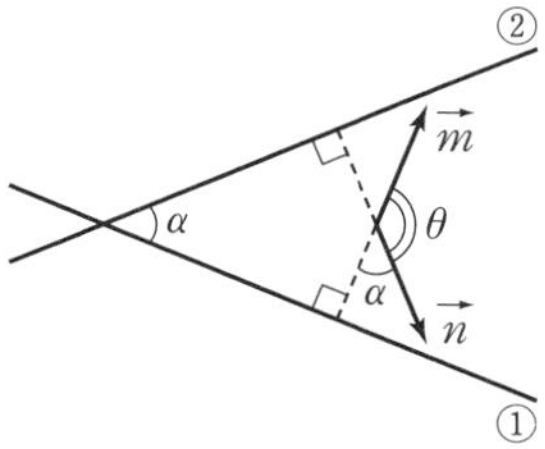

直線 $2x+4y+1=0$　…… ①
の法線ベクトルの 1 つを $\vec{m}$ とすると
$\vec{m}=(2,\ 4)$

直線 $x-3y-7=0$　…… ②
の法線ベクトルの 1 つを $\vec{n}$ とすると
$\vec{n}=(1,\ -3)$

このとき
$\vec{m}\cdot\vec{n}=2\times1+4\times(-3)=-10$
$|\vec{m}|=\sqrt{2^2+4^2}=2\sqrt{5}$
$|\vec{n}|=\sqrt{1^2+(-3)^2}=\sqrt{10}$

であるから

$$\cos\theta=\frac{\vec{m}\cdot\vec{n}}{|\vec{m}||\vec{n}|}=\frac{-10}{2\sqrt{5}\sqrt{10}}=-\frac{1}{\sqrt{2}}$$

$0^\circ\leqq\theta\leqq180^\circ$ の範囲で θ を求めると
$\theta=135^\circ$

よって，求める鋭角 α は　$\alpha=180^\circ-135^\circ=\mathbf{45^\circ}$　答

教 p.46

10 点 $C(\vec{c})$ を中心とする半径 r の円上の点を $A(\vec{a})$ とする。このとき，点Aにおける円の接線のベクトル方程式は，その接線上の点を $P(\vec{p})$ として $(\vec{p}-\vec{c})\cdot(\vec{a}-\vec{c})=r^2$ で与えられることを示せ。

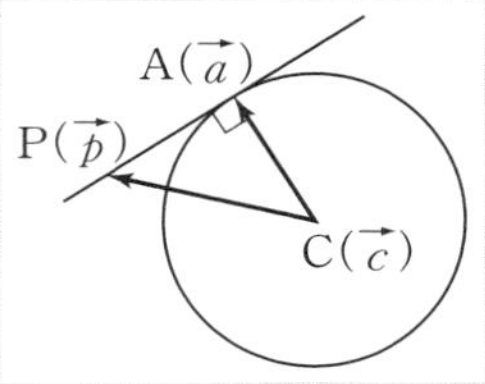

指針 **円の接線のベクトル方程式**　円の接線APは，半径CAに垂直であるから

$\overrightarrow{AP}\perp\overrightarrow{CA}$　　また　$CA=r$　　これをベクトルで表す。

解答 $P(\vec{p})$ を接線上のA以外の点とする。

接線APは点Aにおいて半径CAに垂直であるから

$\overrightarrow{AP}\perp\overrightarrow{CA}$

よって　$\overrightarrow{AP}\cdot\overrightarrow{CA}=0$

$\overrightarrow{AP}=\vec{p}-\vec{a}$，$\overrightarrow{CA}=\vec{a}-\vec{c}$ であるから　$(\vec{p}-\vec{a})\cdot(\vec{a}-\vec{c})=0$

よって　$\{(\vec{p}-\vec{c})-(\vec{a}-\vec{c})\}\cdot(\vec{a}-\vec{c})=0$

$(\vec{p}-\vec{c})\cdot(\vec{a}-\vec{c})=|\vec{a}-\vec{c}|^2$

$|\vec{a}-\vec{c}|^2=r^2$ であるから　$(\vec{p}-\vec{c})\cdot(\vec{a}-\vec{c})=r^2$

PがAに一致するときは $\overrightarrow{AP}=\vec{0}$ であるから，このときも $\overrightarrow{AP}\cdot\overrightarrow{CA}=0$ が成り立つ。

よって，上と同様にして　$(\vec{p}-\vec{c})\cdot(\vec{a}-\vec{c})=r^2$

したがって，接線のベクトル方程式は　$(\vec{p}-\vec{c})\cdot(\vec{a}-\vec{c})=r^2$　終

教 p.46

11 海上を航行する2せきの船A，Bがあり，船Bは船Aから見て西に50 kmの位置にある。船Aは北に，船Bは北東に向かって一定の速さで航行しており，船Aの速さは時速20 kmであるとする。

(1) 船Bも時速20 kmで航行しているとき，船Bが船Aから見てちょうど南東方向に見えるのは何時間後か求めよ。

(2) 衝突を回避するために，2せきの船A，Bが衝突する船Bの速さを事前に求めたい。船Aと衝突してしまう船Bの速さを求めよ。

指針 **位置ベクトル**

(1) 東西を x 軸，南北を y 軸にとって考える。南東方向を表すベクトルの1つは $(1,\ -1)$ であるから，$\overrightarrow{AB}=k(1,\ -1)$ と表されることを利用する。

(2) 船Aと船Bが衝突するのは $\overrightarrow{OA}=\overrightarrow{OB}$ となるときである。このときの船Bの速さを求める。

教科書 p.46

解答 x 軸の正の方向を東，y 軸の正の方向を北にとり，船Bが船Aから見て西に50kmの位置にあるときのBの位置を原点Oとし，1kmを距離1とする座標平面を考える。

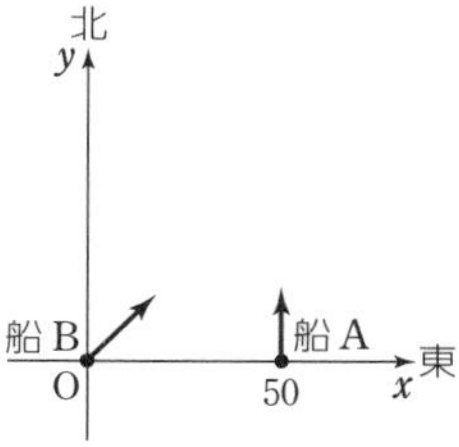

また，t 時間後の2せきの船の位置をA，Bとする。

(1) $\overrightarrow{OA}$, $\overrightarrow{OB}$ を成分表示すると

$$\overrightarrow{OA}=(50,\ 20t),\ \overrightarrow{OB}=(10\sqrt{2}\,t,\ 10\sqrt{2}\,t)$$

船Bが船Aから見てちょうど南東方向に見えるとき，$\overrightarrow{AB}=k(1,\ -1)\ (k>0)$ と表される。

ゆえに　$(10\sqrt{2}\,t-50,\ 10\sqrt{2}\,t-20t)=k(1,\ -1)$

すなわち　$10\sqrt{2}\,t-50=k,\ 10\sqrt{2}\,t-20t=-k$

これを解くと　$t=\dfrac{5\sqrt{2}+5}{2},\ k=25\sqrt{2}$

よって　$\boldsymbol{\dfrac{5\sqrt{2}+5}{2}}$ **時間後**　答

(2) 船Bの速さを時速 v kmとすると

$$\overrightarrow{OA}=(50,\ 20t),\ \overrightarrow{OB}=\left(\frac{v}{\sqrt{2}}t,\ \frac{v}{\sqrt{2}}t\right)$$

船Aと船Bが衝突するのは，$\overrightarrow{OA}=\overrightarrow{OB}$ のときであるから

$$50=\frac{vt}{\sqrt{2}},\ 20t=\frac{vt}{\sqrt{2}}$$

これを解くと　$v=20\sqrt{2},\ t=\dfrac{5}{2}$

よって　**時速 $\boldsymbol{20\sqrt{2}}$ km**　答

第1章　章末問題A

教 p.47

1. 平行四辺形ABCDにおいて，対角線の交点をEとする。$\overrightarrow{AB}=\vec{b}$，$\overrightarrow{AD}=\vec{d}$ とするとき，次のベクトルを $\vec{b}$，$\vec{d}$ を用いて表せ。

(1) $\overrightarrow{EC}$　　(2) $\overrightarrow{BE}$　　(3) $\overrightarrow{EA}$

指針　**ベクトルの分解**　平行四辺形であるから，Eは対角線AC，BDそれぞれの中点である。

解答　(1) $\overrightarrow{EC}=\frac{1}{2}\overrightarrow{AC}=\frac{1}{2}(\overrightarrow{AB}+\overrightarrow{BC})=\frac{1}{2}(\vec{b}+\vec{d})=\boldsymbol{\frac{1}{2}\vec{b}+\frac{1}{2}\vec{d}}$ 答

(2) $\overrightarrow{BE}=\frac{1}{2}\overrightarrow{BD}=\frac{1}{2}(\overrightarrow{AD}-\overrightarrow{AB})$

$=\frac{1}{2}(\vec{d}-\vec{b})=\boldsymbol{-\frac{1}{2}\vec{b}+\frac{1}{2}\vec{d}}$ 答

(3) $\overrightarrow{EA}=-\overrightarrow{AE}=-\overrightarrow{EC}$

$=-\left(\frac{1}{2}\vec{b}+\frac{1}{2}\vec{d}\right)=\boldsymbol{-\frac{1}{2}\vec{b}-\frac{1}{2}\vec{d}}$ 答

教 p.47

2. $|\vec{a}|=1$，$|\vec{b}|=2$ のとき，次の値の最大値，最小値を求めよ。

(1) $\vec{a}\cdot\vec{b}$　　(2) $|\vec{a}-\vec{b}|$

指針　**内積の性質**　ベクトル $\vec{a}$，$\vec{b}$ のなす角によって，(1)，(2)のいずれの値も変化する。

(2) $|\vec{a}-\vec{b}|^2$ として内積の計算法則を利用する。

解答　$\vec{a}$，$\vec{b}$ のなす角を θ $(0^\circ \leqq \theta \leqq 180^\circ)$ とする。

(1) $\vec{a}\cdot\vec{b}=|\vec{a}||\vec{b}|\cos\theta=2\cos\theta$

$0^\circ \leqq \theta \leqq 180^\circ$ より $-1 \leqq \cos\theta \leqq 1$ であるから

$-2 \leqq \vec{a}\cdot\vec{b} \leqq 2$

よって，$\vec{a}\cdot\vec{b}$ は　**最大値2，最小値−2** 答

(2) $|\vec{a}-\vec{b}|^2=|\vec{a}|^2-2\vec{a}\cdot\vec{b}+|\vec{b}|^2=1^2-2\vec{a}\cdot\vec{b}+2^2$

$=5-2\vec{a}\cdot\vec{b}$

(1)より，$-2 \leqq \vec{a}\cdot\vec{b} \leqq 2$ であるから

$1 \leqq 5-2\vec{a}\cdot\vec{b} \leqq 9$

$|\vec{a}-\vec{b}| \geqq 0$ より　$1 \leqq |\vec{a}-\vec{b}| \leqq 3$

よって，$|\vec{a}-\vec{b}|$ は　**最大値3，最小値1** 答

教 p.47

3. $\vec{a}=(2,\ x)$, $\vec{b}=(x+1,\ 3)$とする。

(1) $2\vec{a}+\vec{b}$ と $\vec{a}-2\vec{b}$ が垂直になるように，x の値を定めよ。

(2) $2\vec{a}+\vec{b}$ と $\vec{a}-2\vec{b}$ が平行になるように，x の値を定めよ。

指針 **ベクトルの垂直，平行** $\vec{a}\neq\vec{0}$，$\vec{b}\neq\vec{0}$ で，$\vec{a}=(a_1,\ a_2)$，$\vec{b}=(b_1,\ b_2)$のとき

$$\vec{a}\perp\vec{b} \iff a_1b_1+a_2b_2=0$$
$$\vec{a}\parallel\vec{b} \iff a_1b_2-a_2b_1=0$$

解答 $2\vec{a}+\vec{b}=2(2,\ x)+(x+1,\ 3)=(x+5,\ 2x+3)$

$\vec{a}-2\vec{b}=(2,\ x)-2(x+1,\ 3)=(-2x,\ x-6)$

(1) $2\vec{a}+\vec{b}$と$\vec{a}-2\vec{b}$が垂直になるとき

$$(2\vec{a}+\vec{b})\cdot(\vec{a}-2\vec{b})=0$$

すなわち　$(x+5)(-2x)+(2x+3)(x-6)=0$

式を整理して　$-19x-18=0$

これを解いて　$x=-\dfrac{18}{19}$ 答

(2) $2\vec{a}+\vec{b}$ と $\vec{a}-2\vec{b}$ が平行になるとき

$$(x+5)(x-6)-(2x+3)(-2x)=0$$

式を整理して　$x^2+x-6=0$

すなわち　$(x-2)(x+3)=0$

これを解いて　$x=2,\ -3$ 答

教 p.47

4. △ABC の外心を O，重心を G とし，$\overrightarrow{OH}=\overrightarrow{OA}+\overrightarrow{OB}+\overrightarrow{OC}$ とする。

(1) 点 O，G，H は一直線上にあることを証明せよ。

(2) H は △ABC の垂心であることを証明せよ。

指針 **三角形の外心，重心**

(1) $\overrightarrow{OH}=k\overrightarrow{OG}$（$k$ は実数）の形で表されることを示せばよい。

(2) △ABC が直角三角形の場合と，そうでない場合に分けて示す。

直角三角形でない場合に $|\overrightarrow{OA}|=|\overrightarrow{OB}|=|\overrightarrow{OC}|$ を利用する。

解答 (1) G は△ABC の重心であるから

$$\overrightarrow{OG}=\frac{\overrightarrow{OA}+\overrightarrow{OB}+\overrightarrow{OC}}{3}$$

よって　$\overrightarrow{OH}=\overrightarrow{OA}+\overrightarrow{OB}+\overrightarrow{OC}=3\overrightarrow{OG}$

したがって，点 O，G，H は一直線上にある。 終

(2) $\angle A=90^\circ$ のとき，B，C は外接円の直径の両端の点であるから

$$\overrightarrow{OH}=\overrightarrow{OA}+\overrightarrow{OB}+\overrightarrow{OC}=\overrightarrow{OA}$$

よって，HはAに一致する。
このとき，Hは△ABCの垂心である。
同様に，∠B=90°，∠C=90°の場合もそれぞれ $\overrightarrow{OH}=\overrightarrow{OB}$，
$\overrightarrow{OH}=\overrightarrow{OC}$ となりHはB，Cにそれぞれ一致しHは△ABCの垂心となる。
△ABCが直角三角形でないとき

$$\overrightarrow{AH}=\overrightarrow{OH}-\overrightarrow{OA}=\overrightarrow{OB}+\overrightarrow{OC}$$

線分OC，線分OBはともに外接円の半径であるから

$$\overrightarrow{AH}\cdot\overrightarrow{BC}=(\overrightarrow{OB}+\overrightarrow{OC})\cdot(\overrightarrow{OC}-\overrightarrow{OB})=|\overrightarrow{OC}|^2-|\overrightarrow{OB}|^2=0$$

$\overrightarrow{AH}\neq\vec{0}$，$\overrightarrow{BC}\neq\vec{0}$ であるから　$\overrightarrow{AH}\perp\overrightarrow{BC}$　　よって　AH⊥BC
同様にして $\overrightarrow{BH}\cdot\overrightarrow{CA}=0$，$\overrightarrow{CH}\cdot\overrightarrow{AB}=0$ が示されるから

BH⊥CA，CH⊥AB

したがって，Hは△ABCの垂心である。 終

教 p.47

5. △ABCにおいて，辺ABを1：2に内分する点をD，辺BCを3：1に内分する点をE，辺CAを2：3に内分する点をFとする。また，線分AEと線分CDの交点をPとするとき，次の問いに答えよ。
(1) $\overrightarrow{AB}=\vec{b}$，$\overrightarrow{AC}=\vec{c}$ とするとき，$\overrightarrow{AP}$ を $\vec{b}$，$\vec{c}$ を用いて表せ。
(2) 3点B，P，Fは一直線上にあることを示せ。

指針 **3点が一直線上にあることの証明**
(1) $\overrightarrow{AP}$ を $\vec{b}$，$\vec{c}$ を用いて2通りに表す。
(2) $\overrightarrow{BP}=k\overrightarrow{BF}$ となる実数 k があることを示す。

解答 (1) Pは線分AE上の点であるから

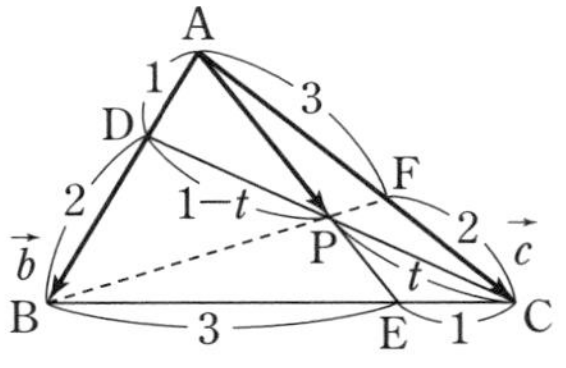

$$\overrightarrow{AP}=k\overrightarrow{AE}$$
$$=k\left(\frac{\overrightarrow{AB}+3\overrightarrow{AC}}{3+1}\right)$$
$$=\frac{1}{4}k\overrightarrow{AB}+\frac{3}{4}k\overrightarrow{AC}$$
$$=\frac{1}{4}k\vec{b}+\frac{3}{4}k\vec{c} \quad \cdots\cdots ①$$

また，CP：PD$=t$：$(1-t)$とすると

$$\overrightarrow{AP}=t\overrightarrow{AD}+(1-t)\overrightarrow{AC}$$
$$=\frac{1}{3}t\vec{b}+(1-t)\vec{c} \quad \cdots\cdots ②$$

$\vec{b}\neq\vec{0}$，$\vec{c}\neq\vec{0}$ で，$\vec{b}$ と $\vec{c}$ は平行でないから，$\overrightarrow{AP}$ の $\vec{b}$，$\vec{c}$ を用いた表し方はただ1通りである。

①，②から　　$\frac{1}{4}k=\frac{1}{3}t,\quad \frac{3}{4}k=1-t$

これを解くと　　$k=\frac{2}{3},\ t=\frac{1}{2}$

よって　　$\overrightarrow{\mathbf{AP}}=\frac{\mathbf{1}}{\mathbf{6}}\vec{\boldsymbol{b}}+\frac{\mathbf{1}}{\mathbf{2}}\vec{\boldsymbol{c}}$　答

(2)　$\overrightarrow{\mathrm{BP}}=\overrightarrow{\mathrm{AP}}-\overrightarrow{\mathrm{AB}}$

$=\frac{1}{6}\vec{b}+\frac{1}{2}\vec{c}-\vec{b}=-\frac{5}{6}\vec{b}+\frac{1}{2}\vec{c}=\frac{-5\vec{b}+3\vec{c}}{6}$

$\overrightarrow{\mathrm{BF}}=\overrightarrow{\mathrm{AF}}-\overrightarrow{\mathrm{AB}}$

$=\frac{3}{5}\vec{c}-\vec{b}=-\vec{b}+\frac{3}{5}\vec{c}=\frac{-5\vec{b}+3\vec{c}}{5}$

よって　　$\overrightarrow{\mathrm{BP}}=\frac{5}{6}\overrightarrow{\mathrm{BF}}$

したがって，3点B，P，Fは一直線上にある。　終

教 p.47

6. △OABにおいて，辺OAを2：1に内分する点をC，辺OBの中点をDとし，線分AD，BCの交点をPとする。実数 m，n を用いて，$\overrightarrow{\mathrm{OP}}=m\overrightarrow{\mathrm{OA}}+n\overrightarrow{\mathrm{OB}}$ と表すとき，次の□に適する数は何か。また，m，n の値を求めよ。

(1)　$\overrightarrow{\mathrm{OP}}=m\overrightarrow{\mathrm{OA}}+\square n\overrightarrow{\mathrm{OD}}$　　(2)　$\overrightarrow{\mathrm{OP}}=\square m\overrightarrow{\mathrm{OC}}+n\overrightarrow{\mathrm{OB}}$

指針　**ベクトルの等式と点の存在範囲**

m，n の値は，点Pが線分AD，BC上にあること，すなわち

$\vec{p}=s\vec{a}+t\vec{b},\quad s+t=1,\ s\geqq 0,\ t\geqq 0$

を利用する。

解答　(1)　$\overrightarrow{\mathrm{OB}}=2\overrightarrow{\mathrm{OD}}$ であるから

$\overrightarrow{\mathrm{OP}}=m\overrightarrow{\mathrm{OA}}+2n\overrightarrow{\mathrm{OD}}$　　答　**2**

(2)　$\overrightarrow{\mathrm{OC}}=\frac{2}{3}\overrightarrow{\mathrm{OA}}$ より，$\overrightarrow{\mathrm{OA}}=\frac{3}{2}\overrightarrow{\mathrm{OC}}$ であるから

$\overrightarrow{\mathrm{OP}}=\frac{3}{2}m\overrightarrow{\mathrm{OC}}+n\overrightarrow{\mathrm{OB}}$　　答　$\frac{\mathbf{3}}{\mathbf{2}}$

(1)より，Pは線分AD上の点であるから

$m+2n=1$　……①

(2)より，Pは線分BC上の点であるから

$\frac{3}{2}m+n=1$　……②

①，②を連立させて解くと　　$\boldsymbol{m}=\frac{\mathbf{1}}{\mathbf{2}},\ \boldsymbol{n}=\frac{\mathbf{1}}{\mathbf{4}}$　答

第1章　章末問題B

教 p.48

7. △ABC と点 P に対して，等式 $3\overrightarrow{AP}+4\overrightarrow{BP}+5\overrightarrow{CP}=\vec{0}$ が成り立つ。

(1) 点 P は △ABC に対してどのような位置にあるか。

(2) 面積の比 △PBC：△PCA：△PAB を求めよ。

指針　**等式を満たす点の位置，面積の比**

(1) 与えられた等式を A を始点とするベクトルで表し，$\overrightarrow{AP}$ について解く。

(2) 高さが等しい三角形の面積比は，底辺の比に等しい。

解答　(1) $3\overrightarrow{AP}+4\overrightarrow{BP}+5\overrightarrow{CP}=3\overrightarrow{AP}+4(\overrightarrow{AP}-\overrightarrow{AB})+5(\overrightarrow{AP}-\overrightarrow{AC})$

$=12\overrightarrow{AP}-(4\overrightarrow{AB}+5\overrightarrow{AC})$

$12\overrightarrow{AP}-(4\overrightarrow{AB}+5\overrightarrow{AC})=\vec{0}$ であるから

$$\overrightarrow{AP}=\frac{4\overrightarrow{AB}+5\overrightarrow{AC}}{12}=\frac{3}{4}\left(\frac{4\overrightarrow{AB}+5\overrightarrow{AC}}{5+4}\right)$$

よって，辺 BC を 5：4 に内分する点を Q とすると

$$\overrightarrow{AP}=\frac{3}{4}\overrightarrow{AQ}$$

ゆえに，P は線分 AQ を 3：1 に内分する点である。

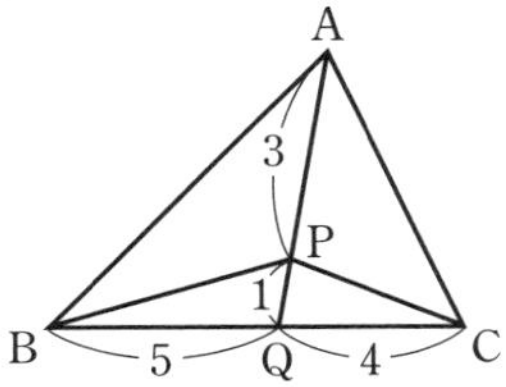

答　**辺 BC を 5：4 に内分する点を Q とすると，P は線分 AQ を 3：1 に内分する点**

(2) △ABC の面積を S とする。

△PBC：△ABC＝PQ：AQ＝1：4 であるから

$$\triangle PBC=\frac{1}{4}S \quad \cdots\cdots ①$$

△ACQ：△ABC＝CQ：CB＝4：9 であるから

$$\triangle ACQ=\frac{4}{9}S$$

さらに，△PCA：△ACQ＝AP：AQ＝3：4 であるから

$$\triangle PCA=\frac{3}{4}\triangle ACQ=\frac{3}{4}\times\frac{4}{9}S=\frac{1}{3}S \quad \cdots\cdots ②$$

また　△PAB＝△ABC－△PBC－△PCA

$$=S-\frac{1}{4}S-\frac{1}{3}S=\frac{5}{12}S \quad \cdots\cdots ③$$

①，②，③から

$$\triangle PBC:\triangle PCA:\triangle PAB=\frac{1}{4}S:\frac{1}{3}S:\frac{5}{12}S=3:4:5$$ 答

教 p.48

8. △ABC において，辺 BC の中点を M とすると，次の等式が成り立つ。

$$AB^2+AC^2=2(AM^2+BM^2)$$

このことを，ベクトルを用いて証明せよ。

指針 **中線定理の証明** $\overrightarrow{AB}=\vec{b}$，$\overrightarrow{AC}=\vec{c}$ とおいて，AM^2，BM^2 を内積を利用して計算する。等式は **パップスの(中線)定理** という。

解答 $\overrightarrow{AB}=\vec{b}$，$\overrightarrow{AC}=\vec{c}$ とすると

$$\overrightarrow{AM}=\frac{\vec{b}+\vec{c}}{2},\ \overrightarrow{BM}=\frac{1}{2}\overrightarrow{BC}=\frac{\vec{c}-\vec{b}}{2}$$

ゆえに $AM^2=|\overrightarrow{AM}|^2=\overrightarrow{AM}\cdot\overrightarrow{AM}$

$$=\left(\frac{\vec{b}+\vec{c}}{2}\right)\cdot\left(\frac{\vec{b}+\vec{c}}{2}\right)=\frac{1}{4}(\vec{b}+\vec{c})\cdot(\vec{b}+\vec{c})$$

$BM^2=|\overrightarrow{BM}|^2=\overrightarrow{BM}\cdot\overrightarrow{BM}$

$$=\left(\frac{\vec{c}-\vec{b}}{2}\right)\cdot\left(\frac{\vec{c}-\vec{b}}{2}\right)=\frac{1}{4}(\vec{c}-\vec{b})\cdot(\vec{c}-\vec{b})$$

よって

$$2(AM^2+BM^2)=2\times\frac{1}{4}\{(\vec{b}+\vec{c})\cdot(\vec{b}+\vec{c})+(\vec{c}-\vec{b})\cdot(\vec{c}-\vec{b})\}$$

$$=\frac{1}{2}(|\vec{b}|^2+2\vec{b}\cdot\vec{c}+|\vec{c}|^2+|\vec{c}|^2-2\vec{b}\cdot\vec{c}+|\vec{b}|^2)$$

$$=|\vec{b}|^2+|\vec{c}|^2=AB^2+AC^2$$

すなわち $AB^2+AC^2=2(AM^2+BM^2)$ が成り立つ。 終

教 p.48

9. △OAB において，辺 OB を 2：1 に内分する点を C，線分 AC の中点を M とし，直線 OM と辺 AB の交点を D とする。次のものを求めよ。

(1) $\overrightarrow{OD}=k\overrightarrow{OM}$ となる実数 k の値　　(2) AD：DB

指針 **2直線の交点**

(1) D は直線 AB 上の点であるから，$\overrightarrow{OD}=s\overrightarrow{OA}+t\overrightarrow{OB}$ と表したとき，$s+t=1$ である。

(2) 内分点の公式を利用して比を求める。

解答 (1) $\overrightarrow{OA}=\vec{a}$，$\overrightarrow{OB}=\vec{b}$ とすると

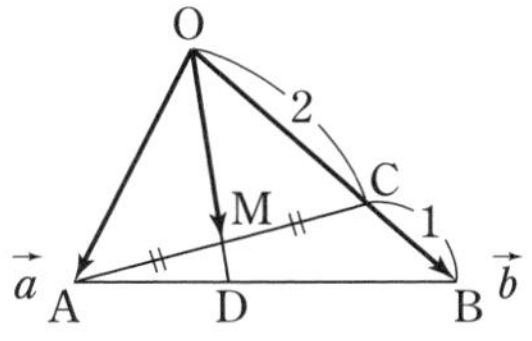

$$\overrightarrow{OM}=\frac{\overrightarrow{OA}+\overrightarrow{OC}}{2}$$

$$=\frac{1}{2}\overrightarrow{OA}+\frac{1}{2}\left(\frac{2}{3}\overrightarrow{OB}\right)$$

$$=\frac{1}{2}\vec{a}+\frac{1}{3}\vec{b}$$

よって　$\overrightarrow{OD}=k\overrightarrow{OM}=k\left(\frac{1}{2}\vec{a}+\frac{1}{3}\vec{b}\right)=\frac{1}{2}k\vec{a}+\frac{1}{3}k\vec{b}$

D は直線 AB 上の点であるから　$\frac{1}{2}k+\frac{1}{3}k=1$

これを解いて　$\boldsymbol{k=\frac{6}{5}}$　答

(2)　$\overrightarrow{OD}=\frac{1}{2}\left(\frac{6}{5}\vec{a}\right)+\frac{1}{3}\left(\frac{6}{5}\vec{b}\right)=\frac{3}{5}\vec{a}+\frac{2}{5}\vec{b}=\frac{3\vec{a}+2\vec{b}}{2+3}$

よって　**AD：DB＝2：3**　答

教 p.48

10. △OAB において，次の式を満たす点 P の存在範囲を求めよ。

(1)　$\overrightarrow{OP}=s\overrightarrow{OA}+2t\overrightarrow{OB}$，　$s+t=1$，$s\geqq 0$，$t\geqq 0$

(2)　$\overrightarrow{OP}=s\overrightarrow{OA}+t\overrightarrow{OB}$，　$0\leqq 3s+2t\leqq 1$，$s\geqq 0$，$t\geqq 0$

指針　**ベクトルの等式と点の存在範囲**

(1)　$\overrightarrow{OP}=s\overrightarrow{OA}+t(2\overrightarrow{OB})$ とし，$2\overrightarrow{OB}=\overrightarrow{OB'}$ とおく。

(2)　$3s=s'$，$2t=t'$ とおくと　$0\leqq s'+t'\leqq 1$，$s'\geqq 0$，$t'\geqq 0$

解答　(1)　$\overrightarrow{OP}=s\overrightarrow{OA}+2t\overrightarrow{OB}$

$=s\overrightarrow{OA}+t(2\overrightarrow{OB})$

$s+t=1$，$s\geqq 0$，$t\geqq 0$

よって，$\boldsymbol{2\overrightarrow{OB}=\overrightarrow{OB'}}$ **とすると**，点 P の存在範囲は **線分 AB′** である。　答

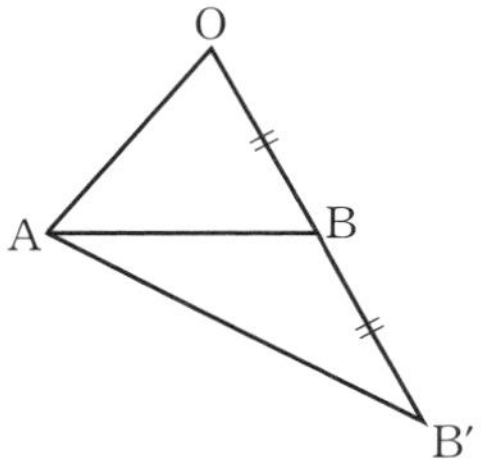

(2)　$3s=s'$，$2t=t'$ とおくと

$\overrightarrow{OP}=s\overrightarrow{OA}+t\overrightarrow{OB}$

$=3s\left(\frac{1}{3}\overrightarrow{OA}\right)+2t\left(\frac{1}{2}\overrightarrow{OB}\right)$

$=s'\left(\frac{1}{3}\overrightarrow{OA}\right)+t'\left(\frac{1}{2}\overrightarrow{OB}\right)$

$0\leqq s'+t'\leqq 1$，$s'\geqq 0$，$t'\geqq 0$

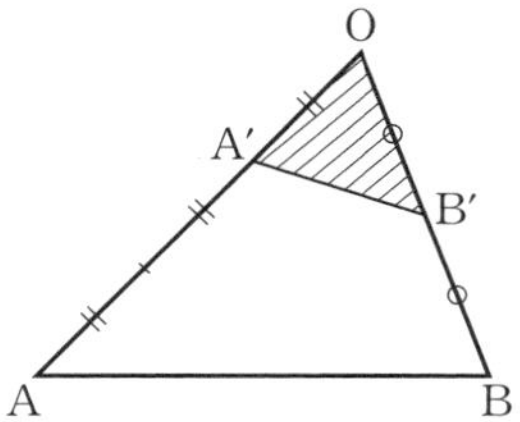

よって，$\boldsymbol{\frac{1}{3}\overrightarrow{OA}=\overrightarrow{OA'}}$，$\boldsymbol{\frac{1}{2}\overrightarrow{OB}=\overrightarrow{OB'}}$ **とすると**，点 P の存在範囲は **△OA′B′ の周および内部** である。　答

教 p.48

研究 **11.** 点 A(1, 2) から直線 $3x+4y-1=0$ に垂線を下ろし，交点を H とする。

(1) $\vec{n}=(3,\ 4)$ に対し $\overrightarrow{AH}=k\vec{n}$ となる実数 k の値を求めよ。

(2) 点 H の座標と線分 AH の長さを求めよ。

指針 **直線に下ろした垂線の交点の座標と線分の長さ**　直線上にない 1 点から，直線に下ろした垂線と直線の交点の座標および垂線の長さを，直線の法線ベクトルを利用して求める問題である。

(1) 点 H の座標を $(x,\ y)$ とおいて，$\overrightarrow{AH}=k\vec{n}$ から，x, y を k で表し，H が直線上にあることから，k の値を求める。

(2) (1)の結果を利用する。

解答 (1) $\vec{n}=(3,\ 4)$ は直線 $3x+4y-1=0$ …… ①

の法線ベクトルの 1 つであるから，$\overrightarrow{AH}$ と $\vec{n}$ は平行である。

よって，$\overrightarrow{AH}=k\vec{n}$ となる実数 k がある。

点 H の座標を $(x,\ y)$ とすると，

$\overrightarrow{AH}=k\vec{n}$ から

$$(x-1,\ y-2)=k(3,\ 4)$$

よって

$$x=3k+1,\ y=4k+2 \quad \cdots\cdots ②$$

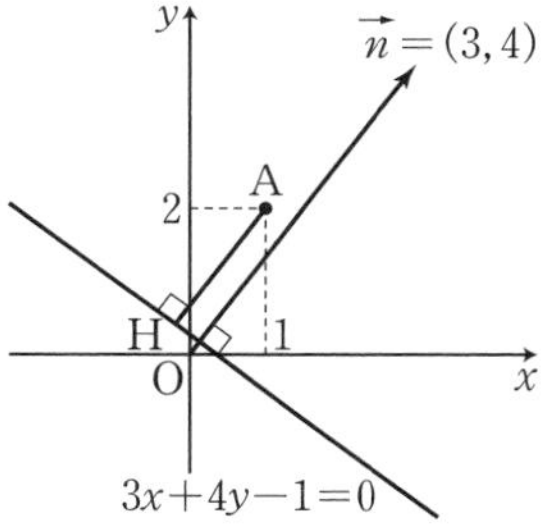

点 H は直線①上にあるから，②を①に代入して

$$3(3k+1)+4(4k+2)-1=0$$

よって　$25k+10=0$

これを解いて　$\boldsymbol{k=-\dfrac{2}{5}}$ 答

(2) (1)において，$k=-\dfrac{2}{5}$ を②に代入すると，点 H の座標は

$$\left(-\frac{1}{5},\ \frac{2}{5}\right)$$ 答

よって，線分 AH の長さは

$$\mathbf{AH}=\sqrt{\left(-\frac{1}{5}-1\right)^2+\left(\frac{2}{5}-2\right)^2}=\sqrt{\frac{100}{25}}=\mathbf{2}$$ 答

教 p.48

12. 平面上の異なる 2 点 O，A に対して，$\overrightarrow{OA}=\vec{a}$ とする。このとき，次のベクトル方程式において $\overrightarrow{OP}=\vec{p}$ となる点 P の全体はどのような図形を表すか。

(1) $(\vec{p}+\vec{a})\cdot(\vec{p}-\vec{a})=0$　　(2) $|\vec{p}+\vec{a}|=|\vec{p}-\vec{a}|$

指針 **ベクトル方程式の表す図形** (1)は左辺を展開，(2)は両辺を 2 乗。図形的に考えると，$A'(-\vec{a})$ として，

(1) $\overrightarrow{A'P}\cdot\overrightarrow{AP}=0$ より，点 P は線分 A′A を直径とする円周上にある。

(2) $|\overrightarrow{A'P}|=|\overrightarrow{AP}|$ より，点 P は 2 点 A′，A から等距離にある。

解答 (1) $(\vec{p}+\vec{a})\cdot(\vec{p}-\vec{a})=0$ から　$|\vec{p}|^2-|\vec{a}|^2=0$

よって，$|\vec{p}|^2=|\vec{a}|^2$ から　$|\vec{p}|=|\vec{a}|$

すなわち　OP=OA

したがって，ベクトル方程式は，**点 O を中心とし，線分 OA を半径とする円**を表す。 答

(2) $|\vec{p}+\vec{a}|=|\vec{p}-\vec{a}|$ から　$|\vec{p}+\vec{a}|^2=|\vec{p}-\vec{a}|^2$

よって　$|\vec{p}|^2+2\vec{p}\cdot\vec{a}+|\vec{a}|^2=|\vec{p}|^2-2\vec{p}\cdot\vec{a}+|\vec{a}|^2$

ゆえに　$\vec{p}\cdot\vec{a}=0$

$\vec{a}\neq\vec{0}$ であるから $\vec{p}=\vec{0}$　または「$\vec{p}\neq\vec{0}$，$\vec{p}\perp\vec{a}$」

すなわち，P は O に一致するか，または　$OP\perp OA$

したがって，ベクトル方程式は **点 O を通り直線 OA に垂直な直線** を表す。

答

第2章 空間のベクトル

1 空間の点

まとめ

1 座標軸と座標平面

空間に点Oをとり，Oで互いに直交する3本の数直線を図のように定める。

これらを，それぞれ **x軸**，**y軸**，**z軸** といい，まとめて **座標軸** という。

また，点Oを **原点** という。さらに

　x軸とy軸で定まる平面を **xy平面**，

　y軸とz軸で定まる平面を **yz平面**，

　z軸とx軸で定まる平面を **zx平面**

といい，これらをまとめて **座標平面** という。

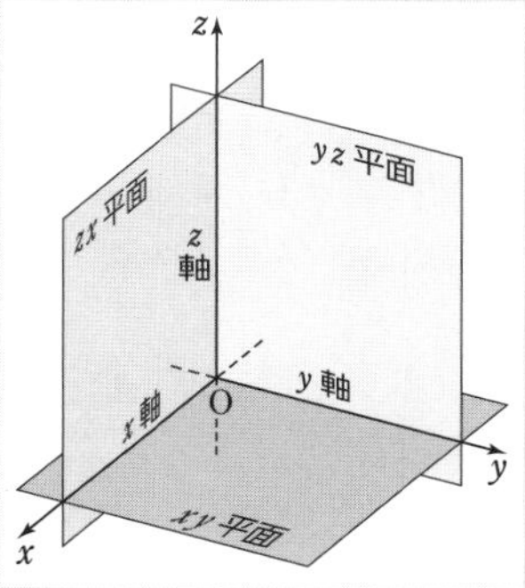

2 点の座標

空間の点Pに対して，Pを通り各座標軸に垂直な平面がx軸，y軸，z軸と交わる点を，それぞれA，B，Cとする。

A，B，Cの各座標軸上での座標が，それぞれa，b，cのとき，3つの実数の組

$$(a,\ b,\ c)$$

を点Pの **座標** といい，a，b，cをそれぞれ点Pの **x座標**，**y座標**，**z座標** という。

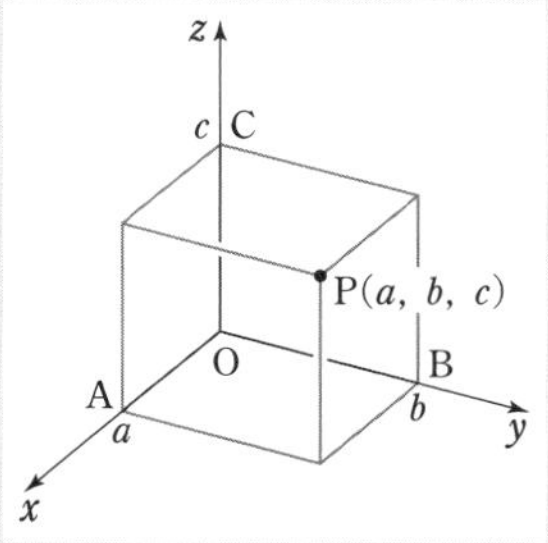

この点Pを **P$(a,\ b,\ c)$** と書くことがある。

原点Oと図の点A，B，Cの座標はO$(0,\ 0,\ 0)$，A$(a,\ 0,\ 0)$，B$(0,\ b,\ 0)$，C$(0,\ 0,\ c)$である。

座標の定められた空間を **座標空間** という。

3 原点Oと点Pの距離

原点Oと点P$(a,\ b,\ c)$の距離は

$$\mathrm{OP}=\sqrt{a^2+b^2+c^2}$$

A 空間の点の座標

教 p.51

練習 1

点 P(1，3，2)に対して，次の点の座標を求めよ。

(1) yz 平面に関して対称な点　　(2) zx 平面に関して対称な点

(3) z 軸に関して対称な点　　(4) 原点に関して対称な点

指針 **対称な点の座標**　点 P(a，b，c)に対して

(1) yz 平面に関して対称な点の座標は　$(-a,\ b,\ c)$

(2) zx 平面に関して対称な点の座標は　$(a,\ -b,\ c)$

(3) z 軸に関して対称な点の座標は　$(-a,\ -b,\ c)$

(4) 原点に関して対称な点の座標は　$(-a,\ -b,\ -c)$

解答 (1) **(−1，3，2)** 答　(2) **(1，−3，2)** 答

(3) **(−1，−3，2)** 答　(4) **(−1，−3，−2)** 答

B 原点 O と点 P の距離

教 p.51

練習 2

原点 O と次の点の距離を求めよ。

(1) P(2，3，6)　　(2) Q(3，−4，5)

指針 **原点 O と点の距離**　原点 O と点 P(a，b，c)の距離は

$$\mathrm{OP}=\sqrt{a^2+b^2+c^2}$$

解答 (1) $\mathrm{OP}=\sqrt{2^2+3^2+6^2}$

$=\sqrt{49}=\mathbf{7}$ 答

(2) $\mathrm{OQ}=\sqrt{3^2+(-4)^2+5^2}$

$=\sqrt{50}=\mathbf{5\sqrt{2}}$ 答

2 空間のベクトル

まとめ

1 空間のベクトル

空間において，始点を A，終点を B とする有向線分 AB が表すベクトルを $\overrightarrow{\mathbf{AB}}$ で表す。また，$\overrightarrow{\mathrm{AB}}$ の大きさを $|\overrightarrow{\mathbf{AB}}|$ で表す。

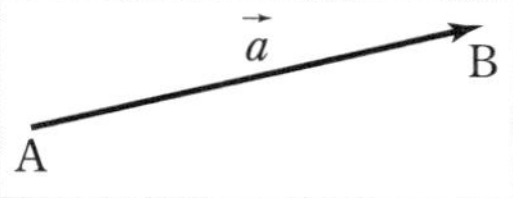

空間のベクトルも $\vec{a}$，$\vec{b}$ などで表すことがある。

このとき，$\vec{a}=\vec{b}$ や，$\vec{a}$ の逆ベクトル $-\vec{a}$ の定義は，平面上の場合と同様である。

2 零ベクトル

大きさが0のベクトルを **零ベクトル** またはゼロベクトルといい，$\vec{0}$ で表す。

3 単位ベクトル

大きさが1のベクトルを **単位ベクトル** という。

4 空間のベクトルの和，差，実数倍

空間のベクトルの和，差，実数倍の定義も，平面上の場合と同様である。さらに，平面上のベクトルについて成り立つ性質は，空間のベクトルに対してもそのまま成り立つ。

5 平行六面体

2つずつ平行な3組の平面で囲まれる立体を **平行六面体** という。直方体も平行六面体である。**平行六面体の各面は，平行四辺形である。**

6 ベクトルの分解

空間において，同じ平面上にない4点O，A，B，Cが与えられたとき，$\overrightarrow{OA}=\vec{a}$，$\overrightarrow{OB}=\vec{b}$，$\overrightarrow{OC}=\vec{c}$ とすると，この空間のどんなベクトル $\vec{p}$ も，適当な実数 s，t，u を用いて，$\boldsymbol{\vec{p}=s\vec{a}+t\vec{b}+u\vec{c}}$ の形に表すことができる。しかも，この表し方はただ1通りである。なお，空間におけるこのような3つのベクトル $\vec{a}$，$\vec{b}$，$\vec{c}$ は **1次独立** であるという。

注意 一直線上にない3点O，A，Bを通る平面は，ただ1つ定まる。この平面を，平面OABということがある。

A 空間のベクトル

練習 3 教 p.52

教科書の例2において，$\overrightarrow{AE}$ に等しいベクトルで $\overrightarrow{AE}$ 以外のものをすべてあげよ。また，$\overrightarrow{AD}$ の逆ベクトルで $\overrightarrow{DA}$ 以外のものをすべてあげよ。

指針 **等しいベクトル・逆ベクトル** 等しいベクトルは，向きが同じで大きさが等しいベクトルである。逆ベクトルは向きが反対で大きさが等しいベクトルである。よって，辺AE，ADとそれぞれ平行な辺について考える。

解答 辺AEに平行な辺は　辺BF，CG，DH

よって，$\overrightarrow{AE}$ に等しいベクトルは

$\overrightarrow{\mathbf{BF}}$，$\overrightarrow{\mathbf{CG}}$，$\overrightarrow{\mathbf{DH}}$ 答

また，辺ADに平行な辺は　辺BC，FG，EH

よって，$\overrightarrow{AD}$ の逆ベクトルは，$\overrightarrow{AD}$ と向きが反対で大きさが等しいベクトルであるから

$\overrightarrow{\mathbf{CB}}$，$\overrightarrow{\mathbf{GF}}$，$\overrightarrow{\mathbf{HE}}$ 答

練習 4 教 p.53

教科書の例 3 の直方体において，次の□に適する頂点の文字を求めよ。

(1) $\overrightarrow{AB}+\overrightarrow{FG}=\overrightarrow{A\square}$　　(2) $\overrightarrow{AD}-\overrightarrow{EF}=\overrightarrow{\square D}$

指針 **ベクトルの和・差**　等しいベクトルを見つけ，平面上のベクトルを考えるようにする。たとえば，$\overrightarrow{FG}=\overrightarrow{BC}$ であるから，$\overrightarrow{AB}+\overrightarrow{FG}$ は $\overrightarrow{AB}+\overrightarrow{BC}$ と等しく，平面 ABCD 上で考えることができる。

解答 (1) $\overrightarrow{AB}+\overrightarrow{FG}=\overrightarrow{AB}+\overrightarrow{BC}$

$=\overrightarrow{AC}$　答　**C**

(2) $\overrightarrow{AD}-\overrightarrow{EF}=\overrightarrow{AD}-\overrightarrow{AB}$

$=\overrightarrow{BD}$　答　**B**

B ベクトルの分解

練習 5 教 p.53

教科書の例題 1 において，次のベクトルを $\vec{a}$，$\vec{b}$，$\vec{c}$ を用いて表せ。

(1) $\overrightarrow{EC}$　　(2) $\overrightarrow{BH}$　　(3) $\overrightarrow{DF}$　　(4) $\overrightarrow{HF}$

指針 **平行六面体**　解答の図の平行六面体で，ベクトル $\vec{a}$，$\vec{b}$，$\vec{c}$ と等しいベクトルは，それぞれ 3 つずつある。たとえば，$\vec{a}$ と等しいベクトルは，$\overrightarrow{DC}$，$\overrightarrow{EF}$，$\overrightarrow{HG}$ である。このことを利用して，それぞれのベクトルを $\vec{a}$，$\vec{b}$，$\vec{c}$ を用いて表す。

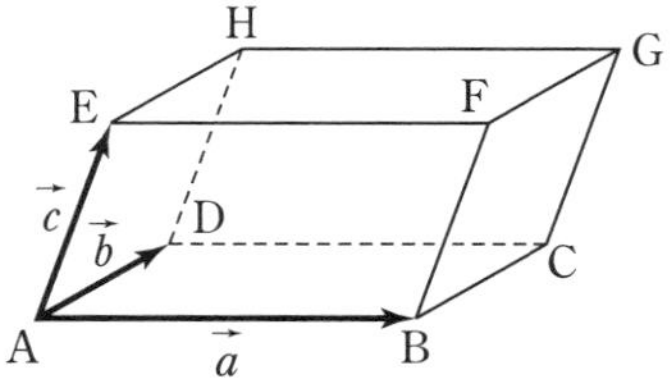

解答 (1) $\overrightarrow{EC}=\overrightarrow{EG}+\overrightarrow{GC}$

$=\overrightarrow{EF}+\overrightarrow{FG}+\overrightarrow{GC}$

$=\overrightarrow{AB}+\overrightarrow{AD}+\overrightarrow{EA}$

$=\vec{a}+\vec{b}-\vec{c}$　答

(2) $\overrightarrow{BH}=\overrightarrow{BD}+\overrightarrow{DH}$

$=\overrightarrow{AD}-\overrightarrow{AB}+\overrightarrow{DH}$

$=-\overrightarrow{AB}+\overrightarrow{AD}+\overrightarrow{AE}$

$=-\vec{a}+\vec{b}+\vec{c}$　答

(3) $\overrightarrow{DF}=\overrightarrow{DB}+\overrightarrow{BF}=\overrightarrow{AB}-\overrightarrow{AD}+\overrightarrow{BF}$

$=\overrightarrow{AB}-\overrightarrow{AD}+\overrightarrow{AE}$

$=\vec{a}-\vec{b}+\vec{c}$　答

(4) $\overrightarrow{HF}=\overrightarrow{HE}+\overrightarrow{EF}=\overrightarrow{DA}+\overrightarrow{AB}$

$=\overrightarrow{AB}-\overrightarrow{AD}$

$=\vec{a}-\vec{b}$　答

別解 (2) $\overrightarrow{BH}=\overrightarrow{BD}+\overrightarrow{DH}=\overrightarrow{BA}+\overrightarrow{AD}+\overrightarrow{DH}$

$=-\overrightarrow{AB}+\overrightarrow{AD}+\overrightarrow{AE}$

$=-\vec{a}+\vec{b}+\vec{c}$ 答

(3) $\overrightarrow{DF}=\overrightarrow{DB}+\overrightarrow{BF}=\overrightarrow{DA}+\overrightarrow{AB}+\overrightarrow{BF}$

$=-\overrightarrow{AD}+\overrightarrow{AB}+\overrightarrow{AE}$

$=-\vec{b}+\vec{a}+\vec{c}=\vec{a}-\vec{b}+\vec{c}$ 答

(4) $\overrightarrow{HF}=\overrightarrow{DB}=\overrightarrow{AB}-\overrightarrow{AD}=\vec{a}-\vec{b}$ 答

3 ベクトルの成分

まとめ

1 基本ベクトルと成分

O を原点とする座標空間において，x 軸，y 軸，z 軸 の正の向きと同じ向きの単位ベクトルを **基本ベクトル** といい，それぞれ $\vec{e_1}$，$\vec{e_2}$，$\vec{e_3}$ で表す。

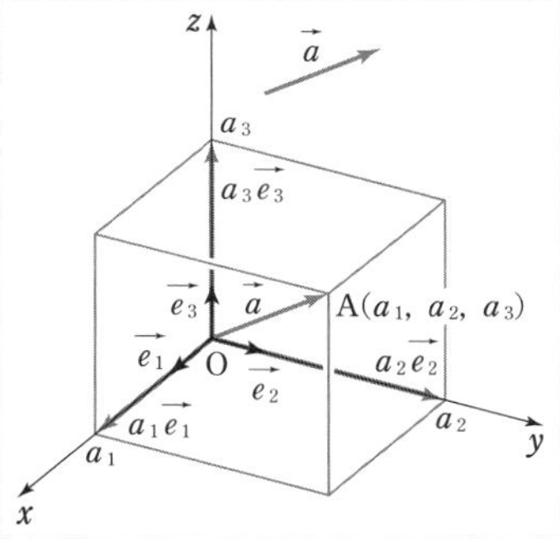

座標空間のベクトル $\vec{a}$ に対し，$\vec{a}=\overrightarrow{OA}$ である点 A の座標が

$(a_1,\ a_2,\ a_3)$

のとき，$\vec{a}$ は次のように表される。

$\vec{a}=a_1\vec{e_1}+a_2\vec{e_2}+a_3\vec{e_3}$

この $\vec{a}$ を，次のようにも書く。

$\vec{a}=(a_1,\ a_2,\ a_3)$ ……①

①における a_1，a_2，a_3 を，それぞれ $\vec{a}$ の **x成分，y成分，z成分** といい，まとめて $\vec{a}$ の **成分** という。また，①を $\vec{a}$ の **成分表示** という。

空間の基本ベクトル $\vec{e_1}$，$\vec{e_2}$，$\vec{e_3}$ の成分表示は，次のようになる。

$\vec{e_1}=(1,\ 0,\ 0)$，　$\vec{e_2}=(0,\ 1,\ 0)$，　$\vec{e_3}=(0,\ 0,\ 1)$

空間の零ベクトル $\vec{0}$ の成分表示は，$\vec{0}=(0,\ 0,\ 0)$である。

2 ベクトルの相等

空間の 2 つのベクトル $\vec{a}=(a_1,\ a_2,\ a_3)$，$\vec{b}=(b_1,\ b_2,\ b_3)$について，次が成り立つ。

$\vec{a}=\vec{b} \iff a_1=b_1,\ a_2=b_2,\ a_3=b_3$

3 ベクトルの大きさ

$\vec{a}=(a_1,\ a_2,\ a_3)$のとき

$|\vec{a}|=\sqrt{a_1^2+a_2^2+a_3^2}$

4 和，差，実数倍の成分表示

平面上の場合と同様に，空間のベクトルの和，差，実数倍の成分表示について，次のことが成り立つ。

$(\boldsymbol{a}_1,\ \boldsymbol{a}_2,\ \boldsymbol{a}_3)+(\boldsymbol{b}_1,\ \boldsymbol{b}_2,\ \boldsymbol{b}_3)=(\boldsymbol{a}_1+\boldsymbol{b}_1,\ \boldsymbol{a}_2+\boldsymbol{b}_2,\ \boldsymbol{a}_3+\boldsymbol{b}_3)$

$(\boldsymbol{a}_1,\ \boldsymbol{a}_2,\ \boldsymbol{a}_3)-(\boldsymbol{b}_1,\ \boldsymbol{b}_2,\ \boldsymbol{b}_3)=(\boldsymbol{a}_1-\boldsymbol{b}_1,\ \boldsymbol{a}_2-\boldsymbol{b}_2,\ \boldsymbol{a}_3-\boldsymbol{b}_3)$

$\boldsymbol{k}(\boldsymbol{a}_1,\ \boldsymbol{a}_2,\ \boldsymbol{a}_3)=(\boldsymbol{ka}_1,\ \boldsymbol{ka}_2,\ \boldsymbol{ka}_3)$　　ただし，k は実数

5　2点A，Bとベクトル $\overrightarrow{\mathbf{AB}}$

2点 $\mathrm{A}(a_1,\ a_2,\ a_3)$，$\mathrm{B}(b_1,\ b_2,\ b_3)$ について

$$\overrightarrow{\mathbf{AB}}=(\boldsymbol{b}_1-\boldsymbol{a}_1,\ \boldsymbol{b}_2-\boldsymbol{a}_2,\ \boldsymbol{b}_3-\boldsymbol{a}_3)$$

$$|\overrightarrow{\mathbf{AB}}|=\sqrt{(\boldsymbol{b}_1-\boldsymbol{a}_1)^2+(\boldsymbol{b}_2-\boldsymbol{a}_2)^2+(\boldsymbol{b}_3-\boldsymbol{a}_3)^2}$$

A ベクトルの成分表示

練習 6　教 p.55

次のベクトル $\vec{a}$，$\vec{b}$ が等しくなるように，x，y，z の値を定めよ。

$$\vec{a}=(2,\ -1,\ -3),\ \vec{b}=(x-4,\ y+2,\ -z+1)$$

指針　**ベクトルの相等と成分表示**　空間の2つのベクトル

$\vec{a}=(a_1,\ a_2,\ a_3)$，$\vec{b}=(b_1,\ b_2,\ b_3)$ について

$$\vec{a}=\vec{b}\iff a_1=b_1,\ a_2=b_2,\ a_3=b_3$$

が成り立つ。

解答　$\vec{a}=\vec{b}$ であるための条件は

$$2=x-4,\quad -1=y+2,\quad -3=-z+1$$

よって　$\boldsymbol{x=6,\ y=-3,\ z=4}$　答

練習 7　教 p.56

次のベクトルの大きさを求めよ。

(1)　$\vec{a}=(1,\ 2,\ -2)$　　(2)　$\vec{b}=(-5,\ 3,\ -4)$

指針　**ベクトルの成分と大きさ**　$\vec{a}=(a_1,\ a_2,\ a_3)$ の大きさは

$$|\vec{a}|=\sqrt{a_1^2+a_2^2+a_3^2}$$

解答　(1)　$|\vec{a}|=\sqrt{1^2+2^2+(-2)^2}=\sqrt{9}=\boldsymbol{3}$　答

(2)　$|\vec{b}|=\sqrt{(-5)^2+3^2+(-4)^2}=\sqrt{50}=\boldsymbol{5\sqrt{2}}$　答

B 和，差，実数倍の成分表示

練習 8　教 p.57

$\vec{a}=(1,\ 3,\ -2)$，$\vec{b}=(4,\ -3,\ 0)$ のとき，次のベクトルを成分表示せよ。

(1)　$\vec{a}+\vec{b}$　　(2)　$\vec{a}-\vec{b}$

(3)　$2\vec{a}+3\vec{b}$　　(4)　$-3(\vec{a}-2\vec{b})$

教科書 p.57

指針 **成分によるベクトルの計算**　まとめの計算規則により計算する。

(4)　先に(　　)をはずしても，先に(　　)の中を計算してもよい。

解答 (1)　$\vec{a}+\vec{b}=(1,\ 3,\ -2)+(4,\ -3,\ 0)$

$=(1+4,\ 3+(-3),\ -2+0)$

$=\mathbf{(5,\ 0,\ -2)}$ 答

(2)　$\vec{a}-\vec{b}=(1,\ 3,\ -2)-(4,\ -3,\ 0)$

$=(1-4,\ 3-(-3),\ -2-0)$

$=\mathbf{(-3,\ 6,\ -2)}$ 答

(3)　$2\vec{a}+3\vec{b}=2(1,\ 3,\ -2)+3(4,\ -3,\ 0)$

$=(2\times1,\ 2\times3,\ 2\times(-2))+(3\times4,\ 3\times(-3),\ 3\times0)$

$=(2,\ 6,\ -4)+(12,\ -9,\ 0)$

$=(2+12,\ 6+(-9),\ -4+0)$

$=\mathbf{(14,\ -3,\ -4)}$ 答

(4)　$-3(\vec{a}-2\vec{b})=-3\vec{a}+6\vec{b}$

$=-3(1,\ 3,\ -2)+6(4,\ -3,\ 0)$

$=(-3\times1,\ -3\times3,\ -3\times(-2))+(6\times4,\ 6\times(-3),\ 6\times0)$

$=(-3,\ -9,\ 6)+(24,\ -18,\ 0)$

$=(-3+24,\ -9+(-18),\ 6+0)$

$=\mathbf{(21,\ -27,\ 6)}$ 答

別解 (4)　$-3(\vec{a}-2\vec{b})=-3\{(1,\ 3,\ -2)-2(4,\ -3,\ 0)\}$

$=-3\{(1,\ 3,\ -2)-(2\times4,\ 2\times(-3),\ 2\times0)\}$

$=-3\{(1,\ 3,\ -2)-(8,\ -6,\ 0)\}$

$=-3(1-8,\ 3-(-6),\ -2-0)$

$=-3(-7,\ 9,\ -2)$

$=(-3\times(-7),\ -3\times9,\ -3\times(-2))$

$=\mathbf{(21,\ -27,\ 6)}$ 答

C 座標空間の点とベクトル

教 p.57

練習 9

次の2点A，Bについて，$\overrightarrow{AB}$ を成分表示し，$|\overrightarrow{AB}|$ を求めよ。

(1)　A(2, 1, 4)，B(3, −1, 5)

(2)　A(3, 0, −2)，B(1, −4, 2)

指針 **ベクトルの成分と大きさ**　$A(a_1,\ a_2,\ a_3)$，$B(b_1,\ b_2,\ b_3)$のとき

$\overrightarrow{AB}=(b_1-a_1,\ b_2-a_2,\ b_3-a_3)$

$|\overrightarrow{AB}|=\sqrt{(b_1-a_1)^2+(b_2-a_2)^2+(b_3-a_3)^2}$

解答 (1) $\overrightarrow{\mathrm{AB}}=(3-2,\ -1-1,\ 5-4)$
$=(1,\ -2,\ 1)$ 答
$|\overrightarrow{\mathrm{AB}}|=\sqrt{1^2+(-2)^2+1^2}$
$=\sqrt{6}$ 答

(2) $\overrightarrow{\mathrm{AB}}=(1-3,\ -4-0,\ 2-(-2))$
$=(-2,\ -4,\ 4)$ 答
$|\overrightarrow{\mathrm{AB}}|=\sqrt{(-2)^2+(-4)^2+4^2}$
$=\sqrt{36}=6$ 答

4 ベクトルの内積

まとめ

1 ベクトルの内積

空間の $\vec{0}$ でない2つのベクトル $\vec{a}$, $\vec{b}$ について，そのなす角 θ を平面上の場合と同様に定義し，$\vec{a}$ と $\vec{b}$ の内積 $\vec{a}\cdot\vec{b}$ も同じ式 $\vec{a}\cdot\vec{b}=|\vec{a}||\vec{b}|\cos\theta$ で定義する。

$\vec{a}=\vec{0}$ または $\vec{b}=\vec{0}$ のときは，$\vec{a}$ と $\vec{b}$ の内積を $\vec{a}\cdot\vec{b}=0$ と定める。

2 ベクトルの内積

$\vec{0}$ でない2つのベクトル $\vec{a}=(a_1,\ a_2,\ a_3)$，$\vec{b}=(b_1,\ b_2,\ b_3)$ のなす角を θ とする。ただし，$0°\leqq\theta\leqq180°$ である。このとき

[1] $\vec{a}\cdot\vec{b}=a_1b_1+a_2b_2+a_3b_3$

[2] $\cos\theta=\dfrac{\vec{a}\cdot\vec{b}}{|\vec{a}||\vec{b}|}=\dfrac{a_1b_1+a_2b_2+a_3b_3}{\sqrt{a_1^2+a_2^2+a_3^2}\sqrt{b_1^2+b_2^2+b_3^2}}$

注意 [1]の式は，$\vec{a}=\vec{0}$ または $\vec{b}=\vec{0}$ のときも成り立つ。

3 ベクトルの垂直条件

$\vec{a}\neq\vec{0}$，$\vec{b}\neq\vec{0}$ で，$\vec{a}=(a_1,\ a_2,\ a_3)$，$\vec{b}=(b_1,\ b_2,\ b_3)$ のとき

[1] $\vec{a}\perp\vec{b} \iff \vec{a}\cdot\vec{b}=0$

[2] $\vec{a}\perp\vec{b} \iff a_1b_1+a_2b_2+a_3b_3=0$

A ベクトルの内積

教 p.59

練習 10

次の2つのベクトル $\vec{a}$, $\vec{b}$ について，内積とそのなす角 θ を求めよ。

(1) $\vec{a}=(2,\ -3,\ 1)$，$\vec{b}=(-3,\ 1,\ 2)$

(2) $\vec{a}=(2,\ 4,\ 3)$，$\vec{b}=(-2,\ 1,\ 0)$

指針　**内積となす角**　$\vec{a}=(a_1,\ a_2,\ a_3)$，$\vec{b}=(b_1,\ b_2,\ b_3)$のとき，内積は

$$\vec{a}\cdot\vec{b}=a_1b_1+a_2b_2+a_3b_3$$

また，なす角θは

$$\cos\theta=\frac{\vec{a}\cdot\vec{b}}{|\vec{a}||\vec{b}|}=\frac{a_1b_1+a_2b_2+a_3b_3}{\sqrt{a_1^2+a_2^2+a_3^2}\sqrt{b_1^2+b_2^2+b_3^2}}$$

から求める。(2)は，$|\vec{a}|$，$|\vec{b}|$が0でないことを確かめればよい。

解答　(1)　内積は

$$\vec{a}\cdot\vec{b}=2\times(-3)+(-3)\times1+1\times2=\mathbf{-7}$$ 答

また　$|\vec{a}|=\sqrt{2^2+(-3)^2+1^2}=\sqrt{14}$

$|\vec{b}|=\sqrt{(-3)^2+1^2+2^2}=\sqrt{14}$

であるから

$$\cos\theta=\frac{\vec{a}\cdot\vec{b}}{|\vec{a}||\vec{b}|}=\frac{-7}{\sqrt{14}\sqrt{14}}=-\frac{1}{2}$$

$0^\circ\leqq\theta\leqq180^\circ$であるから　$\boldsymbol{\theta=120^\circ}$　答

(2)　内積は

$$\vec{a}\cdot\vec{b}=2\times(-2)+4\times1+3\times0=\mathbf{0}$$ 答

また，$\vec{a}\neq\vec{0}$，$\vec{b}\neq\vec{0}$より$|\vec{a}|\neq0$，$|\vec{b}|\neq0$であるから

$$\cos\theta=\frac{\vec{a}\cdot\vec{b}}{|\vec{a}||\vec{b}|}=0$$

$0^\circ\leqq\theta\leqq180^\circ$であるから　$\boldsymbol{\theta=90^\circ}$　答

練習 11　教 p.59

3点A(6, 7, −8)，B(5, 5, −6)，C(6, 4, −2)を頂点とする△ABCにおいて，∠ABCの大きさを求めよ。

指針　**三角形の内角**　∠ABCの大きさは$\overrightarrow{BA}$，$\overrightarrow{BC}$のなす角である。したがって，$\overrightarrow{BA}$，$\overrightarrow{BC}$の内積と，$|\overrightarrow{BA}|$，$|\overrightarrow{BC}|$を求めてから，cos∠ABCの値を求める。

解答　$\overrightarrow{BA}=(6-5,\ 7-5,\ -8-(-6))=(1,\ 2,\ -2)$，

$\overrightarrow{BC}=(6-5,\ 4-5,\ -2-(-6))=(1,\ -1,\ 4)$

であるから

$$\overrightarrow{BA}\cdot\overrightarrow{BC}=1\times1+2\times(-1)+(-2)\times4=-9$$

$$|\overrightarrow{BA}|=\sqrt{1^2+2^2+(-2)^2}=3$$

$$|\overrightarrow{BC}|=\sqrt{1^2+(-1)^2+4^2}=3\sqrt{2}$$

よって　$\cos\angle ABC=\dfrac{\overrightarrow{BA}\cdot\overrightarrow{BC}}{|\overrightarrow{BA}||\overrightarrow{BC}|}$

$$=\frac{-9}{3\times3\sqrt{2}}=-\frac{1}{\sqrt{2}}$$

$0^\circ\leqq\angle ABC\leqq180^\circ$であるから　$\boldsymbol{\angle ABC=135^\circ}$　答

B ベクトルの垂直

教 p.60

練習 12

2つのベクトル $\vec{a}=(2,\ 0,\ -1)$，$\vec{b}=(1,\ 3,\ -2)$ の両方に垂直で，大きさが $\sqrt{6}$ のベクトル $\vec{p}$ を求めよ。

指針 **2つのベクトルに垂直なベクトル** $\vec{p}=(x,\ y,\ z)$ とする。
$\vec{a}\cdot\vec{p}=0$，$\vec{b}\cdot\vec{p}=0$，$|\vec{p}|=\sqrt{6}$ から，x，y，z の連立方程式を作って解く。

解答 $\vec{p}=(x,\ y,\ z)$ とする。
$\vec{a}\perp\vec{p}$ より $\vec{a}\cdot\vec{p}=0$ であるから

$$2\times x+0\times y+(-1)\times z=0$$

すなわち　$2x-z=0$　…… ①
$\vec{b}\perp\vec{p}$ より $\vec{b}\cdot\vec{p}=0$ であるから

$$1\times x+3\times y+(-2)\times z=0$$

すなわち　$x+3y-2z=0$　…… ②
$|\vec{p}|^2=(\sqrt{6})^2$ であるから　$x^2+y^2+z^2=6$　…… ③
①，②から，y，z を x で表すと　$y=x$，$z=2x$　…… ④
これらを③に代入すると　$x^2+x^2+(2x)^2=6$
整理すると　$6x^2=6$　ゆえに　$x^2=1$
これを解くと　$x=\pm1$　よって，④から
　$x=1$ のとき　$y=1$，$z=2$
　$x=-1$ のとき　$y=-1$，$z=-2$

答　$\vec{p}=(1,\ 1,\ 2)$，$(-1,\ -1,\ -2)$

注意 答のベクトル $\vec{p}$ を $\vec{p}=(\pm1,\ \pm1,\ \pm2)$（複号同順）と書いてもよい。

5 ベクトルの図形への応用

まとめ

1　位置ベクトル

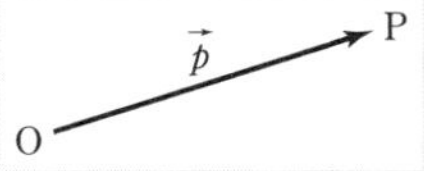

空間においても点Oを定めておくと，どんな点Pの位置も，ベクトル $\vec{p}=\overrightarrow{\mathrm{OP}}$ によって決まる。
このようなベクトル $\vec{p}$ を点Oに関する点Pの**位置ベクトル**という。
空間においても点Pの位置ベクトルが $\vec{p}$ であることを $\mathbf{P}(\vec{p})$ で表す。
以下，とくに断らない限り，点Oに関する位置ベクトルを考える。
平面上の場合と同様に，次のことが成り立つ。

[1]　2点 $\mathrm{A}(\vec{a})$，$\mathrm{B}(\vec{b})$ に対して　$\overrightarrow{\mathbf{AB}}=\vec{b}-\vec{a}$

[2]　2点 $\mathrm{A}(\vec{a})$，$\mathrm{B}(\vec{b})$ に対して，線分ABを $m:n$ に内分する点，$m:n$ に外分する点の位置ベクトルは

内分… $\dfrac{n\vec{a}+m\vec{b}}{m+n}$　　外分… $\dfrac{-n\vec{a}+m\vec{b}}{m-n}$

とくに，線分 AB の中点の位置ベクトルは　$\dfrac{\vec{a}+\vec{b}}{2}$

[3]　3 点 A($\vec{a}$)，B($\vec{b}$)，C($\vec{c}$) を頂点とする△ABC の重心 G の位置ベクトル $\vec{g}$ は　$\vec{g}=\dfrac{\vec{a}+\vec{b}+\vec{c}}{3}$

2　一直線上にある点

2 点 A，B が異なるとき

点 C が直線 AB 上にある　⇔　$\overrightarrow{AC}=k\overrightarrow{AB}$ となる実数 k がある

3　同じ平面上にある点(1)

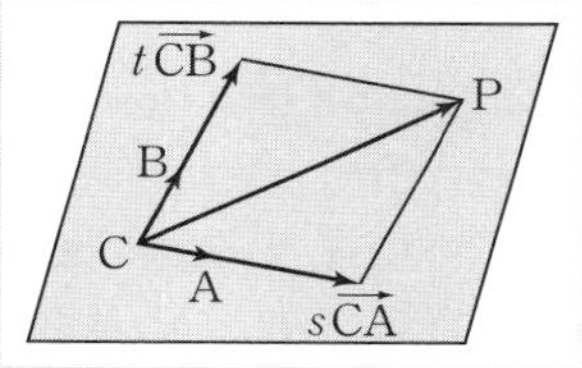

一直線上にない 3 点 A, B, C の定める平面 ABC がある。この平面上に点 P があるとき

$\overrightarrow{CP}=s\overrightarrow{CA}+t\overrightarrow{CB}$

となる実数 s，t がただ 1 組定まる。

逆に，この式を満たす実数 s，t があるとき，点 P は平面 ABC 上にある。よって，次のことが成り立つ。

点 P が平面 ABC 上にある　⇔　$\overrightarrow{CP}=s\overrightarrow{CA}+t\overrightarrow{CB}$ となる実数 s，t がある

4　同じ平面上にある点(2)

一直線上にない 3 点 A($\vec{a}$)，B($\vec{b}$)，C($\vec{c}$) と点 P($\vec{p}$) について

点 P が平面 ABC 上にある

⇔　$\vec{p}=s\vec{a}+t\vec{b}+u\vec{c}$，$s+t+u=1$ となる実数 s，t，u がある

解説　$\overrightarrow{CP}=s\overrightarrow{CA}+t\overrightarrow{CB}$ から

$\vec{p}-\vec{c}=s(\vec{a}-\vec{c})+t(\vec{b}-\vec{c})$

よって　$\vec{p}=s\vec{a}+t\vec{b}+(1-s-t)\vec{c}$

$1-s-t=u$ とおくと　$s+t+u=1$　終

5　内積の利用

内積を利用して，垂直の証明をすることができる。

$\overrightarrow{AB}\neq\vec{0}$，$\overrightarrow{CD}\neq\vec{0}$ のとき　$\overrightarrow{AB}\cdot\overrightarrow{CD}=0$　⇔　AB⊥CD

A 位置ベクトル

教 p.61

練習 13

4 点 A($\vec{a}$)，B($\vec{b}$)，C($\vec{c}$)，D($\vec{d}$) を頂点とする四面体 ABCD において，△BCD の重心を G($\vec{g}$)，線分 AG を 3：1 に内分する点を P($\vec{p}$) とする。

$\vec{p}$ を $\vec{a}$，$\vec{b}$，$\vec{c}$，$\vec{d}$ を用いて表せ。

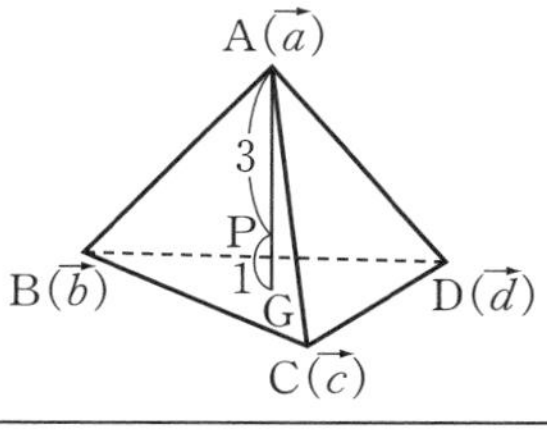

指針 **内分する点の位置ベクトル**　まず，ベクトル $\vec{g}$ を $\vec{b}$，$\vec{c}$，$\vec{d}$ を使って表す。次に，ベクトル $\vec{p}$ を $\vec{a}$ と $\vec{g}$ を使って表す。

解答 △BCD の重心 G の位置ベクトル $\vec{g}$ は

$$\vec{g}=\frac{\vec{b}+\vec{c}+\vec{d}}{3}$$

線分 AG を 3：1 に内分する点 P の位置ベクトル $\vec{p}$ は

$$\vec{p}=\frac{\vec{a}+3\vec{g}}{3+1}=\frac{\vec{a}+3\vec{g}}{4}=\frac{\vec{a}+3\left(\frac{\vec{b}+\vec{c}+\vec{d}}{3}\right)}{4}$$

$$=\frac{\vec{a}+\vec{b}+\vec{c}+\vec{d}}{4}$$ 答

B 一直線上にある点

教 p.62

練習 14

四面体 OABC において，辺 OA の中点を D，辺 BC の中点を E とする。
線分 DE の中点を M，△ABC の重心を G とするとき，3 点 O，M，G は一直線上にあることを証明せよ。

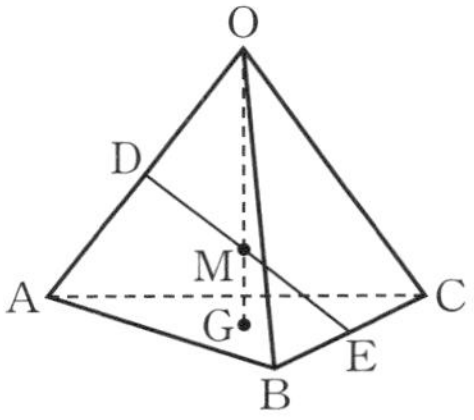

指針 **3 点が一直線上にあることの証明**　O に関する位置ベクトルを考え，$\overrightarrow{OA}=\vec{a}$，$\overrightarrow{OB}=\vec{b}$，$\overrightarrow{OC}=\vec{c}$ として，$\overrightarrow{OM}$，$\overrightarrow{OG}$ をそれぞれ $\vec{a}$，$\vec{b}$，$\vec{c}$ で表し，$\overrightarrow{OG}=k\overrightarrow{OM}$ となる実数 k があることを示す。

解答 O に関する位置ベクトルを考える。
$\overrightarrow{OA}=\vec{a}$，$\overrightarrow{OB}=\vec{b}$，$\overrightarrow{OC}=\vec{c}$ とすると

$$\overrightarrow{OD}=\frac{1}{2}\overrightarrow{OA}=\frac{1}{2}\vec{a},\qquad \overrightarrow{OE}=\frac{\overrightarrow{OB}+\overrightarrow{OC}}{2}=\frac{\vec{b}+\vec{c}}{2}$$

であるから

$$\overrightarrow{OM}=\frac{\overrightarrow{OD}+\overrightarrow{OE}}{2}=\frac{\frac{1}{2}\vec{a}+\frac{\vec{b}+\vec{c}}{2}}{2}=\frac{\vec{a}+\vec{b}+\vec{c}}{4}$$

また，$\overrightarrow{OG}=\dfrac{\overrightarrow{OA}+\overrightarrow{OB}+\overrightarrow{OC}}{3}=\dfrac{\vec{a}+\vec{b}+\vec{c}}{3}$ であるから

$$\overrightarrow{OG}=\frac{4}{3}\overrightarrow{OM}$$

よって，3 点 O，M，G は一直線上にある。 終

C 同じ平面上にある点

教 p.63

練習 15 3点A(−1, 2, −1), B(2, −2, 3), C(2, 4, −1)の定める平面ABC上に点P(x, 3, 1)があるとき，xの値を求めよ。

指針 **同じ平面上にある点** Pは平面ABC上にあるから，$\overrightarrow{CP}=s\overrightarrow{CA}+t\overrightarrow{CB}$ となる実数s, tがある。このことを利用する。

解答 Pは平面ABC上にあるから，$\overrightarrow{CP}=s\overrightarrow{CA}+t\overrightarrow{CB}$ とおく。

$\overrightarrow{CP}=(x-2,\ -1,\ 2)$，$\overrightarrow{CA}=(-3,\ -2,\ 0)$，$\overrightarrow{CB}=(0,\ -6,\ 4)$

であるから　$(x-2,\ -1,\ 2)=s(-3,\ -2,\ 0)+t(0,\ -6,\ 4)$

すなわち　$(x-2,\ -1,\ 2)=(-3s,\ -2s-6t,\ 4t)$

よって　$x-2=-3s$ ……①　$-1=-2s-6t$ ……②

$2=4t$ ……③

③から　$t=\dfrac{1}{2}$　②に代入して　$s=-1$

これを①に代入して　$\boldsymbol{x}=-3\times(-1)+2=5$ 答

教 p.64

練習 16 四面体OABCにおいて，辺OAの中点をM，辺BCを1：2に内分する点をQ，線分MQの中点をRとし，直線ORと平面ABCの交点をPとする。$\overrightarrow{OA}=\vec{a}$，$\overrightarrow{OB}=\vec{b}$，$\overrightarrow{OC}=\vec{c}$ とするとき，$\overrightarrow{OP}$ を$\vec{a}$，$\vec{b}$，$\vec{c}$ を用いて表せ。

指針 **線分の比と位置ベクトル** Pは平面ABC上にあるから，s, tを実数として $\overrightarrow{CP}=s\overrightarrow{CA}+t\overrightarrow{CB}$ と表されることを利用する。また，PはOR上にあり，$\overrightarrow{OP}=k\overrightarrow{OR}$ (kは実数)から，$\overrightarrow{OP}$ をk, $\vec{a}$, $\vec{b}$, $\vec{c}$ で表すことができる。

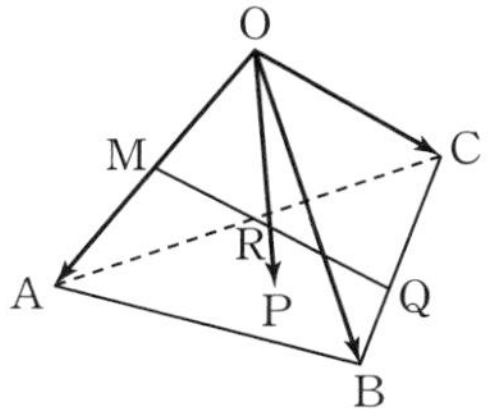

解答 Pは平面ABC上にあるから

$\overrightarrow{CP}=s\overrightarrow{CA}+t\overrightarrow{CB}$

となる実数s, tがある。

$\overrightarrow{OP}=\overrightarrow{OC}+\overrightarrow{CP}=\overrightarrow{OC}+s\overrightarrow{CA}+t\overrightarrow{CB}$

$=\vec{c}+s(\vec{a}-\vec{c})+t(\vec{b}-\vec{c})$

$=s\vec{a}+t\vec{b}+(1-s-t)\vec{c}$ ……①

また，Pは直線OR上にあるから，$\overrightarrow{OP}=k\overrightarrow{OR}$ となる実数kがある。

よって

$$\overrightarrow{OP}=k\overrightarrow{OR}=k\left(\frac{\overrightarrow{OM}+\overrightarrow{OQ}}{2}\right)=\frac{1}{2}k\overrightarrow{OM}+\frac{1}{2}k\overrightarrow{OQ} \quad \cdots\cdots ②$$

ここで

$\overrightarrow{OM}=\dfrac{1}{2}\overrightarrow{OA}=\dfrac{1}{2}\vec{a}$,

$\overrightarrow{OQ}=\dfrac{2\overrightarrow{OB}+\overrightarrow{OC}}{1+2}=\dfrac{2}{3}\vec{b}+\dfrac{1}{3}\vec{c}$

であるから，②に代入して

$\overrightarrow{OP}=\dfrac{1}{2}k\left(\dfrac{1}{2}\vec{a}\right)+\dfrac{1}{2}k\left(\dfrac{2}{3}\vec{b}+\dfrac{1}{3}\vec{c}\right)$

$=\dfrac{1}{4}k\vec{a}+\dfrac{1}{3}k\vec{b}+\dfrac{1}{6}k\vec{c}$ ……③

4点O，A，B，Cは同じ平面上にないから，$\overrightarrow{OP}$ の $\vec{a}$，$\vec{b}$，$\vec{c}$ を用いた表し方はただ1通りである。

①，③から　　$s=\dfrac{1}{4}k$，$t=\dfrac{1}{3}k$，$1-s-t=\dfrac{1}{6}k$

これを解くと，$k=\dfrac{4}{3}$ であるから　　$\overrightarrow{\mathbf{OP}}=\dfrac{1}{3}\vec{\boldsymbol{a}}+\dfrac{4}{9}\vec{\boldsymbol{b}}+\dfrac{2}{9}\vec{\boldsymbol{c}}$ 答

別解 $\overrightarrow{OR}=\dfrac{\overrightarrow{OM}+\overrightarrow{OQ}}{2}=\dfrac{1}{2}\left(\dfrac{1}{2}\vec{a}+\dfrac{2\vec{b}+\vec{c}}{3}\right)=\dfrac{1}{4}\vec{a}+\dfrac{1}{3}\vec{b}+\dfrac{1}{6}\vec{c}$

Pは直線OR上にあるから，$\overrightarrow{OP}=k\overrightarrow{OR}$ となる実数 k がある。

$\overrightarrow{OP}=k\overrightarrow{OR}=\dfrac{1}{4}k\vec{a}+\dfrac{1}{3}k\vec{b}+\dfrac{1}{6}k\vec{c}$

Pは平面ABC上にあるから　　$\dfrac{1}{4}k+\dfrac{1}{3}k+\dfrac{1}{6}k=1$

これを解くと，$k=\dfrac{4}{3}$ であるから　　$\overrightarrow{\mathbf{OP}}=\dfrac{1}{3}\vec{\boldsymbol{a}}+\dfrac{4}{9}\vec{\boldsymbol{b}}+\dfrac{2}{9}\vec{\boldsymbol{c}}$ 答

D 内積の利用

教 p.66

練習17 正四面体ABCDにおいて，△BCDの重心をGとすると，AG⊥BCである。このことを，ベクトルを用いて証明せよ。

指針 **垂直の証明** $\overrightarrow{AB}=\vec{b}$，$\overrightarrow{AC}=\vec{c}$，$\overrightarrow{AD}=\vec{d}$，$\overrightarrow{AG}=\vec{g}$ とし，$\overrightarrow{AG}\cdot\overrightarrow{BC}=0$ を示す。
正四面体の各面が正三角形であることを利用する。

解答 $\overrightarrow{AB}=\vec{b}$，$\overrightarrow{AC}=\vec{c}$，$\overrightarrow{AD}=\vec{d}$，$\overrightarrow{AG}=\vec{g}$ とすると，

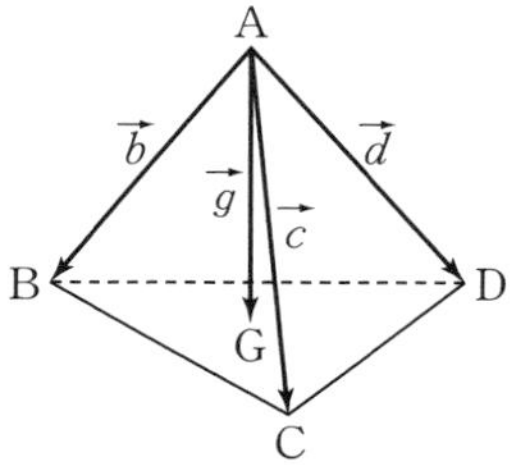

点Gは△BCDの重心であるから

$\vec{g}=\dfrac{\vec{b}+\vec{c}+\vec{d}}{3}$

よって

$\overrightarrow{AG}\cdot\overrightarrow{BC}=\vec{g}\cdot(\vec{c}-\vec{b})$

$=\left(\dfrac{\vec{b}+\vec{c}+\vec{d}}{3}\right)\cdot(\vec{c}-\vec{b})$

$$=\frac{\vec{b}\cdot\vec{c}-|\vec{b}|^2+|\vec{c}|^2-\vec{c}\cdot\vec{b}+\vec{d}\cdot\vec{c}-\vec{d}\cdot\vec{b}}{3}$$

$$=\frac{-|\vec{b}|^2+|\vec{c}|^2+\vec{d}\cdot\vec{c}-\vec{d}\cdot\vec{b}}{3} \quad \cdots\cdots ①$$

正四面体ABCDにおいては，$\vec{d}$ と $\vec{c}$，$\vec{d}$ と $\vec{b}$ のなす角は，ともに60°であるから

$$\vec{d}\cdot\vec{c}=|\vec{d}||\vec{c}|\cos 60°,\ \vec{d}\cdot\vec{b}=|\vec{d}||\vec{b}|\cos 60°$$

$|\vec{b}|=|\vec{c}|=|\vec{d}|$ であるから　$\vec{d}\cdot\vec{c}=\vec{d}\cdot\vec{b}$　……②

また　$|\vec{b}|^2=|\vec{c}|^2$　……③

①，②，③から　$\overrightarrow{AG}\cdot\overrightarrow{BC}=0$

$\overrightarrow{AG}\neq\vec{0}$，$\overrightarrow{BC}\neq\vec{0}$ であるから　$\overrightarrow{AG}\perp\overrightarrow{BC}$

したがって　AG⊥BC　終

6 座標空間における図形

まとめ

1　2点間の距離と内分点・外分点の座標

座標空間の2点 $A(a_1,\ a_2,\ a_3)$，$B(b_1,\ b_2,\ b_3)$ について

[1]　A，B間の距離は　$\mathbf{AB}=\sqrt{(b_1-a_1)^2+(b_2-a_2)^2+(b_3-a_3)^2}$

[2]　線分ABを $m:n$ に内分する点の座標は

$$\left(\frac{na_1+mb_1}{m+n},\ \frac{na_2+mb_2}{m+n},\ \frac{na_3+mb_3}{m+n}\right)$$

線分ABを $m:n$ に外分する点の座標は

$$\left(\frac{-na_1+mb_1}{m-n},\ \frac{-na_2+mb_2}{m-n},\ \frac{-na_3+mb_3}{m-n}\right)$$

2　平面の方程式

点 $C(0,\ 0,\ c)$ を通り，xy 平面に平行な平面を α とする。平面 α 上にあるどんな点Pの z 座標も c である。すなわち，平面 α は方程式 $z=c$　……①を満たす点 $(x,\ y,\ z)$ の全体である。

①を **平面 α の方程式** という。

3　座標平面に平行な平面の方程式

点 $A(a,\ 0,\ 0)$ を通り，yz 平面に平行な平面の方程式は　$\boldsymbol{x=a}$

点 $B(0,\ b,\ 0)$ を通り，zx 平面に平行な平面の方程式は　$\boldsymbol{y=b}$

点 $C(0,\ 0,\ c)$ を通り，xy 平面に平行な平面の方程式は　$\boldsymbol{z=c}$

注意　平面 $x=a$ は x 軸に垂直，平面 $y=b$ は y 軸に垂直，平面 $z=c$ は z 軸に垂直である。

4　球面，球

空間において，定点 C からの距離が一定の値 r であるような点の全体を，C を中心とする半径 r の **球面**，または単に **球** という。

5　球面の方程式

点 (a, b, c) を中心とする半径 r の球面の方程式は

$$(x-a)^2+(y-b)^2+(z-c)^2=r^2$$

とくに，原点を中心とする半径 r の球面の方程式は

$$x^2+y^2+z^2=r^2$$

A　2 点間の距離と内分点・外分点の座標

練習 18 教 p.67

2 点 A$(1,\ 3,\ -2)$，B$(4,\ -3,\ 1)$ について，次のものを求めよ。

(1)　2 点 A，B 間の距離　　(2)　線分 AB の中点の座標

(3)　線分 AB を 2：1 に内分する点の座標

(4)　線分 AB を 2：1 に外分する点の座標

指針　**2 点間の距離と内分点・外分点**　前ページのまとめで示した公式にあてはめて求める。中点の座標は 1：1 に内分する点の座標である。

解答　(1)　$\text{AB}=\sqrt{(4-1)^2+\{(-3)-3\}^2+\{1-(-2)\}^2}$

$=\sqrt{54}=3\sqrt{6}$　答

(2)　$\left(\dfrac{1+4}{2},\ \dfrac{3+(-3)}{2},\ \dfrac{(-2)+1}{2}\right)$

すなわち　$\left(\dfrac{5}{2},\ 0,\ -\dfrac{1}{2}\right)$　答

(3)　$\left(\dfrac{1\times1+2\times4}{2+1},\ \dfrac{1\times3+2\times(-3)}{2+1},\ \dfrac{1\times(-2)+2\times1}{2+1}\right)$

すなわち　$(3,\ -1,\ 0)$　答

(4)　$\left(\dfrac{-1\times1+2\times4}{2-1},\ \dfrac{-1\times3+2\times(-3)}{2-1},\ \dfrac{-1\times(-2)+2\times1}{2-1}\right)$

すなわち　$(7,\ -9,\ 4)$　答

練習 19 教 p.67

3 点 A$(2,\ -1,\ 4)$，B$(1,\ 3,\ 0)$，C$(3,\ 1,\ 2)$ を頂点とする△ABC の重心の座標を，原点 O に関する位置ベクトルを利用して求めよ。

指針　**重心の座標**　△ABC の重心を G とすると　$\overrightarrow{\text{OG}}=\dfrac{\overrightarrow{\text{OA}}+\overrightarrow{\text{OB}}+\overrightarrow{\text{OC}}}{3}$

解答　△ABC の重心を G とすると

$$\overrightarrow{OG}=\frac{\overrightarrow{OA}+\overrightarrow{OB}+\overrightarrow{OC}}{3}$$

と表されるから，△ABC の重心の座標は

$$\left(\frac{2+1+3}{3},\ \frac{(-1)+3+1}{3},\ \frac{4+0+2}{3}\right)$$

すなわち　(2，1，2)　答

B 座標平面に平行な平面の方程式

練習 20　教 p.68

点(1，2，3)を通り，次のような平面の方程式を求めよ。

(1)　xy 平面に平行　(2)　yz 平面に平行　(3)　y 軸に垂直

指針　**座標平面に平行な平面の方程式**

(1), (2)　それぞれどの座標軸に垂直か考える。

解答　(1)　z 軸に垂直な平面で，平面上のどんな点の z 座標も 3 であるから

$\boldsymbol{z=3}$　答

(2)　x 軸に垂直な平面で，平面上のどんな点の x 座標も 1 であるから

$\boldsymbol{x=1}$　答

(3)　y 軸に垂直な平面で，平面上のどんな点の y 座標も 2 であるから

$\boldsymbol{y=2}$　答

C 球面の方程式

練習 21　教 p.69

次のような球面の方程式を求めよ。

(1)　原点を中心とする半径 3 の球面

(2)　点(1，2，−3)を中心とする半径 4 の球面

(3)　点 A(0，4，1)を中心とし，点 B(2，4，5)を通る球面

(4)　2 点 A(2，0，−3)，B(−2，6，1)を直径の両端とする球面

指針　**球面の方程式**　前ページのまとめの球面の方程式にあてはめる。

(3)　半径を r とすると　$r^2=\mathrm{AB}^2$

(4)　球面の中心は線分 AB の中点でありこの中心を C とすると，半径は CA，または CB の長さである。

解答　(1)　$x^2+y^2+z^2=3^2$

すなわち　$\boldsymbol{x^2+y^2+z^2=9}$　答

(2)　$(x-1)^2+(y-2)^2+(z+3)^2=4^2$

すなわち　$\boldsymbol{(x-1)^2+(y-2)^2+(z+3)^2=16}$　答

(3)　この球面の半径を r とすると

$r^2=\mathrm{AB}^2=(2-0)^2+(4-4)^2+(5-1)^2=20$

よって，求める球面の方程式は

$$\boldsymbol{x^2+(y-4)^2+(z-1)^2=20}$$ 答

(4) 線分 AB の中点を C とすると，この球面の中心は点 C で，半径は線分 CA の長さである。

C の座標は　$\left(\dfrac{2+(-2)}{2},\ \dfrac{0+6}{2},\ \dfrac{(-3)+1}{2}\right)$

すなわち　$(0,\ 3,\ -1)$

ゆえに　$\mathrm{CA}=\sqrt{(2-0)^2+(0-3)^2+\{-3-(-1)\}^2}$
$=\sqrt{17}$

よって，求める球面の方程式は

$$x^2+(y-3)^2+\{z-(-1)\}^2=(\sqrt{17})^2$$

すなわち　$\boldsymbol{x^2+(y-3)^2+(z+1)^2=17}$ 答

別解 (3) 求める球面の方程式は，半径を r とすると

$$x^2+(y-4)^2+(z-1)^2=r^2$$

この球面が点 B(2, 4, 5) を通るから

$$2^2+(4-4)^2+(5-1)^2=r^2$$

ゆえに　$r^2=20$

よって，求める球面の方程式は　$\boldsymbol{x^2+(y-4)^2+(z-1)^2=20}$ 答

練習 22 教 p.70

教科書の応用例題 4 の球面と yz 平面が交わる部分は円である。
その円の中心の座標と半径を求めよ。

指針 **球面と yz 平面が交わる部分**　yz 平面は方程式 $x=0$ で表される。
球面の方程式で $x=0$ とすると，y，z の 2 次方程式が得られる。この方程式は，球面が yz 平面と交わる部分，すなわち，yz 平面上の円を表す。

解答 球面の方程式で，$x=0$ とすると

$$(0-4)^2+(y+2)^2+(z-3)^2=5^2$$

すなわち　$(y+2)^2+(z-3)^2=3^2$　　← $5^2-4^2=9=3^2$

この方程式は，yz 平面上では円を表す。

よって，その **中心の座標は (0, −2, 3)，半径は 3** 答

注意 練習 22 の円は，次のような 2 つの方程式で表される。

$$(y+2)^2+(z-3)^2=3^2,\ x=0$$

発展 平面の方程式

まとめ

平面の方程式

点 $A(x_1,\ y_1,\ z_1)$ を通り，ベクトル $\vec{n}=(a,\ b,\ c)$ に垂直な平面 α 上の点を $P(x,\ y,\ z)$ とする。

P が A に一致しないとき，$\vec{n}\perp\overrightarrow{AP}$ であるから

$\vec{n}\cdot\overrightarrow{AP}=0$ …… ①が成り立つ。

P が A に一致するときも，$\overrightarrow{AP}=\vec{0}$ より①が成り立つ。

この等式を成分で表した次の式が平面 α を表す方程式である。

$$a(x-x_1)+b(y-y_1)+c(z-z_1)=0$$

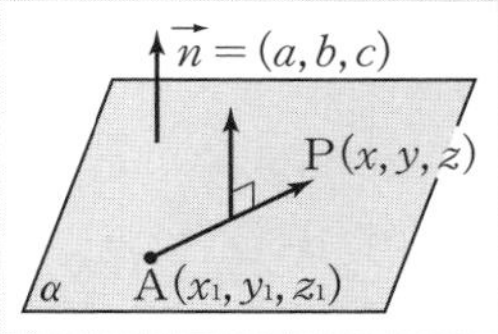

教 p.70

練習 1 点(3, 1, −1)を通り，ベクトル $\vec{n}=(2,\ -1,\ 4)$ に垂直な平面の方程式を求めよ。

指針 **平面の方程式** 点 $A(x_1,\ y_1,\ z_1)$ を通り，ベクトル $\vec{n}=(a,\ b,\ c)$ に垂直な平面の方程式は $a(x-x_1)+b(y-y_1)+c(z-z_1)=0$

解答 求める平面の方程式は

$$2(x-3)-(y-1)+4\{z-(-1)\}=0$$

すなわち　$\boldsymbol{2x-y+4z=1}$　答

コラム ベクトルの外積

まとめ

外積 空間のベクトル $\vec{a}$，$\vec{b}$ について，次の 2 つの性質を満たすベクトルを $\vec{a}$ と $\vec{b}$ の **外積** といい，$\vec{a}\times\vec{b}$ で表す。

- $\vec{a}$ にも $\vec{b}$ にも垂直なベクトルである。ただし，向きは $\vec{a}$ から $\vec{b}$ へ $0^\circ\leqq\theta\leqq180^\circ$ の角度 θ でまわるとき，右ねじの進む向きと定める。
- 大きさは，$\vec{a}$ と $\vec{b}$ でできる平行四辺形の面積である。
- $\vec{a}$ と $\vec{b}$ の少なくとも一方が $\vec{0}$，または $\vec{a}$ と $\vec{b}$ が平行のときは　$\vec{a}\times\vec{b}=\vec{0}$

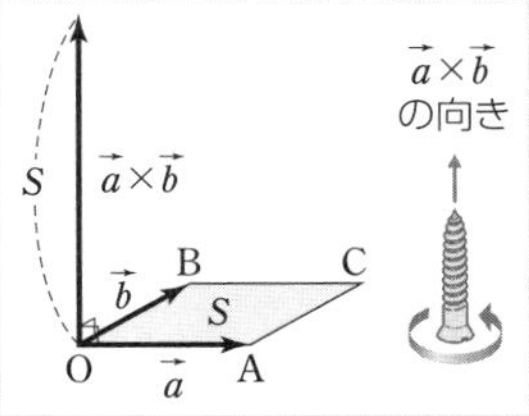

教 p.71

確認

座標空間において，x 軸，y 軸，z 軸の正の向きと同じ向きの単位ベクトルを，それぞれ $\vec{e_1}$，$\vec{e_2}$，$\vec{e_3}$ とする。このとき，$\vec{e_1}\times\vec{e_2}$，$\vec{e_2}\times\vec{e_3}$，$\vec{e_3}\times\vec{e_1}$ を，それぞれ $\vec{e_1}$，$\vec{e_2}$，$\vec{e_3}$ で表してみよう。

解答 $\vec{e_1}\times\vec{e_2}=\vec{e_3}$ 答
$\vec{e_2}\times\vec{e_3}=\vec{e_1}$ 答
$\vec{e_3}\times\vec{e_1}=\vec{e_2}$ 答

教 p.71

発見

ベクトルの外積には，内積と同じように，次の性質があります。

$\vec{a}\times(\vec{b}+\vec{c})=\vec{a}\times\vec{b}+\vec{a}\times\vec{c}$，　$(\vec{a}+\vec{b})\times\vec{c}=\vec{a}\times\vec{c}+\vec{b}\times\vec{c}$

$(k\vec{a})\times\vec{b}=\vec{a}\times(k\vec{b})=k(\vec{a}\times\vec{b})$

$\vec{a}=a_1\vec{e_1}+a_2\vec{e_2}+a_3\vec{e_3}$，$\vec{b}=b_1\vec{e_1}+b_2\vec{e_2}+b_3\vec{e_3}$ から，上の性質を利用して，外積の成分表示を求める方法を考えてみよう。

解答 $\vec{a}\times\vec{b}=(a_1\vec{e_1}+a_2\vec{e_2}+a_3\vec{e_3})\times(b_1\vec{e_1}+b_2\vec{e_2}+b_3\vec{e_3})$ と変形することができる。これを，**与えられた性質を用いて $○\vec{e_1}+□\vec{e_2}+△\vec{e_3}$ の形で表すことができれば，外積の成分表示は (○，□，△) である。** 答

教 p.71

まとめ

2つのベクトル $\vec{a}=(a_1,\ a_2,\ a_3)$，$\vec{b}=(b_1,\ b_2,\ b_3)$ の外積を $\vec{x}=(x_1,\ x_2,\ x_3)$ とするとき，次のことを示してみよう。

$x_1=a_2b_3-a_3b_2$，$x_2=a_3b_1-a_1b_3$，$x_3=a_1b_2-a_2b_1$

指針 上の **発見** で考えた方法で示す。
$\vec{e_i}\times\vec{e_j}\,(i=1,\ 2,\ 3,\ j=1,\ 2,\ 3)$ は，上の**確認**の考えと同様にしてすべて求められる。よって，それらを用いて $\vec{a}\times\vec{b}=○\vec{e_1}+□\vec{e_2}+△\vec{e_3}$ と表せば x_1，x_2，x_3 のいずれも示すことができる。

解答 それぞれの単位ベクトルの外積の計算は以下のようになる。

$\vec{e_1}\times\vec{e_1}=\vec{0}$　　$\vec{e_2}\times\vec{e_1}=-\vec{e_3}$　　$\vec{e_3}\times\vec{e_1}=\vec{e_2}$
$\vec{e_1}\times\vec{e_2}=\vec{e_3}$　　$\vec{e_2}\times\vec{e_2}=\vec{0}$　　$\vec{e_3}\times\vec{e_2}=-\vec{e_1}$
$\vec{e_1}\times\vec{e_3}=-\vec{e_2}$　　$\vec{e_2}\times\vec{e_3}=\vec{e_1}$　　$\vec{e_3}\times\vec{e_3}=\vec{0}$

よって

$$\begin{aligned}\vec{a}\times\vec{b}&=(a_1\vec{e_1}+a_2\vec{e_2}+a_3\vec{e_3})\times(b_1\vec{e_1}+b_2\vec{e_2}+b_3\vec{e_3})\\&=a_1b_1(\vec{e_1}\times\vec{e_1})+a_1b_2(\vec{e_1}\times\vec{e_2})+a_1b_3(\vec{e_1}\times\vec{e_3})\\&\quad+a_2b_1(\vec{e_2}\times\vec{e_1})+a_2b_2(\vec{e_2}\times\vec{e_2})+a_2b_3(\vec{e_2}\times\vec{e_3})\\&\quad+a_3b_1(\vec{e_3}\times\vec{e_1})+a_3b_2(\vec{e_3}\times\vec{e_2})+a_3b_3(\vec{e_3}\times\vec{e_3})\end{aligned}$$

$=a_1b_2\vec{e_3}-a_1b_3\vec{e_2}-a_2b_1\vec{e_3}+a_2b_3\vec{e_1}+a_3b_1\vec{e_2}-a_3b_2\vec{e_1}$
$=(a_2b_3-a_3b_2)\vec{e_1}+(a_3b_1-a_1b_3)\vec{e_2}+(a_1b_2-a_2b_1)\vec{e_3}$

したがって，$\vec{x}=(x_1,\ x_2,\ x_3)$とするとき

$x_1=a_2b_3-a_3b_2,\ x_2=a_3b_1-a_1b_3,\ x_3=a_1b_2-a_2b_1$ 終

第2章　問　題

教 p.72

1 $\vec{p}=(-1,\ 5,\ 0)$を，3つのベクトル$\vec{a}=(1,\ -2,\ 3)$，$\vec{b}=(-2,\ 1,\ 0)$，$\vec{c}=(2,\ -3,\ 1)$と適当な実数s，t，uを用いて，$\vec{p}=s\vec{a}+t\vec{b}+u\vec{c}$の形に表せ。

指針 **ベクトルの分解**　$\vec{p}=s\vec{a}+t\vec{b}+u\vec{c}$の関係を成分で表す。この関係式から，$s$，$t$，$u$の値を求める。

解答 $(-1,\ 5,\ 0)=s(1,\ -2,\ 3)+t(-2,\ 1,\ 0)+u(2,\ -3,\ 1)$
$=(s-2t+2u,\ -2s+t-3u,\ 3s+u)$

よって　$s-2t+2u=-1$　……①
$-2s+t-3u=5$　……②
$3s+u=0$　……③

③から　$u=-3s$　……④

④を①，②に代入して，それぞれ整理すると
$5s+2t=1$　……⑤
$7s+t=5$　……⑥

⑤，⑥を解いて　$s=1,\ t=-2$

$s=1$を④に代入して　$u=-3$

したがって　$\boldsymbol{\vec{p}=\vec{a}-2\vec{b}-3\vec{c}}$　答

教 p.72

2 2つのベクトル$\vec{a}=(5,\ -2+t,\ 1+2t)$，$\vec{b}=(1,\ 0,\ 0)$のなす角が45°になるように，$t$の値を定めよ。

指針 **ベクトルのなす角**　$\vec{a}$と$\vec{b}$のなす角が45°であるから$\cos 45^\circ=\dfrac{\vec{a}\cdot\vec{b}}{|\vec{a}||\vec{b}|}$より，$t$の方程式を導き，それを解く。

解答 $\vec{a}\cdot\vec{b}=5\times1+(-2+t)\times0+(1+2t)\times0=5$
$|\vec{a}|=\sqrt{5^2+(-2+t)^2+(1+2t)^2}=\sqrt{5t^2+30}$
$|\vec{b}|=1$

であるから，$\vec{a}$と$\vec{b}$のなす角をθとすると

$$\cos\theta=\frac{\vec{a}\cdot\vec{b}}{|\vec{a}||\vec{b}|}=\frac{5}{\sqrt{5t^2+30}}$$

$\theta=45°$ のとき $\cos\theta=\frac{1}{\sqrt{2}}$ であるから　　$\frac{5}{\sqrt{5t^2+30}}=\frac{1}{\sqrt{2}}$

両辺を 2 乗して整理すると　　$t^2=4$

これを解いて　　$t=\pm 2$ 答

教 p.72

3 右の図のような直方体において，△ABC の重心を G，辺 OC の中点を M とするとき，点 G は線分 DM 上にあり，DM を 2：1 に内分することを証明せよ。

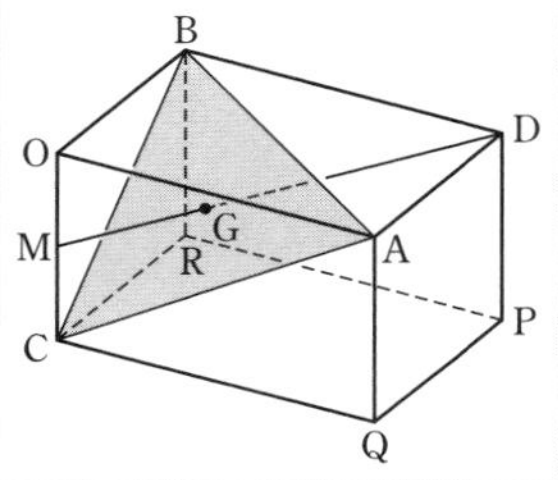

指針　**内分する点**　線分 DM を 2：1 に内分する点を G′ とし，この点 G′ が △ABC の重心 G と一致することを示す。または $\overrightarrow{GD}=2\overrightarrow{MG}$ を導いて，点 G が DM 上の点で，GD：MG=2：1 を示してもよい。

解答　線分 DM を 2：1 に内分する点を G′ とすると

$$\overrightarrow{OG'}=\frac{\overrightarrow{OD}+2\overrightarrow{OM}}{2+1}=\frac{\overrightarrow{OD}+2\overrightarrow{OM}}{3}$$

点 G は △ABC の重心であるから

$$\overrightarrow{OG}=\frac{\overrightarrow{OA}+\overrightarrow{OB}+\overrightarrow{OC}}{3}$$

$$=\frac{\overrightarrow{OD}+2\overrightarrow{OM}}{3}$$

←$\overrightarrow{OA}+\overrightarrow{OB}=\overrightarrow{OD}$
$\overrightarrow{OC}=2\overrightarrow{OM}$ (M は OC の中点)

よって　$\overrightarrow{OG'}=\overrightarrow{OG}$

したがって，2 点 G′，G は一致するから，点 G は線分 DM 上にあり，DM を 2：1 に内分する。 終

教 p.72

4 3 点 O(0, 0, 0)，A(1, 2, 1)，B(−1, 0, 1) から等距離にある yz 平面上の点 P の座標を求めよ。

指針　**3 点から等距離にある点の座標**　点 P(x, y, z) として，3 点から等距離にあることと，yz 平面上にあることから方程式を作る。

解答　点 P は yz 平面上にあるから，P の座標を $(0, y, z)$ とする。
また，点 P は 3 点 O，A，B から等距離にあるから

　　　　　$OP=AP$,　$OP=BP$

すなわち　$OP^2=AP^2$,　$OP^2=BP^2$

ゆえに　$0^2+y^2+z^2=(0-1)^2+(y-2)^2+(z-1)^2$　…… ①

　　　　$0^2+y^2+z^2=(0+1)^2+(y-0)^2+(z-1)^2$　…… ②

②を展開して整理すると　$2z=2$　よって　$z=1$

①を展開して整理すると　$4y+2z=6$

すなわち　$2y+z=3$　$z=1$ を代入すると　$y=1$

したがって，点 P の座標は　$(0,\ 1,\ 1)$　答

教 p.72

5 2 点 $A(4,\ 0,\ 5)$，$B(0,\ 2,\ 1)$ を通る直線上の点のうち，原点 O との距離が最小となる点を P とする。

(1) 直線 AB と直線 OP の間に成り立つ関係を予想せよ。

(2) 点 P の座標を求めよ。また，(1)で予想した関係が成り立つことを示せ。

指針 **直線に下ろした垂線の交点の座標と長さ**

(1) 平面上の点と直線の距離と同様に考えると，O から AB に下ろした垂線が OP になると予想される。

(2) 直線 AB 上の点の座標は $(4-4t,\ 2t,\ 5-4t)$ と表すことができる。
これと O の距離が最小になるような t の値を求めれば P の座標が求められる。$\overrightarrow{OP}\perp\overrightarrow{BA}$ であることは，求めた P が $\overrightarrow{OP}\cdot\overrightarrow{AB}=0$ を満たすことを示せばよい。

解答 (1) 直線 AB 上の点を Q とすると，実数 t を用いて

$$\overrightarrow{OQ}=\overrightarrow{OA}+t\overrightarrow{AB}$$

と表される。

ゆえに　$\overrightarrow{OQ}=(4,\ 0,\ 5)+t(-4,\ 2,\ -4)$

　　　　$=(4-4t,\ 2t,\ 5-4t)$　…… ①

よって，直線 AB は原点 O を通らない。

3 点 O，A，B を含む平面で考えると，原点 O との距離が最小となる点 P に対しては，**$AB\perp OP$ であると予想される。** 答

(2) (1)の①から，直線 AB 上の点 Q の座標は

$$(4-4t,\ 2t,\ 5-4t)\quad\cdots\cdots ②$$

と表される。

ゆえに　$OQ^2=(4-4t)^2+(2t)^2+(5-4t)^2$

　　　　$=36t^2-72t+41$

　　　　$=36(t-1)^2+5$

よって，OQ^2 は $t=1$ のとき最小となり，このとき，OQ も最小となる。
したがって，点 P の座標は②において $t=1$ としたときに等しい。
すなわち，点 P の座標は　$(0,\ 2,\ 1)$　答
このとき　$\overrightarrow{AB}\cdot\overrightarrow{OP}=(-4)\times0+2\times2+(-4)\times1=0$
ゆえに　$\overrightarrow{AB}\perp\overrightarrow{OP}$
よって，$AB\perp OP$ が成り立つ。　終

第2章　章末問題 A

教 p.73

1. 四面体ABCDの辺ADの中点をM，辺BCの中点をNとするとき，$\overrightarrow{MN}=s\overrightarrow{AB}+t\overrightarrow{DC}$を満たす実数 s，t の値を求めよ。

指針　**ベクトルの分解**　$\overrightarrow{MN}$ を2通りに表してみる。
位置ベクトル $A(\vec{a})$，$B(\vec{b})$，$C(\vec{c})$，$D(\vec{d})$ を考え，$\overrightarrow{MN}$ を $\vec{a}$，$\vec{b}$，$\vec{c}$，$\vec{d}$ で表してみてもよい。

解答　$\overrightarrow{MN}=\overrightarrow{MB}+\overrightarrow{BN}$
$=\overrightarrow{MA}+\overrightarrow{AB}+\overrightarrow{BN}$　……①

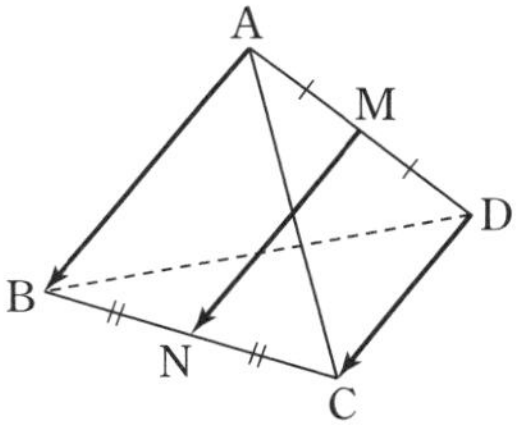

また
$\overrightarrow{MN}=\overrightarrow{MC}+\overrightarrow{CN}$
$=\overrightarrow{MD}+\overrightarrow{DC}+\overrightarrow{CN}$　……②

点M，NはそれぞれAD，BCの中点であるから
$\overrightarrow{MA}=-\overrightarrow{MD}$，$\overrightarrow{BN}=-\overrightarrow{CN}$

これと，①+②より　$2\overrightarrow{MN}=\overrightarrow{AB}+\overrightarrow{DC}$

よって　$\overrightarrow{MN}=\frac{1}{2}\overrightarrow{AB}+\frac{1}{2}\overrightarrow{DC}$

したがって，$\overrightarrow{MN}=s\overrightarrow{AB}+t\overrightarrow{DC}$ を満たす実数 s，t の値は

$s=\frac{1}{2}$，$t=\frac{1}{2}$　答

別解　位置ベクトル $A(\vec{a})$，$B(\vec{b})$，$C(\vec{c})$，$D(\vec{d})$ を考えると，点M，Nの位置ベクトルは，それぞれ $\frac{\vec{a}+\vec{d}}{2}$，$\frac{\vec{b}+\vec{c}}{2}$

よって　$\overrightarrow{MN}=\frac{\vec{b}+\vec{c}}{2}-\frac{\vec{a}+\vec{d}}{2}=\frac{1}{2}(\vec{b}-\vec{a})+\frac{1}{2}(\vec{c}-\vec{d})$

$\overrightarrow{AB}=\vec{b}-\vec{a}$，$\overrightarrow{DC}=\vec{c}-\vec{d}$ であるから

$\overrightarrow{MN}=\frac{1}{2}\overrightarrow{AB}+\frac{1}{2}\overrightarrow{DC}$

したがって，$\overrightarrow{MN}=s\overrightarrow{AB}+t\overrightarrow{DC}$ を満たす実数 s，t の値は

$s=\frac{1}{2}$，$t=\frac{1}{2}$　答

教 p.73

2. 座標空間に平行四辺形ABCDがあり，A(1，2，1)，B(5，5，−1)，C(x，y，z)，D(−4，2，3)であるとする。x，y，z の値を求めよ。

指針　**平行四辺形の頂点の決定**　四角形ABCDが平行四辺形であるから

AD=BC, AD∥BC　　すなわち　　$\overrightarrow{AD}=\overrightarrow{BC}$

これを満たす x, y, z の値を求める。

解答　$\overrightarrow{AD}=(-4-1,\ 2-2,\ 3-1)$

$=(-5,\ 0,\ 2)$

$\overrightarrow{BC}=(x-5,\ y-5,\ z-(-1))$

$=(x-5,\ y-5,\ z+1)$

四角形ABCDは平行四辺形であるから　$\overrightarrow{AD}=\overrightarrow{BC}$

すなわち　$x-5=-5$,　$y-5=0$,　$z+1=2$

よって　$\boldsymbol{x=0,\ y=5,\ z=1}$　答

教 p.73

3. $\vec{a}=(1,\ 3,\ -2)$, $\vec{b}=(1,\ -2,\ 0)$ と実数 t に対して, $\vec{p}=\vec{a}+t\vec{b}$ とする。$\vec{b}\perp\vec{p}$ となるような t の値を求めよ。また, このときの $|\vec{p}|$ を求めよ。

指針　**ベクトルの垂直条件**　$\vec{p}$ の成分は t の1次式で表されるから, ベクトルの垂直条件を用いて, t の値を求める。

解答　$\vec{p}=\vec{a}+t\vec{b}=(1,\ 3,\ -2)+t(1,\ -2,\ 0)$

$=(1+t,\ 3-2t,\ -2)$

$\vec{b}\perp\vec{p}$ より $\vec{b}\cdot\vec{p}=0$ であるから

$1\times(1+t)+(-2)\times(3-2t)+0\times(-2)=0$

すなわち　$1+t-6+4t=0$

よって　$\boldsymbol{t=1}$　答

このとき　$\vec{p}=(1+1,\ 3-2\times1,\ -2)$

$=(2,\ 1,\ -2)$

であるから　$|\vec{p}|=\sqrt{2^2+1^2+(-2)^2}=\boldsymbol{3}$　答

教 p.73

4. 右の図の立方体OABC-DEFGは, 1辺の長さが2である。

(1) ベクトル $\overrightarrow{OB}$ と $\overrightarrow{CF}$ を成分表示せよ。

(2) 内積 $\overrightarrow{OB}\cdot\overrightarrow{CF}$ を求めよ。

(3) ベクトル $\overrightarrow{OB}$ と $\overrightarrow{CF}$ のなす角を求めよ。

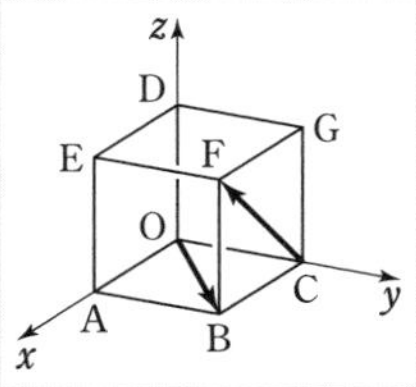

指針　**ベクトルの内積**

(1) まず, 点B, C, Fの座標をそれぞれ求める。

(2), (3) ベクトル $\vec{a}=(a_1,\ a_2,\ a_3)$, $\vec{b}=(b_1,\ b_2,\ b_3)$ の内積 $\vec{a}\cdot\vec{b}$ は

$\vec{a}\cdot\vec{b}=a_1b_1+a_2b_2+a_3b_3$

$\vec{a}$ と $\vec{b}$ のなす角を θ ($0° \leqq \theta \leqq 180°$) とすると

$$\cos\theta=\frac{\vec{a}\cdot\vec{b}}{|\vec{a}||\vec{b}|}$$

解答 (1) 点B，C，Fの座標は，それぞれ

B(2, 2, 0)，C(0, 2, 0)，F(2, 2, 2)

よって　$\overrightarrow{\mathbf{OB}}=(\mathbf{2},\ \mathbf{2},\ \mathbf{0})$　答

$\overrightarrow{\mathbf{CF}}=(2-0,\ 2-2,\ 2-0)$

$=(\mathbf{2},\ \mathbf{0},\ \mathbf{2})$　答

(2) (1)から　$\overrightarrow{\mathrm{OB}}\cdot\overrightarrow{\mathrm{CF}}=2\times2+2\times0+0\times2$

$=\mathbf{4}$　答

(3) $|\overrightarrow{\mathrm{OB}}|=\sqrt{2^2+2^2+0^2}=2\sqrt{2}$

$|\overrightarrow{\mathrm{CF}}|=\sqrt{2^2+0^2+2^2}=2\sqrt{2}$

$\overrightarrow{\mathrm{OB}}$ と $\overrightarrow{\mathrm{CF}}$ のなす角を θ とすると

$$\cos\theta=\frac{\overrightarrow{\mathrm{OB}}\cdot\overrightarrow{\mathrm{CF}}}{|\overrightarrow{\mathrm{OB}}||\overrightarrow{\mathrm{CF}}|}=\frac{4}{2\sqrt{2}\times2\sqrt{2}}=\frac{1}{2}$$

$0° \leqq \theta \leqq 180°$ であるから　$\theta=\mathbf{60°}$　答

教 p.73

5. $\vec{e_1}$，$\vec{e_2}$，$\vec{e_3}$ を，それぞれ x 軸，y 軸，z 軸に関する基本ベクトルとし，ベクトル $\vec{a}=(-1,\ \sqrt{2},\ 1)$ と $\vec{e_1}$，$\vec{e_2}$，$\vec{e_3}$ のなす角を，それぞれ α，β，γ とする。

(1) $\cos\alpha$，$\cos\beta$，$\cos\gamma$ の値を求めよ。

(2) α，β，γ を求めよ。

指針 **ベクトルのなす角**

(1) まず $\vec{a}$ と $\vec{e_1}$，$\vec{a}$ と $\vec{e_2}$，$\vec{a}$ と $\vec{e_3}$ のそれぞれの内積を求める。

(2) (1)で求めた $\cos\alpha$，$\cos\beta$，$\cos\gamma$ の値からそれぞれ α，β，γ を求める。

解答 (1) $\vec{e_1}=(1,\ 0,\ 0)$，$\vec{e_2}=(0,\ 1,\ 0)$，$\vec{e_3}=(0,\ 0,\ 1)$ であるから

$\vec{a}\cdot\vec{e_1}=(-1)\times1=-1$

$\vec{a}\cdot\vec{e_2}=\sqrt{2}\times1=\sqrt{2}$

$\vec{a}\cdot\vec{e_3}=1\times1=1$

また　$|\vec{e_1}|=|\vec{e_2}|=|\vec{e_3}|=1$

$|\vec{a}|=\sqrt{(-1)^2+(\sqrt{2})^2+1^2}=2$

であるから

$$\cos\alpha=\frac{\vec{a}\cdot\vec{e_1}}{|\vec{a}||\vec{e_1}|}=-\frac{1}{2}$$　答

$$\cos\beta=\frac{\vec{a}\cdot\vec{e_2}}{|\vec{a}||\vec{e_2}|}=\frac{\sqrt{2}}{2}$$ 答

$$\cos\gamma=\frac{\vec{a}\cdot\vec{e_3}}{|\vec{a}||\vec{e_3}|}=\frac{1}{2}$$ 答

(2) $0°\leqq\alpha\leqq180°$，$0°\leqq\beta\leqq180°$，$0°\leqq\gamma\leqq180°$であるから，(1)より

$\alpha=120°$，$\beta=45°$，$\gamma=60°$ 答

教 p.73

6. 2点A(1, 2, 2)，B(2, 3, 4)に対して，A，Bから等距離にあるx軸上の点をPとする。

(1) 点Pの座標を求めよ。

(2) △ABPの重心Gの座標を求めよ。

指針 **等距離にある点の座標**

(1) 点Pはx軸上の点であるから，その座標は$(x, 0, 0)$とおくことができる。

解答 (1) 点Pはx軸上の点であるから，Pの座標を$(x, 0, 0)$とおく。

AP=BPであるから　$AP^2=BP^2$

ゆえに　$(x-1)^2+(0-2)^2+(0-2)^2=(x-2)^2+(0-3)^2+(0-4)^2$

これを整理すると　$2x=20$

よって　$x=10$

したがって，点Pの座標は　(10, 0, 0) 答

(2) Oを原点とすると$\overrightarrow{OA}=(1, 2, 2)$，$\overrightarrow{OB}=(2, 3, 4)$，$\overrightarrow{OP}=(10, 0, 0)$であるから

$$\overrightarrow{OG}=\frac{\overrightarrow{OA}+\overrightarrow{OB}+\overrightarrow{OP}}{3}$$

$$=\left(\frac{1+2+10}{3},\ \frac{2+3+0}{3},\ \frac{2+4+0}{3}\right)$$

$$=\left(\frac{13}{3},\ \frac{5}{3},\ 2\right)$$

よって，△ABPの重心Gの座標は

$$\left(\frac{13}{3},\ \frac{5}{3},\ 2\right)$$ 答

教 p.73

7. 球面$(x-2)^2+(y+3)^2+(z-4)^2=5^2$と平面$z=3$が交わる部分は円である。その円の中心の座標と半径を求めよ。

指針 **球面が平面と交わってできる図形** 球面の方程式に$z=3$を代入すると，円の方程式になる。

解答 球面が平面$z=3$と交わるから

$$(x-2)^2+(y+3)^2+(3-4)^2=5^2$$

よって

$$(x-2)^2+(y+3)^2=24,\ z=3$$

←$z=3$を忘れないように。

すなわち

$$(x-2)^2+(y+3)^2=(2\sqrt{6})^2,\ z=3$$

したがって，球面$(x-2)^2+(y+3)^2+(z-4)^2=5^2$が平面$z=3$と交わってできる円の **中心の座標は** $(2,\ -3,\ 3)$，

半径は $2\sqrt{6}$ 答

注意 球面と平面が交わってできる円は，平面$z=3$上にあるから，その中心の座標は$(2,\ -3,\ 3)$である。$(2,\ -3)$としないように注意する。

第2章　章末問題B

教 p.74

8. 3点A$(a,\ -1,\ 5)$，B$(4,\ b,\ -7)$，C$(5,\ 5,\ -13)$が一直線上にあるとき，a，bの値を求めよ。

指針　**一直線上にある3点**　3点A，B，Cが一直線上にあれば，$\overrightarrow{AB}=k\overrightarrow{AC}$となる実数$k$がある。$\overrightarrow{AB}$，$\overrightarrow{AC}$をそれぞれ成分表示し，$\overrightarrow{AB}=k\overrightarrow{AC}$から$k$の値を求める。

解答　3点A，B，Cが一直線上にあるとき，$\overrightarrow{AB}=k\overrightarrow{AC}$となる実数$k$がある。

$$\overrightarrow{AB}=(4-a,\ b-(-1),\ -7-5)$$
$$=(4-a,\ b+1,\ -12)$$
$$\overrightarrow{AC}=(5-a,\ 5-(-1),\ -13-5)$$
$$=(5-a,\ 6,\ -18)$$

$\overrightarrow{AB}=k\overrightarrow{AC}$から

$$(4-a,\ b+1,\ -12)=k(5-a,\ 6,\ -18)$$

ゆえに　$4-a=5k-ka$　……①

$b+1=6k$　……②

$-12=-18k$　……③

③から　$k=\dfrac{2}{3}$

①から　$4-a=5\times\dfrac{2}{3}-\dfrac{2}{3}a$

よって　$\boldsymbol{a=2}$　答

また，②から　$b+1=6\times\dfrac{2}{3}$

よって　$\boldsymbol{b=3}$　答

教 p.74

9. 3点O$(0,\ 0,\ 0)$，A$(-1,\ -2,\ 1)$，B$(2,\ 2,\ 0)$を頂点とする△OABについて，次の問いに答えよ。

(1)　∠AOBの大きさを求めよ。　(2)　△OABの面積Sを求めよ。

指針　**ベクトルのなす角と三角形の面積**

(1)　∠AOBは$\overrightarrow{OA}$と$\overrightarrow{OB}$のなす角であるから

$$\cos\angle AOB=\frac{\overrightarrow{OA}\cdot\overrightarrow{OB}}{|\overrightarrow{OA}||\overrightarrow{OB}|}$$

(2)　△OABの面積Sは　$S=\dfrac{1}{2}\times OA\times OB\times\sin\angle AOB$

解答 (1) $\overrightarrow{OA}=(-1,\ -2,\ 1)$, $\overrightarrow{OB}=(2,\ 2,\ 0)$であるから

$\overrightarrow{OA}\cdot\overrightarrow{OB}=(-1)\times2+(-2)\times2+1\times0=-6$

$|\overrightarrow{OA}|=\sqrt{(-1)^2+(-2)^2+1^2}=\sqrt{6}$

$|\overrightarrow{OB}|=\sqrt{2^2+2^2+0^2}=2\sqrt{2}$

よって　$\cos\angle AOB=\dfrac{\overrightarrow{OA}\cdot\overrightarrow{OB}}{|\overrightarrow{OA}||\overrightarrow{OB}|}=\dfrac{-6}{\sqrt{6}\times2\sqrt{2}}=-\dfrac{\sqrt{3}}{2}$

$0°\leqq\angle AOB\leqq180°$であるから　$\angle AOB=\mathbf{150°}$ 答

(2) $OA=|\overrightarrow{OA}|=\sqrt{6}$, $OB=|\overrightarrow{OB}|=2\sqrt{2}$ であるから

$S=\dfrac{1}{2}\times OA\times OB\times\sin150°$

$=\dfrac{1}{2}\times\sqrt{6}\times2\sqrt{2}\times\dfrac{1}{2}$

$=\sqrt{3}$ 答

教 p.74

10. 1辺の長さが2の立方体ABCD-EFGHにおいて，辺BF上に点Pをとり，辺GH上に点Qをとる。

(1) 内積$\overrightarrow{BP}\cdot\overrightarrow{HQ}$を求めよ。

(2) 内積$\overrightarrow{AP}\cdot\overrightarrow{AQ}$を$|\overrightarrow{BP}|$, $|\overrightarrow{HQ}|$を用いて表せ。

(3) 内積$\overrightarrow{AP}\cdot\overrightarrow{AQ}$の最大値を求めよ。

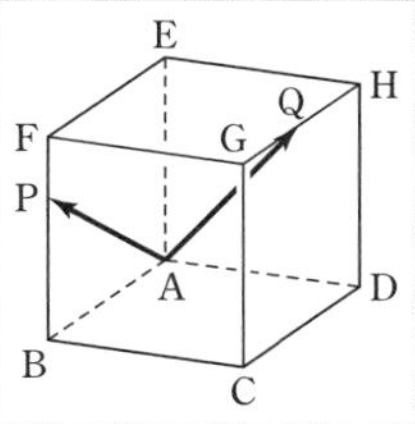

指針 **ベクトルの垂直・平行・内積**

(1) $\overrightarrow{BP}$, $\overrightarrow{HQ}$を，B，Hが点Aに一致するように，それぞれ平行移動してみる。

(2) $\overrightarrow{AP}=\overrightarrow{AB}+\overrightarrow{BP}$, $\overrightarrow{AQ}=\overrightarrow{AE}+\overrightarrow{EH}+\overrightarrow{HQ}$として，$\overrightarrow{AP}$と$\overrightarrow{AQ}$の内積を考える。

(3) (2)をもとにして考える。

解答 (1) $\overrightarrow{BP}/\!/\overrightarrow{AE}$, $\overrightarrow{HQ}/\!/\overrightarrow{AB}$より　$\overrightarrow{BP}\perp\overrightarrow{HQ}$であるから　$\overrightarrow{BP}\cdot\overrightarrow{HQ}=\mathbf{0}$ 答

(2) $\overrightarrow{AP}=\overrightarrow{AB}+\overrightarrow{BP}$

$\overrightarrow{AQ}=\overrightarrow{AH}+\overrightarrow{HQ}=\overrightarrow{AE}+\overrightarrow{EH}+\overrightarrow{HQ}$

ゆえに

$\overrightarrow{AP}\cdot\overrightarrow{AQ}=(\overrightarrow{AB}+\overrightarrow{BP})\cdot(\overrightarrow{AE}+\overrightarrow{EH}+\overrightarrow{HQ})$

$=\overrightarrow{AB}\cdot\overrightarrow{AE}+\overrightarrow{AB}\cdot\overrightarrow{EH}+\overrightarrow{AB}\cdot\overrightarrow{HQ}+\overrightarrow{BP}\cdot\overrightarrow{AE}$

$+\overrightarrow{BP}\cdot\overrightarrow{EH}+\overrightarrow{BP}\cdot\overrightarrow{HQ}$

ここで，$\overrightarrow{AB}\perp\overrightarrow{AE}$から　$\overrightarrow{AB}\cdot\overrightarrow{AE}=0$

$\overrightarrow{AB}\perp\overrightarrow{EH}$から　$\overrightarrow{AB}\cdot\overrightarrow{EH}=0$

$\overrightarrow{BP} \perp \overrightarrow{EH}$ から　$\overrightarrow{BP} \cdot \overrightarrow{EH} = 0$

また　$\overrightarrow{BP} \cdot \overrightarrow{HQ} = 0$

よって

$\overrightarrow{AP} \cdot \overrightarrow{AQ} = \overrightarrow{AB} \cdot \overrightarrow{HQ} + \overrightarrow{BP} \cdot \overrightarrow{AE}$

$= |\overrightarrow{AB}||\overrightarrow{HQ}|\cos 0^\circ + |\overrightarrow{BP}||\overrightarrow{AE}|\cos 0^\circ$

$= 2|\overrightarrow{HQ}| + 2|\overrightarrow{BP}|$　　← $|\overrightarrow{AB}| = |\overrightarrow{AE}| = 2$, $\cos 0^\circ = 1$

すなわち　$\boldsymbol{\overrightarrow{AP} \cdot \overrightarrow{AQ} = 2|\overrightarrow{BP}| + 2|\overrightarrow{HQ}|}$ 答

(3)　(2)から　$\overrightarrow{AP} \cdot \overrightarrow{AQ} = 2|\overrightarrow{BP}| + 2|\overrightarrow{HQ}|$

$\leqq 2 \times 2 + 2 \times 2 = 8$

よって，$\overrightarrow{AP} \cdot \overrightarrow{AQ}$ の最大値は　8 答

教 p.74

11. 四面体ABCDにおいて，次のことが成り立つ。

$AC \perp BD$　ならば　$AD^2 + BC^2 = AB^2 + CD^2$

このことを，ベクトルを用いて証明せよ。

指針　**線分の長さの2乗とベクトルの内積**　点Aに関する位置ベクトルを考え，線分の長さの2乗をベクトルの内積で表す。

解答　$\overrightarrow{AB} = \vec{b}$，$\overrightarrow{AC} = \vec{c}$，$\overrightarrow{AD} = \vec{d}$ とする。

$AC \perp BD$ であるから　$\overrightarrow{AC} \cdot \overrightarrow{BD} = 0$

すなわち　$\vec{c} \cdot (\vec{d} - \vec{b}) = 0$

ゆえに　$\vec{c} \cdot \vec{d} = \vec{b} \cdot \vec{c}$　……①

$AD^2 + BC^2 = |\vec{d}|^2 + |\vec{c} - \vec{b}|^2$

$= |\vec{d}|^2 + |\vec{c}|^2 - 2\vec{c} \cdot \vec{b} + |\vec{b}|^2$

$= |\vec{b}|^2 + |\vec{c}|^2 + |\vec{d}|^2 - 2\vec{b} \cdot \vec{c}$

$AB^2 + CD^2 = |\vec{b}|^2 + |\vec{d} - \vec{c}|^2$

$= |\vec{b}|^2 + |\vec{d}|^2 - 2\vec{c} \cdot \vec{d} + |\vec{c}|^2$

①から　$AB^2 + CD^2 = |\vec{b}|^2 + |\vec{c}|^2 + |\vec{d}|^2 - 2\vec{b} \cdot \vec{c}$

よって　$AD^2 + BC^2 = AB^2 + CD^2$

したがって　$AC \perp BD$　ならば　$AD^2 + BC^2 = AB^2 + CD^2$ 終

教 p.74

12. 四面体 OABC において，△ABC の重心を G，辺 OB の中点を M，辺 OC の中点を N とする。直線 OG と平面 AMN の交点を P とするとき，OG：OP を求めよ。

指針 **平面上の点の位置ベクトル**　O に関する位置ベクトルを考え，$A(\vec{a})$，$B(\vec{b})$，$C(\vec{c})$ とする。P が平面 AMN 上にあることと，線分 OG 上にあることから，$\overrightarrow{OP}$ を $\vec{a}$，$\vec{b}$，$\vec{c}$ を用いて2通りに表す。

解答 O に関する位置ベクトルを考え，$A(\vec{a})$，$B(\vec{b})$，$C(\vec{c})$ とする。

P は平面 AMN 上にあるから，$\overrightarrow{AP}=s\overrightarrow{AM}+t\overrightarrow{AN}$ とおく。

点 M，N は辺 OB，OC それぞれの中点であるから

$$\overrightarrow{OM}=\frac{1}{2}\vec{b},\quad \overrightarrow{ON}=\frac{1}{2}\vec{c}$$

よって

$$\begin{aligned}\overrightarrow{OP}&=\overrightarrow{OA}+\overrightarrow{AP}=\overrightarrow{OA}+s\overrightarrow{AM}+t\overrightarrow{AN}\\&=\overrightarrow{OA}+s(\overrightarrow{OM}-\overrightarrow{OA})+t(\overrightarrow{ON}-\overrightarrow{OA})\\&=\vec{a}+s\left(\frac{1}{2}\vec{b}-\vec{a}\right)+t\left(\frac{1}{2}\vec{c}-\vec{a}\right)\\&=(1-s-t)\vec{a}+\frac{1}{2}s\vec{b}+\frac{1}{2}t\vec{c}\quad\cdots\cdots ①\end{aligned}$$

G は △ABC の重心であるから

$$\overrightarrow{OG}=\frac{1}{3}(\vec{a}+\vec{b}+\vec{c})$$

P は線分 OG 上にあるから，OG：OP$=1:k$ とおくと

$$\begin{aligned}\overrightarrow{OP}&=k\overrightarrow{OG}=\frac{1}{3}k(\vec{a}+\vec{b}+\vec{c})\\&=\frac{1}{3}k\vec{a}+\frac{1}{3}k\vec{b}+\frac{1}{3}k\vec{c}\quad\cdots\cdots ②\end{aligned}$$

4点 O，A，B，C は同じ平面上にないから，$\overrightarrow{OP}$ の $\vec{a}$，$\vec{b}$，$\vec{c}$ を用いた表し方はただ1通りである。

①，②から　$1-s-t=\frac{1}{3}k,\quad \frac{1}{2}s=\frac{1}{3}k,\quad \frac{1}{2}t=\frac{1}{3}k$

$\frac{1}{2}s=\frac{1}{3}k$ から $s=\frac{2}{3}k$，　$\frac{1}{2}t=\frac{1}{3}k$ から $t=\frac{2}{3}k$

$1-\frac{2}{3}k-\frac{2}{3}k=\frac{1}{3}k$ より $k=\frac{3}{5}$ であるから

$$\text{OG}:\text{OP}=1:\frac{3}{5}=5:3$$ 答

教科書 p.76

第3章 複素数平面

1 複素数平面

まとめ

1 複素数平面(複素平面)

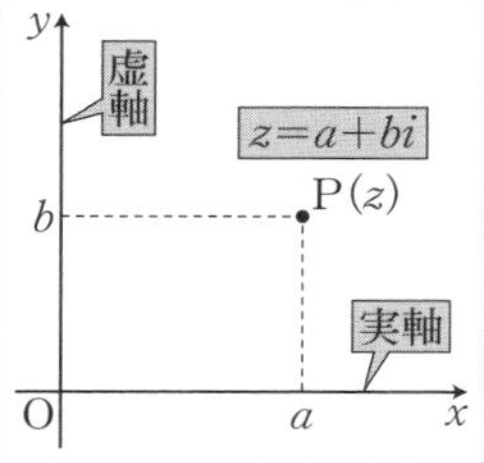

複素数 $a+bi$ に対して，座標平面上の点 $(a,\ b)$ を対応させると，どんな複素数も座標平面上の点で表すことができる。このように，複素数を点で表す座標平面を **複素数平面** または **複素平面** という。複素数平面上の1つの点は，1つの複素数を表す。

複素数平面を考える場合，x 軸を **実軸**，y 軸を **虚軸** という。実軸上の点は実数を表し，虚軸上の原点O以外の点は純虚数を表す。

複素数平面上で複素数 z を表す点Pを $\mathbf{P}(z)$ と書く。また，この点を**点 z** ということがある。たとえば，点0とは原点Oのことである。

注意 以下，複素数 $a+bi$ や $c+di$ などでは，文字 $a,\ b,\ c,\ d$ は実数を表すものとする。

2 共役複素数

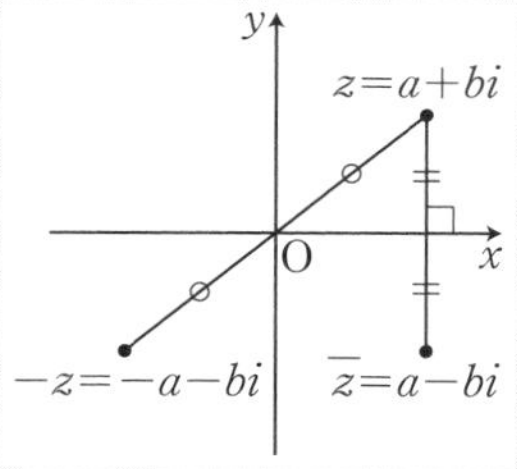

複素数 z と共役な複素数を $\overline{z}$ で表す。

$\overline{z}$ を z の **共役複素数** ともいう。

複素数 $z=a+bi$ に対しては

$$\overline{z}=a-bi,\quad -z=-a-bi$$

3 点の位置関係

点 z と点 $\overline{z}$ は実軸に関して対称である。

点 z と点 $-z$ は原点に関して対称である。

注意 $\overline{z}$ の共役複素数は z である。

すなわち，$\overline{\overline{z}}=z$ である。

4 複素数が実数，純虚数を表す条件

複素数 z について，次のことが成り立つ。

[1] z が実数 $\iff \overline{z}=z$

[2] z が純虚数 $\iff \overline{z}=-z$ ただし，$z\neq 0$

教科書 p.76

5　複素数の絶対値

原点 O と点 P(z) との距離を，複素数 z の **絶対値** といい，$|z|$ で表す。

複素数 $a+bi$ の絶対値は

$$|a+bi|=\sqrt{a^2+b^2}$$

補足　z が実数のとき，$|z|$ は実数の絶対値と一致する。

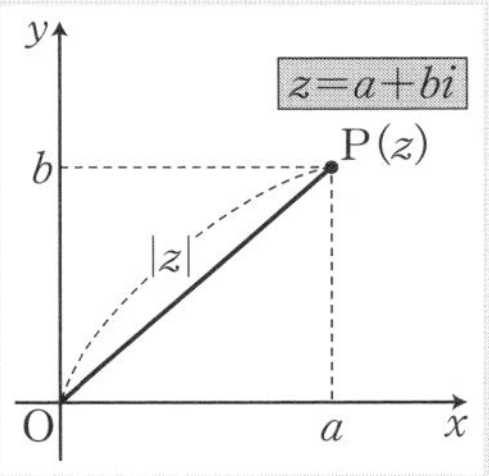

6　複素数の和の図示

2 つの複素数

$$\alpha=a+bi,\ \beta=c+di$$

の和は　$\alpha+\beta=(a+c)+(b+d)i$

である。そこで，複素数平面上に 3 点 A(α)，B(β)，C$(\alpha+\beta)$ をとると，点 C$(\alpha+\beta)$ は，原点 O を点 B(β) に移す平行移動によって点 A(α) が移る点である。

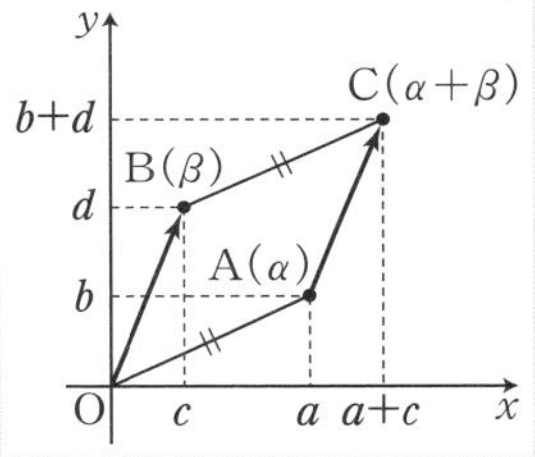

注意　右上の図において，四角形 OACB は平行四辺形である。

7　複素数の差の図示

複素数平面上に 3 点 A(α)，B(β)，D$(\alpha-\beta)$ をとると，点 D$(\alpha-\beta)$ は，点 B(β) を原点 O に移す平行移動によって点 A(α) が移る点である。

注意　$\alpha-\beta=\alpha+(-\beta)$ であるから，$\alpha+\beta$ の場合と逆向きの平行移動を考えている。

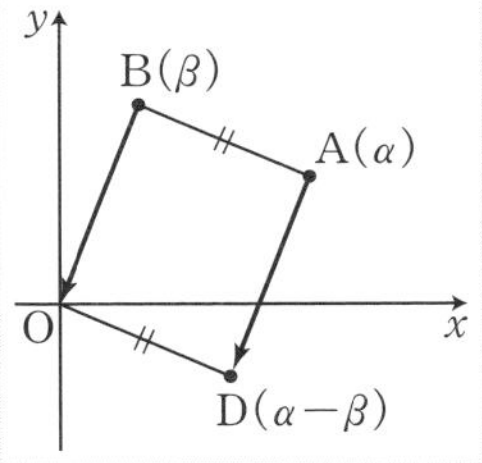

8　2 点間の距離

2 点 A(α)，B(β) 間の距離 AB は　　$\mathbf{AB}=|\boldsymbol{\beta}-\boldsymbol{\alpha}|$

9　複素数の実数倍

実数 k と複素数 $\alpha=a+bi$ について，$k\alpha=ka+kbi$ である。よって，$\alpha\neq0$ のとき，点 $k\alpha$ は 2 点 0，α を通る直線 ℓ 上にある。

$k=0$ のとき点 $k\alpha$ は点 0 と一致する。

逆に，この直線 ℓ 上の点は，α の実数倍の複素数を表す。

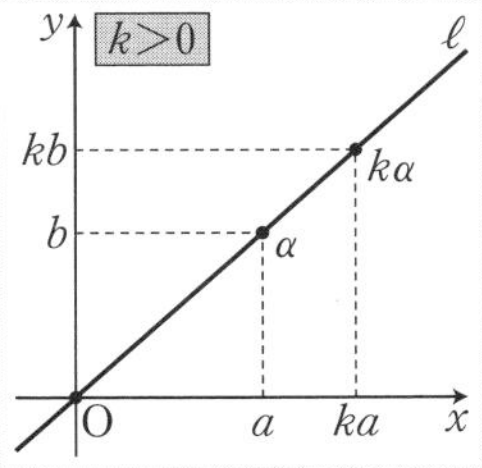

補足　点 $(-k)\alpha$ は，点 $k\alpha$ と原点 O に関して対称である。

$\alpha\neq0$ のとき，次のことが成り立つ。

3 点 0，α，β が一直線上にある　⟺　$\beta=k\alpha$ となる実数 k がある

複素数 α を表す点を A，$k\alpha$ を表す点を B とすると，線分 OB の長さは線分 OA の長さの $|k|$ 倍である。すなわち，OB$=|k|$OA である。

補足　$|k\alpha|=|k||\alpha|$ が成り立つ。

10　共役複素数の性質

複素数α，βについて，次のことが成り立つ。

[1]　$\overline{\alpha+\beta}=\overline{\alpha}+\overline{\beta}$　　　[2]　$\overline{\alpha-\beta}=\overline{\alpha}-\overline{\beta}$

[3]　$\overline{\alpha\beta}=\overline{\alpha}\,\overline{\beta}$　　　[4]　$\overline{\left(\dfrac{\alpha}{\beta}\right)}=\dfrac{\overline{\alpha}}{\overline{\beta}}$

注意　[3] が成り立つから，n を自然数とするとき，$\overline{\alpha^n}=(\overline{\alpha})^n$ が成り立つ。

11　複素数とその共役複素数の性質

複素数zとその共役複素数$\overline{z}$について，次のことが成り立つ。

[1]　$z+\overline{z}$ は実数である　　　[2]　$z\overline{z}=|z|^2$

A 複素数平面

練習 1　教 p.76

次の点を右の図に示せ。

P$(3-2i)$，Q$(-1+i)$，
R(4)，S$(-i)$

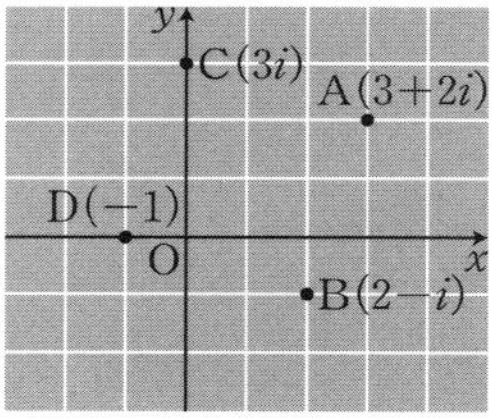

指針　**複素数と座標平面上の点**　複素数 $a+bi$ に対して座標平面上の点$(a,\ b)$を対応させると，実数 a は $a+0i$ から点$(a,\ 0)$で表され，純虚数 bi は $0+bi$ から点$(0,\ b)$で表される。

解答　複素数 $a+bi$ と座標平面上の点$(a,\ b)$との対応は次のようになる。

P$(3-2i)$　　$(3,\ -2)$
Q$(-1+i)$　　$(-1,\ 1)$
R(4)　　$(4,\ 0)$
S$(-i)$　　$(0,\ -1)$

よって，図のようになる。

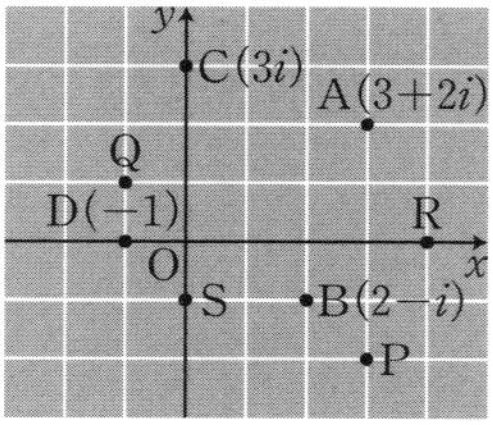

練習 2　教 p.77

複素数平面上で，点zと点$-\overline{z}$の位置関係を述べよ。

指針　**複素数と共役複素数の位置関係**　$z=a+bi$ に対して
$-\overline{z}=-a+bi$ を表す点を複素数平面上に図示して調べる。

解答　$z=a+bi$ とすると，$-\overline{z}=-a+bi$ であるから，z と $-\overline{z}$ は **虚軸に関して対称** である。 答

練習 3 教 p.77

複素数 $z=a+bi$ について，次の問いに答えよ。

(1) a，b をそれぞれ z と $\overline{z}$ を用いて表せ。

(2) (1)の結果を利用して，下の **1**，**2** が成り立つことを確かめよ。

1 z が実数 $\iff$ $\overline{z}=z$

2 z が純虚数 $\iff$ $\overline{z}=-z$ ただし，$z\neq0$

指針 **実数，純虚数を表す条件**

(1) $z=a+bi$，$\overline{z}=a-bi$ を a，b についての連立方程式とみて解く。

(2) z が実数 $\iff$ $b=0$ z が純虚数 $\iff$ $a=0$，$b\neq0$

これに(1)の結果をあてはめる。

解答 (1) $z=a+bi$，$\overline{z}=a-bi$ であるから

$$z+\overline{z}=2a,\ z-\overline{z}=2bi$$

よって $\boldsymbol{a=\frac{1}{2}(z+\overline{z}),\ b=\frac{1}{2i}(z-\overline{z})}$ 答

(2) **1 の証明**

$z=a+bi$ について，z が実数であるとすると $b=0$

ゆえに，(1)から $\frac{1}{2i}(z-\overline{z})=0$

よって，$z-\overline{z}=0$ から $z=\overline{z}$

逆に，$z=\overline{z}$ とすると，(1)から $b=\frac{1}{2i}(z-\overline{z})=0$

よって，z は実数である。

以上により，「z が実数 $\iff$ $\overline{z}=z$」が成り立つ。 終

2 の証明

$z=a+bi$ について，z が純虚数であるとすると $a=0$，$b\neq0$

ゆえに，(1)から $\frac{1}{2}(z+\overline{z})=0$ ただし，$z\neq0$

よって，$z+\overline{z}=0$ から $\overline{z}=-z$ ただし，$z\neq0$

逆に，$\overline{z}=-z$，$z\neq0$ とする。

このとき $z+\overline{z}=0$

ゆえに，(1)から $a=\frac{1}{2}(z+\overline{z})=0$

このとき，$z\neq0$ から $b\neq0$

よって，z は純虚数である。

以上により，「z が純虚数 $\iff$ $\overline{z}=-z$ ただし，$z\neq0$」が成り立つ。終

B 複素数の絶対値

練習 4 教 p.78

次の複素数の絶対値を求めよ。

(1) $3-2i$　(2) $-2+4i$　(3) -5　(4) $3i$

指針 **複素数の絶対値**　複素数 $a+bi$ の絶対値は　$|a+bi|=\sqrt{a^2+b^2}$　これにあてはめる。

解答 (1) $|3-2i|=\sqrt{3^2+(-2)^2}=\sqrt{13}$ 答

(2) $|-2+4i|=\sqrt{(-2)^2+4^2}$

$=\sqrt{20}=2\sqrt{5}$ 答

(3) $|-5|=\sqrt{(-5)^2+0^2}=5$ 答

(4) $|3i|=\sqrt{0^2+3^2}=3$ 答

練習 5 教 p.78

複素数 z について，$|-\overline{z}|=|z|$ であることを確かめよ。

指針 **複素数の絶対値の性質**　原点 O と点 P(z)，S($-\overline{z}$) の位置関係から確かめる。

解答 $|-z|=|z|$ から　$|-\overline{z}|=|\overline{z}|$

さらに，$|\overline{z}|=|z|$ であるから　$|-\overline{z}|=|z|$ 終

別解 点 P(z) と点 S($-\overline{z}$) は虚軸に関して対称であるから　OS=OP

よって　$|-\overline{z}|=|z|$ 終

C 複素数の和，差の図示

練習 6 教 p.79

右の図の複素数平面上の点 α，β について，次の点を図に示せ。

(1) $\alpha+\beta$

(2) $\alpha-\beta$

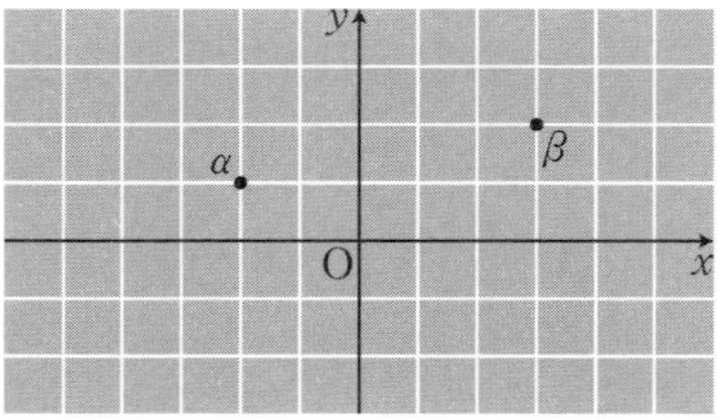

指針 **複素数の和，差の図示**

(1) 点 $\alpha+\beta$ は，原点 O を点 β に移す平行移動によって点 α が移る点である。

(2) 点 $\alpha-\beta$ は，点 β を原点 O に移す平行移動によって点 α が移る点である。

解答

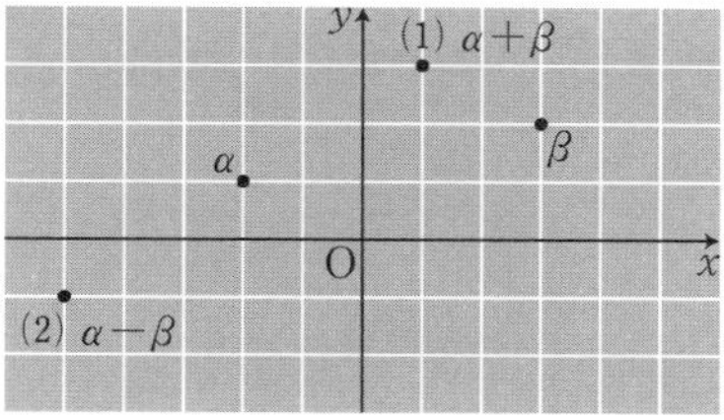

教 p.80

練習 7 次の2点間の距離を求めよ。

(1) $A(2+3i)$, $B(1+6i)$　　(2) $C(3-4i)$, $D(1-2i)$

指針 **2点間の距離**

(1) $\alpha=2+3i$, $\beta=1+6i$ とおくと

$$\beta-\alpha=(1+6i)-(2+3i)$$
$$=(1-2)+(6-3)i=-1+3i$$

$z=a+bi$ のとき $|z|=\sqrt{a^2+b^2}$ であることを利用する。

解答 (1) $AB=|(1+6i)-(2+3i)|$
$=|-1+3i|=\sqrt{(-1)^2+3^2}$
$=\sqrt{10}$ 答

(2) $CD=|(1-2i)-(3-4i)|$
$=|-2+2i|=\sqrt{(-2)^2+2^2}$
$=\sqrt{8}=2\sqrt{2}$ 答

コラム 複素数平面とベクトル

教 p.80

確認 複素数平面上に3点 $A(\alpha)$, $B(\beta)$, $C(\alpha+\beta)$ をとる。
$\overrightarrow{OA}=(a,\ b)$ とするとき, $\overrightarrow{OC}$ を成分表示してみよう。

解答 $\alpha+\beta=(a+c)+(b+d)i$ であるから　$\overrightarrow{\mathbf{OC}}=(\boldsymbol{a+c},\ \boldsymbol{b+d})$ 答

教 p.80

発見 $\overrightarrow{OA}$, $\overrightarrow{OB}$, $\overrightarrow{OC}$ の間にはどのような関係式が成り立つだろうか。

解答 $\overrightarrow{OA}=(a,\ b)$, $\overrightarrow{OB}=(c,\ d)$ であるから

$$\overrightarrow{OA}+\overrightarrow{OB}=(a,\ b)+(c,\ d)=(a+c,\ b+d)$$

よって　$\overrightarrow{\mathbf{OA}}+\overrightarrow{\mathbf{OB}}=\overrightarrow{\mathbf{OC}}$ 答

教 p.80

まとめ

2つの複素数α，βの和，差と，α，βを表す複素数平面上の点の位置ベクトルの和，差の間にはどのような関係があるだろうか。

解答　D$(\alpha-\beta)$とする。

$\alpha-\beta=(a-c)+(b-d)i$ であるから　　$\overrightarrow{\mathrm{OD}}=(a-c,\ b-d)$

また，$\overrightarrow{\mathrm{OA}}=(a,\ b)$，$\overrightarrow{\mathrm{OB}}=(c,\ d)$であるから

$$\overrightarrow{\mathrm{OA}}-\overrightarrow{\mathrm{OB}}=(a,\ b)-(c,\ d)=(a-c,\ b-d)$$

ゆえに　　$\overrightarrow{\mathrm{OA}}-\overrightarrow{\mathrm{OB}}=\overrightarrow{\mathrm{OD}}$

よって，**発見**で示したことと合わせると

2つの複素数α，βの和(差)は，α，βを表す複素数平面上の点の位置ベクトルの和(差)と等しい

ことがわかる。　答

D 複素数の実数倍

教 p.81

練習 8

$\alpha=3-6i$，$\beta=1+yi$ とする。2点A(α)，B(β)と原点Oが一直線上にあるとき，実数yの値を求めよ。

指針　**複素数の実数倍**　$\alpha\neq0$ のとき，次のことが成り立つことを利用する。

3点0，α，βが一直線上にある　$\Longleftrightarrow$　$\beta=k\alpha$となる実数kがある

解答　$\beta=k\alpha$となる実数kがある。

$1+yi=k(3-6i)$ から　　$1+yi=3k-6ki$

y，$3k$，$-6k$ は実数であるから　　$1=3k$，$y=-6k$

$k=\dfrac{1}{3}$ であるから　　$y=-6\cdot\dfrac{1}{3}=\mathbf{-2}$　答

E 共役複素数の性質

教 p.83

練習 9

複素数α，βについて，$\alpha+\beta+i=0$ のとき，$\overline{\alpha}+\overline{\beta}$ を求めよ。

指針　**共役複素数の性質**　$\alpha+\beta+i=0$ から　　$\alpha+\beta=-i$

両辺の共役複素数を考えると　　$\overline{\alpha+\beta}=\overline{-i}$

ここで $\overline{\alpha+\beta}=\overline{\alpha}+\overline{\beta}$ を利用する。また，$\overline{-i}=i$ である。

解答　$\alpha+\beta+i=0$ から　　$\alpha+\beta=-i$

両辺の共役複素数を考えると

$\overline{\alpha+\beta}=\overline{-i}$　　すなわち　　$\overline{\alpha}+\overline{\beta}=\boldsymbol{i}$　答

教 p.83

練習 10

複素数αについて，次のことを証明せよ。

$|\alpha|=1$のとき，$\alpha^2+\dfrac{1}{\alpha^2}$は実数である。

指針 **複素数が実数である条件**

「$\alpha^2+\dfrac{1}{\alpha^2}$が実数 $\Longleftrightarrow$ $\overline{\alpha^2+\dfrac{1}{\alpha^2}}=\alpha^2+\dfrac{1}{\alpha^2}$」を利用して証明する。

式変形においては，$z\overline{z}=|z|^2$を利用する。

解答 $|\alpha|=1$のとき，$|\alpha|^2=1$であるから

$$\alpha\overline{\alpha}=1 \quad すなわち \quad \overline{\alpha}=\frac{1}{\alpha}$$

ここで $\overline{\alpha^2+\dfrac{1}{\alpha^2}}=\overline{\alpha^2}+\overline{\left(\dfrac{1}{\alpha^2}\right)}=(\overline{\alpha})^2+\dfrac{1}{(\overline{\alpha})^2}=\dfrac{1}{\alpha^2}+\alpha^2$

よって，$\overline{\alpha^2+\dfrac{1}{\alpha^2}}=\alpha^2+\dfrac{1}{\alpha^2}$であるから，$\alpha^2+\dfrac{1}{\alpha^2}$は実数である。終

教 p.83

深める

$z+\overline{z}$が実数であることを利用して，教科書例題2で証明した次のことを証明してみよう。

$|\alpha|=1$のとき，$\alpha+\dfrac{1}{\alpha}$は実数である。

指針 $\alpha+\overline{\alpha}$が実数であり，$\overline{\alpha}=\dfrac{1}{\alpha}$であることを利用して示す。

解答 $|\alpha|=1$のとき$\overline{\alpha}=\dfrac{1}{\alpha}$であるから　　$\alpha+\dfrac{1}{\alpha}=\alpha+\overline{\alpha}$

$\alpha+\overline{\alpha}$は実数であるから，$\alpha+\dfrac{1}{\alpha}$は実数である。答

2 複素数の極形式

まとめ

1 極形式

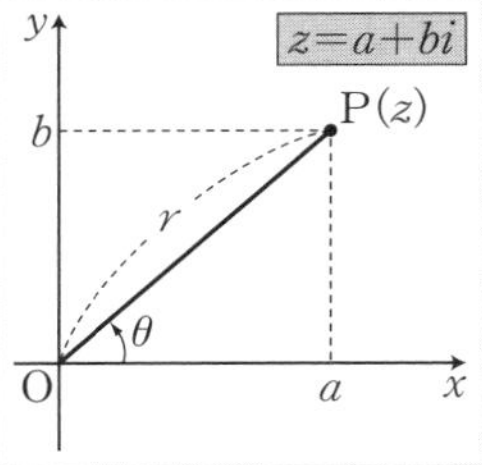

複素数平面上で，0 でない複素数 $z=a+bi$ を表す点をPとする。線分 OP の長さを r，半直線 OP を動径と考えて動径 OP の表す角を θ とすると

$r=\sqrt{a^2+b^2}$，$a=r\cos\theta$，$b=r\sin\theta$

である。よって，0 でない複素数 z は次の形にも表される。

$$\boldsymbol{z=r(\cos\theta+i\sin\theta)}$$

ただし，$r>0$ で，θ は弧度法で表された一般角である。

これを複素数 z の **極形式** という。$r=|z|$ である。

2 偏角

極形式の角 θ を z の **偏角** といい，$\boldsymbol{\arg z}$ で表す。偏角 θ は，$0\leqq\theta<2\pi$ の範囲や $-\pi<\theta\leqq\pi$ の範囲でただ1通りに定まる。z の偏角の1つを θ_0 とすると，一般には，$\arg z=\theta_0+2n\pi$（n は整数）である。

注意 arg は「偏角」を意味する英語 argument を略したものである。

3 $\overline{z}$ の極形式

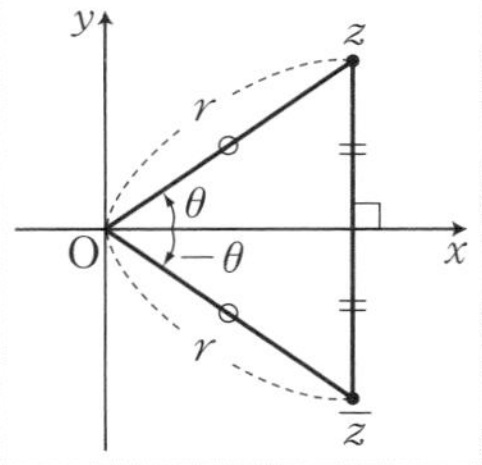

複素数 z の偏角を θ とするとき，$\overline{z}$ の偏角の1つは，$\arg\overline{z}=-\theta$ である。

また，$|z|=|\overline{z}|$ であるから，z と $\overline{z}$ の極形式について，次のことがいえる。

$z=r(\cos\theta+i\sin\theta)$ のとき

$$\boldsymbol{\overline{z}=r\{\cos(-\theta)+i\sin(-\theta)\}}$$

4 極形式で表された複素数の積と商

$\alpha=r_1(\cos\theta_1+i\sin\theta_1)$，$\beta=r_2(\cos\theta_2+i\sin\theta_2)$ のとき

$$\boldsymbol{\alpha\beta=r_1r_2\{\cos(\theta_1+\theta_2)+i\sin(\theta_1+\theta_2)\}}$$

$$\boldsymbol{\frac{\alpha}{\beta}=\frac{r_1}{r_2}\{\cos(\theta_1-\theta_2)+i\sin(\theta_1-\theta_2)\}}$$

5 複素数の積と商の絶対値と偏角

[1] $|\alpha\beta|=|\alpha||\beta|$ $\qquad$ $\boldsymbol{\arg\alpha\beta=\arg\alpha+\arg\beta}$

[2] $\left|\dfrac{\alpha}{\beta}\right|=\dfrac{|\alpha|}{|\beta|}$ $\qquad$ $\boldsymbol{\arg\dfrac{\alpha}{\beta}=\arg\alpha-\arg\beta}$

注意 偏角についての等式では，2π の整数倍の違いは無視して考える。

[1] より，複素数 z と自然数 n について，$|\boldsymbol{z}^n|=|\boldsymbol{z}|^n$ が成り立つ。

6　原点を中心とする回転

複素数$\alpha=\cos\theta+i\sin\theta$ と複素数 z について

$$|\alpha z|=|\alpha||z|=|z|$$

$$\arg\alpha z=\arg\alpha+\arg z=\arg z+\theta$$

このことから，次のことがいえる。

$\alpha=\cos\theta+i\sin\theta$ と z に対して，点 αz は，点 z を原点を中心として θ だけ回転した点である。

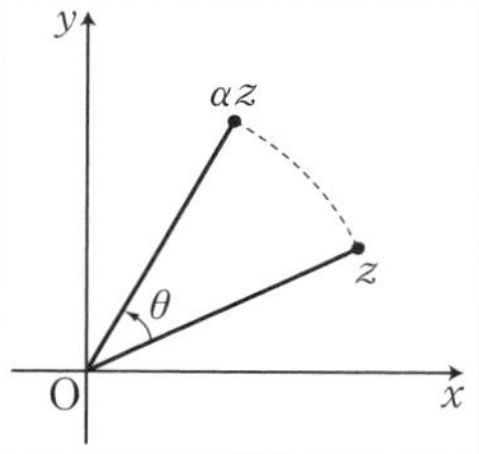

注意　$\overline{\alpha}=\cos(-\theta)+i\sin(-\theta)$ であるから，点 $\overline{\alpha}z$ は，点 z を原点を中心として $-\theta$ だけ回転した点である。

A 極形式

練習 11　教 p.85

次の複素数を極形式で表せ。ただし，偏角 θ の範囲は，(1)，(2)では $0\leqq\theta<2\pi$，(3)，(4)では $-\pi<\theta\leqq\pi$ とする。

(1)　$\sqrt{3}+i$　　(2)　$2+2i$　　(3)　$1-\sqrt{3}i$　　(4)　$-i$

指針　**複素数の極形式**　複素数 $z=a+bi$ を複素数平面上に図示すると $a=r\cos\theta$, $b=r\sin\theta$ から，絶対値 r について　　$r=\sqrt{a^2+b^2}$

偏角 θ について　　$\tan\theta=\dfrac{b}{a}$

解答　(1)　$\sqrt{3}+i$ の絶対値を r とすると

$$r=\sqrt{(\sqrt{3})^2+1^2}=2$$

$$\cos\theta=\frac{\sqrt{3}}{2},\ \sin\theta=\frac{1}{2}$$

$0\leqq\theta<2\pi$ では　　$\theta=\dfrac{\pi}{6}$

よって

$$\sqrt{3}+i=2\left(\cos\frac{\pi}{6}+i\sin\frac{\pi}{6}\right)$$ 答

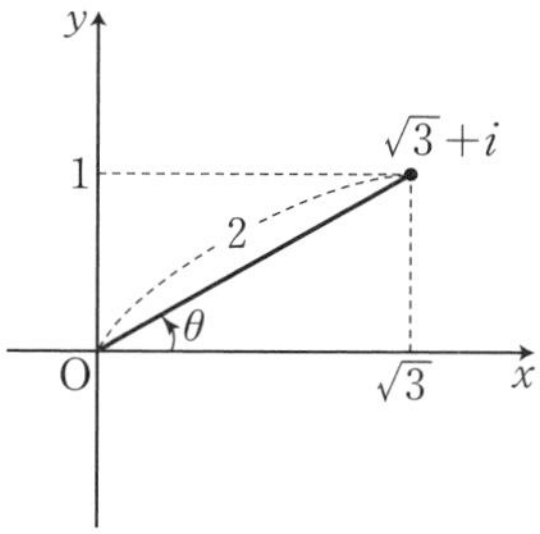

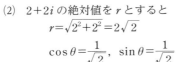

(2)　$2+2i$ の絶対値を r とすると

$$r=\sqrt{2^2+2^2}=2\sqrt{2}$$

$$\cos\theta=\frac{1}{\sqrt{2}},\ \sin\theta=\frac{1}{\sqrt{2}}$$

$0\leqq\theta<2\pi$ では　　$\theta=\frac{\pi}{4}$

よって

$$2+2i=2\sqrt{2}\left(\cos\frac{\pi}{4}+i\sin\frac{\pi}{4}\right)$$ 答

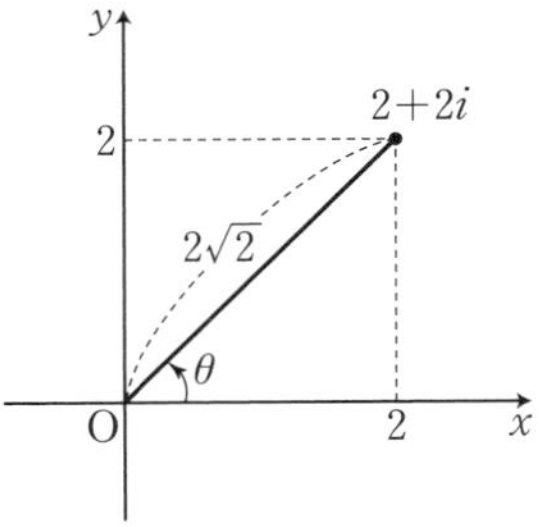

(3)　$1-\sqrt{3}i$ の絶対値を r とすると

$$r=\sqrt{1^2+(-\sqrt{3})^2}=2$$

$$\cos\theta=\frac{1}{2},\ \sin\theta=-\frac{\sqrt{3}}{2}$$

$-\pi<\theta\leqq\pi$ では　　$\theta=-\frac{\pi}{3}$

よって　　$1-\sqrt{3}i$

$$=2\left\{\cos\left(-\frac{\pi}{3}\right)+i\sin\left(-\frac{\pi}{3}\right)\right\}$$ 答

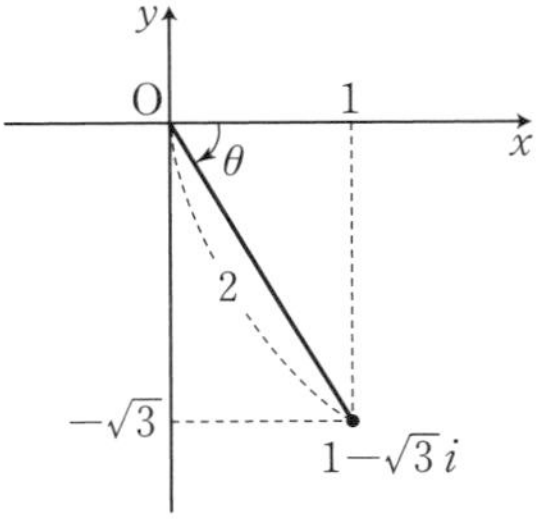

(4)　$-i$ の絶対値を r とすると

$r=\sqrt{0^2+(-1)^2}=1,\ \cos\theta=0,\ \sin\theta=-1$

$-\pi<\theta\leqq\pi$ では $\theta=-\frac{\pi}{2}$

よって　　$-i=\cos\left(-\frac{\pi}{2}\right)+i\sin\left(-\frac{\pi}{2}\right)$ 答

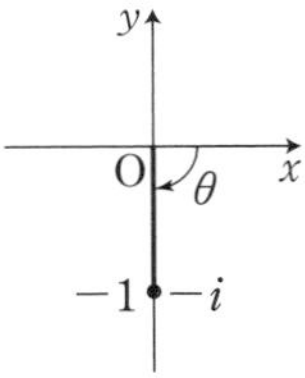

練習 12　教 p.85

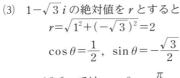

複素数 z の極形式を $z=r(\cos\theta+i\sin\theta)$ とする。このとき，$-z$ の極形式について，次のことを示せ。

$$-z=r\{\cos(\theta+\pi)+i\sin(\theta+\pi)\}$$

指針　**$-z$ の極形式**　z と $-z$ が原点に関して対称であるから，$-z$ の偏角の1つは z の偏角 θ を π だけ回転させたものである。

解答　点 $-z$ は点 z と原点に関して対称である。

ゆえに，$-z$ の偏角の1つは　　$\theta+\pi$

また　　$|-z|=|z|$

よって　　$-z=r\{\cos(\theta+\pi)+i\sin(\theta+\pi)\}$　終

参考　$r\{\cos(\theta+\pi)+i\sin(\theta+\pi)\}=-r(\cos\theta+i\sin\theta)=-z$

B 極形式で表された複素数の積と商

練習 13 教 p.87

次の複素数 α，β について，$\alpha\beta$，$\dfrac{\alpha}{\beta}$ をそれぞれ極形式で表せ。ただし，偏角 θ の範囲は $0\leqq\theta<2\pi$ とする。

$$\alpha=2\sqrt{2}\left(\cos\frac{\pi}{4}+i\sin\frac{\pi}{4}\right),\quad \beta=2\left(\cos\frac{\pi}{6}+i\sin\frac{\pi}{6}\right)$$

指針　**複素数の積と商の極形式**

$\alpha=r_1(\cos\theta_1+i\sin\theta_1)$，$\beta=r_2(\cos\theta_2+i\sin\theta_2)$

のとき

$$\alpha\beta=r_1r_2\{\cos(\theta_1+\theta_2)+i\sin(\theta_1+\theta_2)\}$$

$$\frac{\alpha}{\beta}=\frac{r_1}{r_2}\{\cos(\theta_1-\theta_2)+i\sin(\theta_1-\theta_2)\}$$

解答　$\alpha\beta=2\sqrt{2}\cdot2\left\{\cos\left(\frac{\pi}{4}+\frac{\pi}{6}\right)+i\sin\left(\frac{\pi}{4}+\frac{\pi}{6}\right)\right\}$

$=4\sqrt{2}\left(\cos\frac{5}{12}\pi+i\sin\frac{5}{12}\pi\right)$ 答

$\dfrac{\alpha}{\beta}=\dfrac{2\sqrt{2}}{2}\left\{\cos\left(\frac{\pi}{4}-\frac{\pi}{6}\right)+i\sin\left(\frac{\pi}{4}-\frac{\pi}{6}\right)\right\}$

$=\sqrt{2}\left(\cos\frac{\pi}{12}+i\sin\frac{\pi}{12}\right)$ 答

練習 14 教 p.87

複素数 α，β について，$|\alpha|=2$，$|\beta|=3$ のとき，次の値を求めよ。

(1) $|\alpha\beta|$　(2) $|\alpha^3|$　(3) $\left|\dfrac{\alpha}{\beta}\right|$　(4) $\left|\dfrac{\beta}{\alpha^2}\right|$

指針　**複素数の積と商の絶対値**　$|\alpha\beta|=|\alpha||\beta|$，$\left|\dfrac{\alpha}{\beta}\right|=\dfrac{|\alpha|}{|\beta|}$ である。

また，n を自然数とするとき $|z^n|=|z|^n$ が成り立つことを利用する。

解答　(1) $|\alpha\beta|=|\alpha||\beta|=2\cdot3=6$ 答

(2) $|\alpha^3|=|\alpha|^3=2^3=8$ 答

(3) $\left|\dfrac{\alpha}{\beta}\right|=\dfrac{|\alpha|}{|\beta|}=\dfrac{2}{3}$ 答

(4) $\left|\dfrac{\beta}{\alpha^2}\right|=\dfrac{|\beta|}{|\alpha|^2}=\dfrac{3}{2^2}=\dfrac{3}{4}$ 答

C 複素数の積と図形

教 p.88

練習 15 次の点は，点 z をどのように移動した点であるか。

(1) $(1+\sqrt{3}\,i)z$　　(2) $(-1+i)z$　　(3) $2iz$

指針 **原点を中心とする回転と原点からの距離の実数倍**

z の係数を極形式で表し，その絶対値と偏角に着目する。

解答 (1) $1+\sqrt{3}\,i=2\left(\cos\dfrac{\pi}{3}+i\sin\dfrac{\pi}{3}\right)$

よって，点 $(1+\sqrt{3}\,i)z$ は，点 z を **原点を中心として $\dfrac{\pi}{3}$ だけ回転し，原点からの距離を 2 倍した点** である。 答

(2) $-1+i=\sqrt{2}\left(\cos\dfrac{3}{4}\pi+i\sin\dfrac{3}{4}\pi\right)$

よって，点 $(-1+i)z$ は，点 z を **原点を中心として $\dfrac{3}{4}\pi$ だけ回転し，原点からの距離を $\sqrt{2}$ 倍した点** である。 答

(3) $2i=2\left(\cos\dfrac{\pi}{2}+i\sin\dfrac{\pi}{2}\right)$

よって，点 $2iz$ は，点 z を **原点を中心として $\dfrac{\pi}{2}$ だけ回転し，原点からの距離を 2 倍した点** である。 答

教 p.89

練習 16 $z=4-2i$ とする。点 z を原点を中心として次の角だけ回転した点を表す複素数を求めよ。

(1) $\dfrac{\pi}{6}$　　(2) $\dfrac{2}{3}\pi$　　(3) $-\dfrac{\pi}{2}$　　(4) $-\dfrac{\pi}{3}$

指針 **原点を中心として回転した点を表す複素数**

(1) $z=4-2i$ を原点を中心として $\dfrac{\pi}{6}$ だけ回転した点を表す複素数は

$$\left(\cos\frac{\pi}{6}+i\sin\frac{\pi}{6}\right)z=\left(\frac{\sqrt{3}}{2}+\frac{1}{2}i\right)(4-2i)$$

この右辺を計算したものが，求める複素数である。

解答 (1) $\left(\cos\frac{\pi}{6}+i\sin\frac{\pi}{6}\right)(4-2i)=\left(\frac{\sqrt{3}}{2}+\frac{1}{2}i\right)(4-2i)$

$=(2\sqrt{3}+1)+(-\sqrt{3}+2)i$ 答

(2) $\left(\cos\frac{2}{3}\pi+i\sin\frac{2}{3}\pi\right)(4-2i)=\left(-\frac{1}{2}+\frac{\sqrt{3}}{2}i\right)(4-2i)$

$=(-2+\sqrt{3})+(1+2\sqrt{3})i$ 答

(3) $\left\{\cos\left(-\frac{\pi}{2}\right)+i\sin\left(-\frac{\pi}{2}\right)\right\}(4-2i)=-i(4-2i)$

$=-2-4i$ 答

(4) $\left\{\cos\left(-\frac{\pi}{3}\right)+i\sin\left(-\frac{\pi}{3}\right)\right\}(4-2i)=\left(\frac{1}{2}-\frac{\sqrt{3}}{2}i\right)(4-2i)$

$=(2-\sqrt{3})-(1+2\sqrt{3})i$ 答

教 p.89

練習 17

$\alpha=2+2i$ とする。複素数平面上の 3 点 0, α, β を頂点とする三角形が，正三角形であるとき，β の値を求めよ。

指針 **正三角形の頂点を表す複素数** A(α), B(β) とすると $\angle$AOB$=60^\circ$ であるから，点 β は点 α を原点を中心に $\frac{\pi}{3}$ または $-\frac{\pi}{3}$ だけ回転した点である。

解答 点 β は，点 α を原点を中心に $\frac{\pi}{3}$ または $-\frac{\pi}{3}$ だけ回転した点であるから

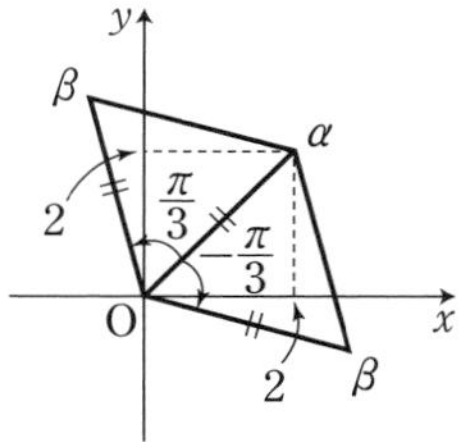

$\beta=\left(\cos\frac{\pi}{3}+i\sin\frac{\pi}{3}\right)\alpha$

$=\left(\frac{1}{2}+\frac{\sqrt{3}}{2}i\right)(2+2i)$

$=(1-\sqrt{3})+(1+\sqrt{3})i$

または

$\beta=\left\{\cos\left(-\frac{\pi}{3}\right)+i\sin\left(-\frac{\pi}{3}\right)\right\}\alpha$

$=\left(\frac{1}{2}-\frac{\sqrt{3}}{2}i\right)(2+2i)=(1+\sqrt{3})+(1-\sqrt{3})i$

よって $\beta=(1-\sqrt{3})+(1+\sqrt{3})i$ または
$\beta=(1+\sqrt{3})+(1-\sqrt{3})i$ 答

3 ド・モアブルの定理

まとめ

1 ド・モアブルの定理

n が整数のとき

$$(\cos\theta+i\sin\theta)^n=\cos n\theta+i\sin n\theta$$

注意 0でない複素数 z と自然数 n に対して，$z^0=1$，$z^{-n}=\dfrac{1}{z^n}$ と定める。

2 α の n 乗根

複素数 α と正の整数 n に対して，方程式 $z^n=\alpha$ の解を，α の **n 乗根** という。

0でない複素数の n 乗根は n 個ある。

3 1の n 乗根

1の n 乗根は，次の式から得られる n 個の複素数である。

$$z_k=\cos\frac{2k\pi}{n}+i\sin\frac{2k\pi}{n}\qquad (k=0,\ 1,\ 2,\ \cdots\cdots,\ n-1)$$

補足 $n\geqq3$ のとき，1の n 乗根を表す点は，単位円に内接する正 n 角形の各頂点である。とくに，頂点の1つは点1である。

A ド・モアブルの定理

教 p.91

練習 18

次の式を計算せよ

(1) $(1+\sqrt{3}\,i)^5$　　(2) $(1+i)^8$　　(3) $(1-\sqrt{3}\,i)^{-6}$

指針 **複素数 $(a+bi)^n$ の値**　複素数 $a+bi$ を極形式で表し，ド・モアブルの定理を利用する。n が整数のとき

$$\{r(\cos\theta+i\sin\theta)\}^n=r^n(\cos\theta+i\sin\theta)^n=r^n(\cos n\theta+i\sin n\theta)$$

解答 (1) $1+\sqrt{3}\,i=2\left(\cos\dfrac{\pi}{3}+i\sin\dfrac{\pi}{3}\right)$ であるから

$$(1+\sqrt{3}\,)^5=2^5\left(\cos\frac{\pi}{3}+i\sin\frac{\pi}{3}\right)^5=32\left(\cos\frac{5}{3}\pi+i\sin\frac{5}{3}\pi\right)$$

$$=32\left(\frac{1}{2}-\frac{\sqrt{3}}{2}i\right)=\mathbf{16-16\sqrt{3}\,i}$$ 答

(2) $1+i=\sqrt{2}\left(\cos\dfrac{\pi}{4}+i\sin\dfrac{\pi}{4}\right)$ であるから

$$(1+i)^8=(\sqrt{2}\,)^8\left(\cos\frac{\pi}{4}+i\sin\frac{\pi}{4}\right)^8$$

$$=16(\cos2\pi+i\sin2\pi)=\mathbf{16}$$ 答

(3)　$1-\sqrt{3}\,i=2\left\{\cos\left(-\dfrac{\pi}{3}\right)+i\sin\left(-\dfrac{\pi}{3}\right)\right\}$ であるから

$$(1-\sqrt{3}\,i)^{-6}=2^{-6}\left\{\cos\left(-\frac{\pi}{3}\right)+i\sin\left(-\frac{\pi}{3}\right)\right\}^{-6}$$

$$=\frac{1}{64}(\cos 2\pi+i\sin 2\pi)=\boldsymbol{\frac{1}{64}}$$ 答

深める　教 p.91

二項定理を用いて，教科書例題 5 の $(\sqrt{3}-i)^6$ を計算してみよう。

解答　$(\sqrt{3}-i)^6={}_6\mathrm{C}_0(\sqrt{3})^6+{}_6\mathrm{C}_1(\sqrt{3})^5(-i)+{}_6\mathrm{C}_2(\sqrt{3})^4(-i)^2$

$$+{}_6\mathrm{C}_3(\sqrt{3})^3(-i)^3+{}_6\mathrm{C}_4(\sqrt{3})^2(-i)^4+{}_6\mathrm{C}_5(\sqrt{3})(-i)^5+{}_6\mathrm{C}_6(-i)^6$$

$$=27-54\sqrt{3}\,i-135+60\sqrt{3}\,i+45-6\sqrt{3}\,i-1$$

$$=\boldsymbol{-64}$$ 答

B 複素数の n 乗根

練習 19　教 p.92

1 の 8 乗根を求めよ。

指針　**1 の 8 乗根**　1 の 8 乗根は次の式から得られる 8 個の複素数である。

$$z_k=\cos\frac{2k\pi}{8}+i\sin\frac{2k\pi}{8}\quad(k=0,\ 1,\ 2,\ \cdots\cdots,\ 7)$$

解答　1 の 8 乗根は　　$z_k=\cos\dfrac{2k\pi}{8}+i\sin\dfrac{2k\pi}{8}$　$(k=0,\ 1,\ 2,\ \cdots\cdots,\ 7)$

よって　　$z_0=1$

$$z_1=\cos\frac{\pi}{4}+i\sin\frac{\pi}{4}=\frac{1}{\sqrt{2}}+\frac{1}{\sqrt{2}}i$$

$$z_2=\cos\frac{\pi}{2}+i\sin\frac{\pi}{2}=i$$

$$z_3=\cos\frac{3}{4}\pi+i\sin\frac{3}{4}\pi=-\frac{1}{\sqrt{2}}+\frac{1}{\sqrt{2}}i$$

$$z_4=\cos\pi+i\sin\pi=-1$$

$$z_5=\cos\frac{5}{4}\pi+i\sin\frac{5}{4}\pi=-\frac{1}{\sqrt{2}}-\frac{1}{\sqrt{2}}i$$

$$z_6=\cos\frac{3}{2}\pi+i\sin\frac{3}{2}\pi=-i$$

$$z_7=\cos\frac{7}{4}\pi+i\sin\frac{7}{4}\pi=\frac{1}{\sqrt{2}}-\frac{1}{\sqrt{2}}i$$

答　$\boldsymbol{\pm1,\ \pm i,\ \dfrac{1}{\sqrt{2}}\pm\dfrac{1}{\sqrt{2}}i,\ -\dfrac{1}{\sqrt{2}}\pm\dfrac{1}{\sqrt{2}}i}$

練習 20 教 p.93

次の方程式を解け。また，解を表す点を，それぞれ複素数平面上に図示せよ。

(1)　$z^2=i$　　(2)　$z^4=-4$　　(3)　$z^2=1+\sqrt{3}i$

指針　**複素数 α の n 乗根**　$z^n=\alpha$ において，複素数 z，α の極形式を

$$z=r(\cos\theta+i\sin\theta),\ \alpha=r_0(\cos\theta_0+i\sin\theta_0)$$

とおくと　$r^n(\cos n\theta+i\sin n\theta)=r_0(\cos\theta_0+i\sin\theta_0)$

両辺の絶対値と偏角を比較して，r，θ を求める。

このとき，$r>0$，$n\theta=\theta_0+2k\pi$（k は整数）に注意する。

解答　(1)　z の極形式を $z=r(\cos\theta+i\sin\theta)$　…… ①とすると

$$z^2=r^2(\cos 2\theta+i\sin 2\theta)$$

また，i を極形式で表すと　$i=\cos\frac{\pi}{2}+i\sin\frac{\pi}{2}$

よって，方程式は

$$r^2(\cos 2\theta+i\sin 2\theta)=\cos\frac{\pi}{2}+i\sin\frac{\pi}{2}$$

両辺の絶対値と偏角を比較すると

$$r^2=1,\ 2\theta=\frac{\pi}{2}+2k\pi \quad (k \text{ は整数})$$

$r>0$ であるから

$$r=1 \quad \cdots\cdots ②$$

また　$\theta=\frac{\pi}{4}+k\pi$

$0\leqq\theta<2\pi$ の範囲では，$k=0$，1 であるから

$$\theta=\frac{\pi}{4},\ \frac{5}{4}\pi \quad \cdots\cdots ③$$

②，③を①に代入して，求める解は

$$z=\frac{1}{\sqrt{2}}+\frac{1}{\sqrt{2}}i,\ -\frac{1}{\sqrt{2}}-\frac{1}{\sqrt{2}}i$$ 答

この解を複素数平面上に図示すると，図のようになる。

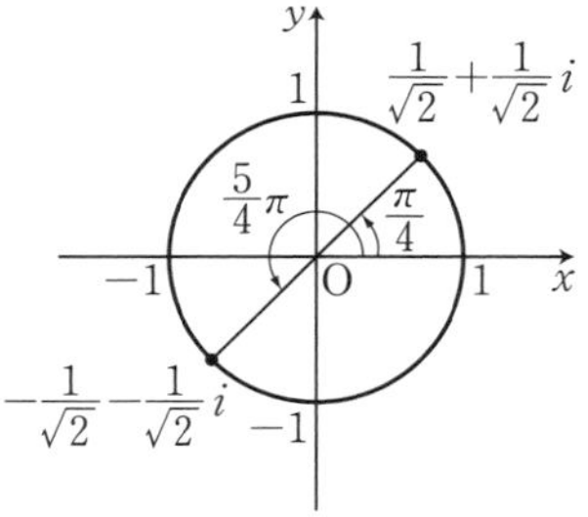

(2)　$z^4=r^4(\cos 4\theta+i\sin 4\theta)$

また，-4 を極形式で表すと　$-4=4(\cos\pi+i\sin\pi)$

よって，方程式は

$$r^4(\cos 4\theta+i\sin 4\theta)=4(\cos\pi+i\sin\pi)$$

両辺の絶対値と偏角を比較すると

$$r^4=4,\ 4\theta=\pi+2k\pi \quad (k \text{は整数})$$

$r>0$ であるから

$$r=\sqrt{2} \quad \cdots\cdots ②$$

また　$\theta=\dfrac{\pi}{4}+\dfrac{k\pi}{2}$

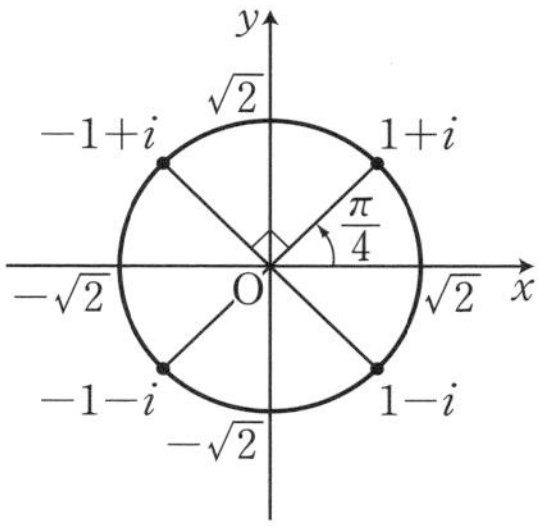

$0\leqq\theta<2\pi$ の範囲では，$k=0$，1，2，3 であるから

$$\theta=\frac{\pi}{4},\ \frac{3}{4}\pi,\ \frac{5}{4}\pi,\ \frac{7}{4}\pi \quad \cdots\cdots ③$$

②，③を①に代入して，求める解は

$$\boldsymbol{z=1+i,\ -1+i,\ -1-i,\ 1-i}$$ 答

この解を複素数平面上に図示すると，図のようになる。

(3)　$z^2=r^2(\cos 2\theta+i\sin 2\theta)$

また，$1+\sqrt{3}\,i$ を極形式で表すと　$1+\sqrt{3}\,i=2\left(\cos\dfrac{\pi}{3}+i\sin\dfrac{\pi}{3}\right)$

よって，方程式は

$$r^2(\cos 2\theta+i\sin 2\theta)=2\left(\cos\frac{\pi}{3}+i\sin\frac{\pi}{3}\right)$$

両辺の絶対値と偏角を比較すると

$$r^2=2,\ 2\theta=\frac{\pi}{3}+2k\pi \quad (k\text{は整数})$$

$r>0$ であるから

$$r=\sqrt{2} \quad \cdots\cdots ②$$

また　$\theta=\dfrac{\pi}{6}+k\pi$

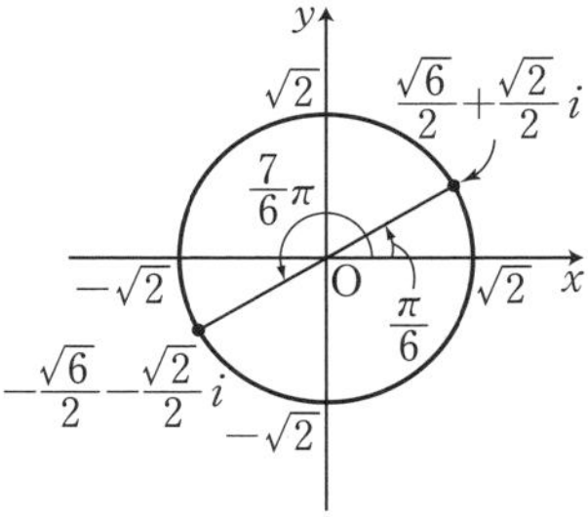

$0\leqq\theta<2\pi$ の範囲では，$k=0$，1 であるから

$$\theta=\frac{\pi}{6},\ \frac{7}{6}\pi \quad \cdots\cdots ③$$

②，③を①に代入して，求める解は

$$\boldsymbol{z=\frac{\sqrt{6}}{2}+\frac{\sqrt{2}}{2}i,\ -\frac{\sqrt{6}}{2}-\frac{\sqrt{2}}{2}i}$$ 答

この解を複素数平面上に図示すると，図のようになる。

教科書 p.94

4 複素数と図形

まとめ

1 線分の内分点，外分点

2 点 A(α)，B(β) を結ぶ線分 AB を $m:n$ に内分する点を C(γ)，$m:n$ に外分する点を D(δ) とすると

内分点 $\boldsymbol{\gamma=\dfrac{n\alpha+m\beta}{m+n}}$　　外分点 $\boldsymbol{\delta=\dfrac{-n\alpha+m\beta}{m-n}}$

とくに，線分 AB の中点を表す複素数は $\boldsymbol{\dfrac{\alpha+\beta}{2}}$

2 円

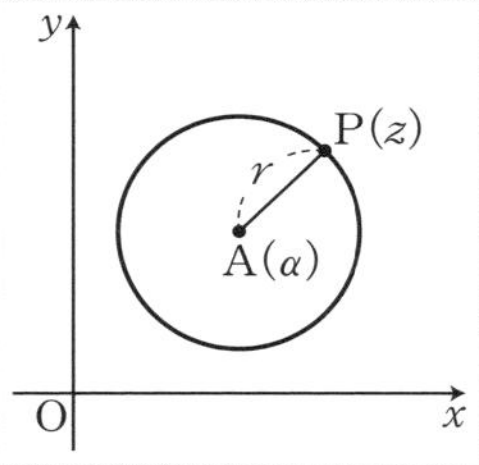

点 A(α) を中心とする半径 r の円上の点を P(z) とすると AP$=r$ であるから，方程式 $|z-\alpha|=r$ を満たす点 z 全体の集合は，点 A を中心とする半径 r の円である。

とくに，原点を中心とする半径 r の円は，方程式 $|z|=r$ で表される。

3 方程式の表す図形（垂直二等分線）

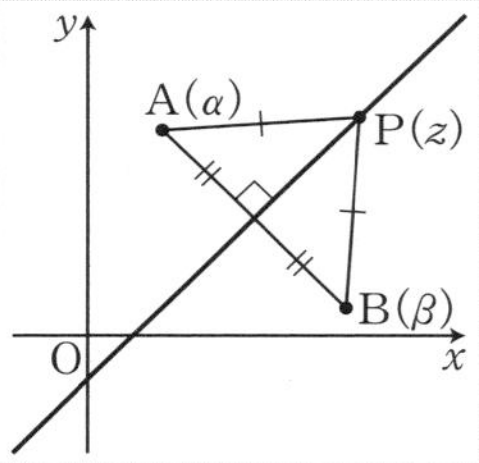

2 点 A(α)，B(β) を結ぶ線分 AB の垂直二等分線上の点を P(z) とすると，AP$=$BP であるから，方程式

$$|z-\alpha|=|z-\beta|$$

を満たす点 z 全体の集合は，線分 AB の垂直二等分線である。

4 点 α を中心とする回転

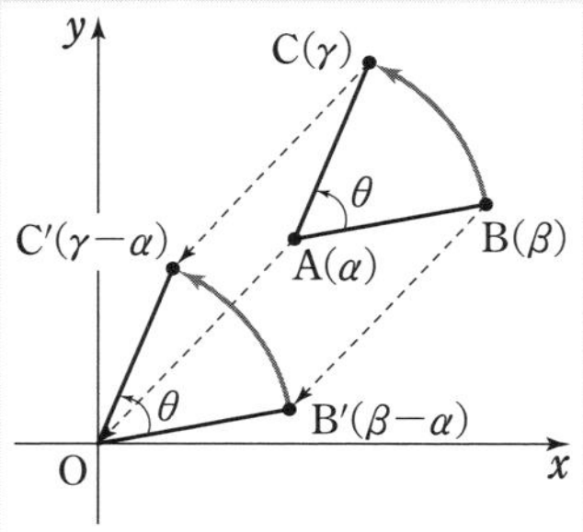

2 点 A(α)，B(β) について，点 B を点 A を中心として θ だけ回転した点を C(γ) とする。このとき，γ を α，β で表すことを考えてみよう。

点 A を原点に移す平行移動によって，点 B, C がそれぞれ点 B′(β')，C′(γ') に移るとすると

$$\beta'=\beta-\alpha,\ \gamma'=\gamma-\alpha$$

である。点 C′ は，点 B′ を原点を中心として θ だけ回転した点であるから，次のことが成り立つ。

点 β を点 α を中心として θ だけ回転した点を表す複素数を γ とすると

$$\boldsymbol{\gamma-\alpha=(\cos\theta+i\sin\theta)(\beta-\alpha)}$$

5　半直線のなす角

異なる3点A(α)，B(β)，C(γ)に対して，点Aを中心として半直線ABを半直線ACの位置まで回転させたときの角θを，半直線ABから半直線ACまでの回転角という。ただし，θは弧度法で表された一般角である。点Aを原点に移す平行移動によって，点B，Cはそれぞれ点B′($\beta-\alpha$)，C′($\gamma-\alpha$)に移る。θは半直線OB′から半直線OC′までの回転角に等しいから，次が成り立つ。

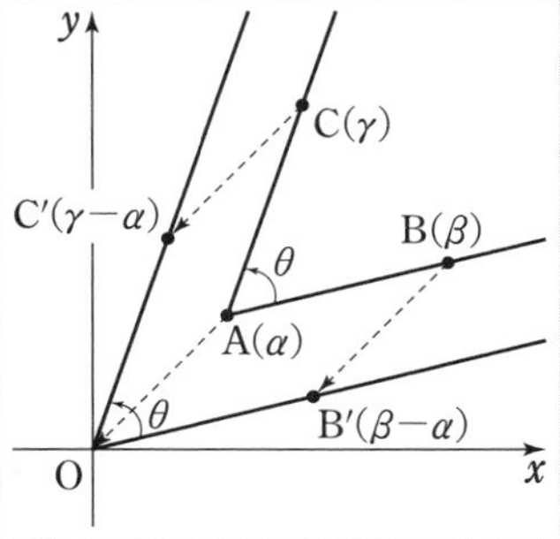

$$\theta=\arg(\gamma-\alpha)-\arg(\beta-\alpha)=\arg\frac{\gamma-\alpha}{\beta-\alpha}$$

6　共線条件，垂直条件

上の**5**において，3点A，B，Cが一直線上にある(このとき，3点は共線であるという)のは，θが0またはπのときであり，$\dfrac{\gamma-\alpha}{\beta-\alpha}$は実数である。また，2直線AB，ACが垂直に交わるのは，θが$\dfrac{\pi}{2}$または$-\dfrac{\pi}{2}$のときであり，$\dfrac{\gamma-\alpha}{\beta-\alpha}$は純虚数である。

異なる3点A(α)，B(β)，C(γ)について，次のことが成り立つ。

3点A，B，Cが一直線上にある　$\Longleftrightarrow$　$\dfrac{\gamma-\alpha}{\beta-\alpha}$が実数

2直線AB，ACが垂直に交わる　$\Longleftrightarrow$　$\dfrac{\gamma-\alpha}{\beta-\alpha}$が純虚数

A　線分の内分点，外分点

教 p.94

練習 21

A($1+5i$)，B($7-i$)とする。次の点を表す複素数を求めよ。

(1)　線分ABを1：2に内分する点C　　(2)　線分ABの中点M

(3)　線分ABを3：2に外分する点D

指針　**線分の内分点，外分点**　2点A(α)，B(β)を$m:n$に内分，外分する点は

内分点　$\dfrac{n\alpha+m\beta}{m+n}$　　　外分点　$\dfrac{-n\alpha+m\beta}{m-n}$

とくに，線分ABの中点を表す複素数は　$\dfrac{\alpha+\beta}{2}$

これらにあてはめて求める。

解答　点 C，M，D を表す複素数をそれぞれγ，ω，δとする。

(1)　$\gamma=\dfrac{2(1+5i)+(7-i)}{1+2}=\dfrac{9+9i}{3}=\mathbf{3+3i}$　答

(2)　$\omega=\dfrac{(1+5i)+(7-i)}{2}=\dfrac{8+4i}{2}=\mathbf{4+2i}$　答

(3)　$\delta=\dfrac{-2(1+5i)+3(7-i)}{3-2}=\mathbf{19-13i}$　答

練習 22　教 p.95

3 点 A(α)，B(β)，C(γ)を頂点とする△ABC について，その重心を G(δ)とするとき，$\delta=\dfrac{\alpha+\beta+\gamma}{3}$ であることを示せ。

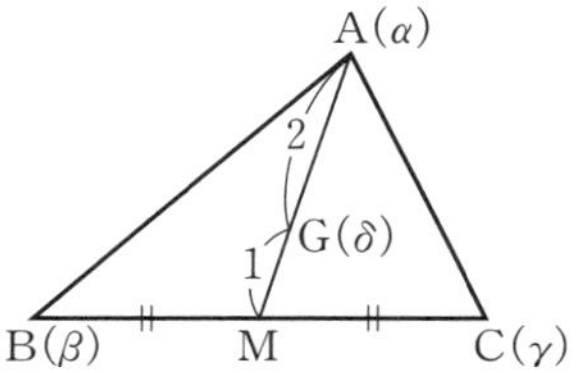

指針　**三角形の重心**　△ABC の重心 G は，中線 AM を 2：1 に内分する点であるから　$\delta=\dfrac{1\cdot\alpha+2w}{2+1}$ (w は M を表す複素数)

解答　辺 BC の中点を M とすると，M を表す複素数は　$\dfrac{\beta+\gamma}{2}$

重心 G(δ)は中線 AM を 2：1 に内分するから

$$\delta=\dfrac{\alpha+2\left(\dfrac{\beta+\gamma}{2}\right)}{2+1}=\dfrac{\alpha+\beta+\gamma}{3}$$　終

B 方程式の表す図形

練習 23　教 p.95

次の方程式を満たす点 z 全体の集合は，どのような図形か。

(1)　$|z|=2$　　(2)　$|z-(1+i)|=1$　　(3)　$|z-2|=|z-4i|$

指針　**方程式の表す図形**

(1), (2)　方程式$|z-\alpha|=r$ ($r>0$) を満たす点 z 全体の集合は，点αを中心とし，半径が r の円である。

(3)　$|z-2|$は，点 z と点 2 の距離を表し，$|z-4i|$は，点 z と点 $4i$ の距離を表す。これらが等しいことから，点 z は 2 点 2 と $4i$ から等しい距離にある点である。すなわち，A(2)，B($4i$)とすると，線分 AB の垂直二等分線上にあることがわかる。

解答 (1) $|z-0|=2$ であるから　**原点を中心とする半径2の円** 答

(2) **点 $1+i$ を中心とする半径1の円** 答

(3) 2点A(2)，B(4i)から等距離にある点z全体の集合で，求める図形は**2点A(2)，B(4i)を結ぶ線分ABの垂直二等分線** 答

教 p.96

練習 24 方程式 $2|z-3|=|z|$ を満たす点 z 全体の集合は，どのような図形か。

指針 **方程式の表す図形(円)**　与えられた方程式の両辺を2乗し，絶対値の性質 $|z|^2=z\overline{z}$ を利用して，式を整理する。

解答 方程式の両辺を2乗すると

$$4|z-3|^2=|z|^2$$

よって　$4(z-3)(\overline{z-3})=z\overline{z}$

$$4(z-3)(\overline{z}-3)=z\overline{z}$$

左辺を展開して整理すると

$$z\overline{z}-4z-4\overline{z}+12=0$$

式を整理すると　$(z-4)(\overline{z}-4)=4$

すなわち　$(z-4)(\overline{z-4})=4$

よって　$|z-4|^2=2^2$

したがって　$|z-4|=2$

これは，**点4を中心とする半径2の円**である。 答

補足 本問の円は，図のようになる。原点Oと点A(3)，P(z)をとると，

$2|z-3|=|z|$ は　$2\text{AP}=\text{OP}$

すなわち OP：AP=2：1 を表す。

このような円を **アポロニウスの円** という。

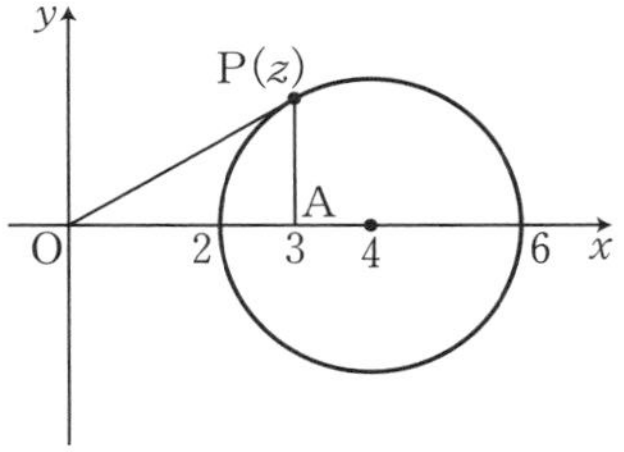

教 p.97

練習 25 $w=i(z-2)$ とする。点 z が原点Oを中心とする半径1の円上を動くとき，点 w はどのような図形を描くか。

指針 **条件を満たす点が描く図形**　条件は，「点 z が原点Oを中心とする半径1の円上を動くとき」であるから $|z|=1$ と表される。そこで，$w=i(z-2)$ を $z=\dfrac{w+2i}{i}$ と w の式で表し，$|z|=1$ に代入する。すると，w についての方程式が得られ，点 w の描く図形が求められる。

解答 条件から，点 z は等式 $|z|=1$ を満たす。

$w=i(z-2)$ より $z=\dfrac{w+2i}{i}$ であるから

$$|z|=\left|\frac{w+2i}{i}\right|=\frac{|w+2i|}{|i|}=|w+2i|$$

すなわち　$|w+2i|=1$

よって，点 w は **点 $-2i$ を中心とする半径 1 の円** を描く。 答

注意 上の $i(z-2)$ の図形的な意味は，点 z を原点を点 -2 に移すような平行移動をし，さらに原点を中心に $\dfrac{\pi}{2}$ だけ回転することである。

C 点 α を中心とする回転

教 p.98

練習 26

$\alpha=1+i$，$\beta=5+3i$ とする。点 β を，点 α を中心として $\dfrac{\pi}{6}$ だけ回転した点を表す複素数 γ を求めよ。

指針 **原点以外の点を中心とする回転**　点 $(\gamma-\alpha)$ は点 $(\beta-\alpha)$ を原点を中心に $\dfrac{\pi}{6}$ だけ回転した点である。これを利用する。

解答 $\gamma-\alpha=\left(\cos\dfrac{\pi}{6}+i\sin\dfrac{\pi}{6}\right)(\beta-\alpha)$ であるから

$$\gamma=\left(\cos\frac{\pi}{6}+i\sin\frac{\pi}{6}\right)\{(5+3i)-(1+i)\}+(1+i)$$

$$=\left(\frac{\sqrt{3}}{2}+\frac{1}{2}i\right)(4+2i)+(1+i)$$

$$=2\sqrt{3}+(\sqrt{3}+3)i$$ 答

D 半直線のなす角

教 p.99

練習 27

3 点 A$(1-i)$，B$(2+i)$，C$(2i)$ に対して，半直線 AB から半直線 AC までの回転角 θ を求めよ。ただし，$-\pi<\theta\leqq\pi$ とする。

指針 **半直線のなす角**

A(α)，B(β)，C(γ) のとき，複素数 $w=\dfrac{\gamma-\alpha}{\beta-\alpha}$ を考え，$\arg w$ を求める。

解答 $\alpha=1-i$, $\beta=2+i$, $\gamma=2i$ とする。

$$\frac{\gamma-\alpha}{\beta-\alpha}=\frac{-1+3i}{1+2i}=\frac{(-1+3i)(1-2i)}{(1+2i)(1-2i)}=1+i$$

偏角 θ の範囲を $-\pi<\theta\leqq\pi$ として，$1+i$ を極形式で表すと

$$1+i=\sqrt{2}\left(\cos\frac{\pi}{4}+i\sin\frac{\pi}{4}\right)$$

よって　$\theta=\arg\dfrac{\gamma-\alpha}{\beta-\alpha}=\dfrac{\pi}{4}$ 答

教 p.100

練習 28

3点 A$(-1+i)$，B$(3-i)$，C$(x+3i)$ について，次の問いに答えよ。ただし，x は実数とする。

(1) 2直線 AB，AC が垂直に交わるように，x の値を定めよ。

(2) 3点 A，B，C が一直線上にあるように，x の値を定めよ。

指針 **垂直条件・共線条件**　3点 A(α)，B(β)，C(γ) とすると

(1) AB と AC が垂直 $\Leftrightarrow$ $\dfrac{\gamma-\alpha}{\beta-\alpha}$ が純虚数

(2) A，B，C が一直線上 $\Leftrightarrow$ $\dfrac{\gamma-\alpha}{\beta-\alpha}$ が実数

解答

$$\frac{(x+3i)-(-1+i)}{(3-i)-(-1+i)}=\frac{(x+1)+2i}{4-2i}=\frac{\{(x+1)+2i\}(4+2i)}{(4-2i)(4+2i)}$$

$$=\frac{2x+(x+5)i}{10}\quad\cdots\cdots①$$

(1) 2直線 AB，AC が垂直に交わるのは，①が純虚数のときであるから

$2x=0$　かつ　$x+5\neq0$

よって　$\boldsymbol{x=0}$ 答

(2) 3点 A，B，C が一直線上にあるのは，①が実数のときであるから

$x+5=0$

よって　$\boldsymbol{x=-5}$ 答

教 p.101

練習 29

3点 A(α)，B(β)，C(γ) を頂点とする△ABC について，等式 $\gamma=(1-i)\alpha+i\beta$ が成り立つとき，次のものを求めよ。

(1) 複素数 $\dfrac{\gamma-\alpha}{\beta-\alpha}$ の値　　(2) △ABC の3つの角の大きさ

指針 **複素数の等式と式の値，三角形の角の大きさ**

(1) 等式を変形して，$\dfrac{\gamma-\alpha}{\beta-\alpha}$ をつくる。

(2) $\dfrac{\gamma-\alpha}{\beta-\alpha}$ の絶対値はどうなるかを考える。(1)の結果を利用する。

解答 (1) 等式から　　$\gamma-\alpha=i(\beta-\alpha)$

よって　　$\dfrac{\gamma-\alpha}{\beta-\alpha}=i$ 答

(2) (1)より，$\left|\dfrac{\gamma-\alpha}{\beta-\alpha}\right|=1$ であるから　$|\gamma-\alpha|=|\beta-\alpha|$

ゆえに　　AB＝AC

また，$\dfrac{\gamma-\alpha}{\beta-\alpha}$ は純虚数であるから，2 直線 AB，AC は垂直に交わり

$$\angle A=\frac{\pi}{2}$$

よって，△ABC は，AB＝AC の直角二等辺三角形で

$$\angle B=\angle C=\frac{\pi}{4}$$

答　$\angle \mathbf{A}=\dfrac{\pi}{2}$，$\angle \mathbf{B}=\dfrac{\pi}{4}$，$\angle \mathbf{C}=\dfrac{\pi}{4}$

研究　3 点 A(α)，B(β)，C(γ)を頂点とする△ABC

まとめ

三角形の形状

次のように，辺の比と角の大きさを調べることにより，三角形の形状を確かめることができる。

3 点 A(α)，B(β)，C(γ)を頂点とする△ABC があるとき，原点 O と点 D$\left(\dfrac{\gamma-\alpha}{\beta-\alpha}\right)$，E(1)を頂点とする△OED を考えると

△OED∽△ABC

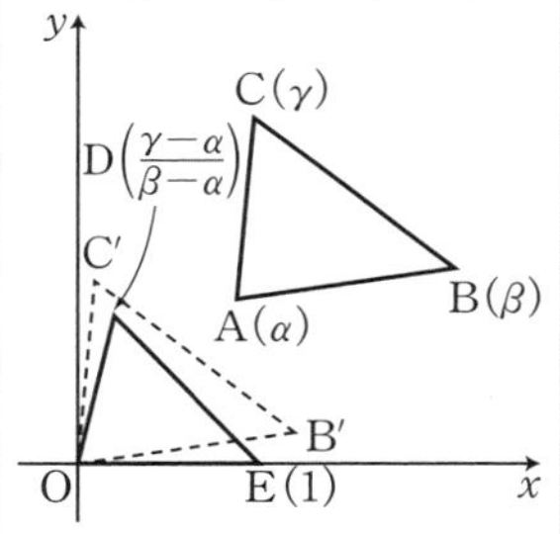

練習 1　教 p.102

3 点 A$(-1+i)$，B$(1-i)$，C$(-\sqrt{3}-\sqrt{3}\,i)$を頂点とする△ABC はどのような三角形か。

指針 **三角形の形状**　原点 O と点 D$\left(\dfrac{\gamma-\alpha}{\beta-\alpha}\right)$，E(1)を頂点とする△OED を考えると △OED∽△ABC であるから，まず，$\dfrac{\gamma-\alpha}{\beta-\alpha}$ の値を求める。

解答　$\alpha=-1+i$, $\beta=1-i$, $\gamma=-\sqrt{3}-\sqrt{3}i$ とする。

$$\frac{\gamma-\alpha}{\beta-\alpha}=\frac{(-\sqrt{3}-\sqrt{3}i)-(-1+i)}{(1-i)-(-1+i)}$$
$$=\frac{(1-\sqrt{3})-(1+\sqrt{3})i}{2(1-i)}$$
$$=\frac{\{(1-\sqrt{3})-(1+\sqrt{3})i\}(1+i)}{2(1-i)(1+i)}$$
$$=\frac{2-2\sqrt{3}i}{4}=\frac{1-\sqrt{3}i}{2}$$

原点Oと点D$\left(\dfrac{\gamma-\alpha}{\beta-\alpha}\right)$，点E(1)を頂点とする△OEDを考えると

△OED∽△ABC

である。ここで

$$\frac{1-\sqrt{3}i}{2}=\cos\left(-\frac{\pi}{3}\right)+i\sin\left(-\frac{\pi}{3}\right)$$

であるから　　OD$=1$, ∠DOE$=\dfrac{\pi}{3}$

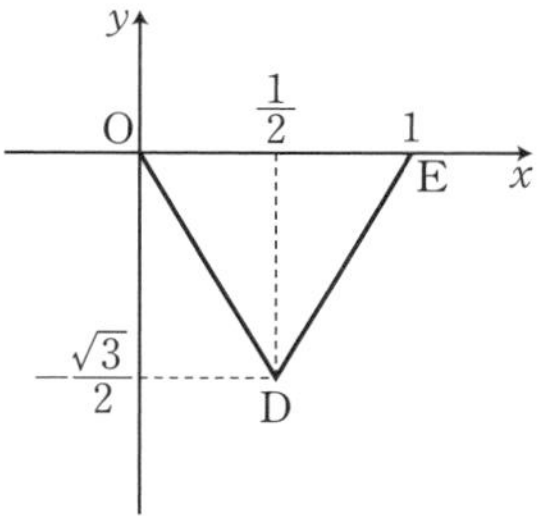

ゆえに，△OEDは正三角形である。

よって，△ABCは **正三角形** である。 答

第3章　問題

教 p.103

1　複素数 z が，等式 $2z+\overline{z}=1+i$ を満たすとき，次の問いに答えよ。

(1)　$2\overline{z}+z$ を求めよ。　　(2)　z を求めよ。

指針　**共役複素数の性質**

(1)　$2z+\overline{z}=1+i$ の両辺の共役複素数を考える。

(2)　$2z+\overline{z}=1+i$ と(1)の結果から $\overline{z}$ を消去する。

解答　(1)　$2\overline{z}+z=\overline{2z+\overline{z}}=\overline{1+i}=\mathbf{1-i}$ 答

(2)　$2z+\overline{z}=1+i$　……①

$2\overline{z}+z=1-i$　……②

①×2−② から　　$3z=1+3i$　　よって　　$\boldsymbol{z=\frac{1}{3}+i}$ 答

教 p.103

2　複素数 α, β について，$\alpha\overline{\beta}+\overline{\alpha}\beta$ が実数であることを証明せよ。

指針　**複素数 z が実数である条件**　$z=\overline{z}$ を導く。

解答　$\overline{\alpha\overline{\beta}+\overline{\alpha}\beta}=\overline{\alpha\overline{\beta}}+\overline{\overline{\alpha}\beta}=\overline{\alpha}\,\overline{\overline{\beta}}+\overline{\overline{\alpha}}\,\overline{\beta}$

$=\overline{\alpha}\beta+\alpha\overline{\beta}=\alpha\overline{\beta}+\overline{\alpha}\beta$

よって，$\overline{\alpha\overline{\beta}+\overline{\alpha}\beta}=\alpha\overline{\beta}+\overline{\alpha}\beta$ であるから，$\alpha\overline{\beta}+\overline{\alpha}\beta$ は実数である。　終

別解　$\overline{\alpha}\beta=\overline{\alpha\overline{\beta}}$ であるから，$\alpha\overline{\beta}+\overline{\alpha}\beta$ は実数である。　終

教 p.103

3　$z=\cos\dfrac{\pi}{3}+i\sin\dfrac{\pi}{3}$ とするとき，複素数 $z+1$ を極形式で表せ。ただし，偏角 θ の範囲は $0\leqq\theta<2\pi$ とする。

指針　**極形式**　複素数 $z+1$ を $a+bi$ の形で表し，絶対値 r，偏角 θ を求めて $r(\cos\theta+i\sin\theta)$ の形に表す。

r と θ は $r=\sqrt{a^2+b^2}$，$\cos\theta=\dfrac{a}{r}$，$\sin\theta=\dfrac{b}{r}$ から求める。

解答　$z=\cos\dfrac{\pi}{3}+i\sin\dfrac{\pi}{3}=\dfrac{1}{2}+\dfrac{\sqrt{3}}{2}i$

ゆえに　$z+1=\dfrac{3}{2}+\dfrac{\sqrt{3}}{2}i$

$z+1$ の絶対値を r とすると　$r=\sqrt{\left(\dfrac{3}{2}\right)^2+\left(\dfrac{\sqrt{3}}{2}\right)^2}=\sqrt{3}$

$\cos\theta=\dfrac{\sqrt{3}}{2}$，$\sin\theta=\dfrac{1}{2}$

$0\leqq\theta<2\pi$ では　$\theta=\dfrac{\pi}{6}$

よって　$z+1=\sqrt{3}\left(\boldsymbol{\cos\dfrac{\pi}{6}+i\sin\dfrac{\pi}{6}}\right)$　答

教 p.103

4　座標平面上の点 P(2，1) を，原点 O を中心として $\dfrac{\pi}{6}$ だけ回転した点を Q とするとき，Q の座標を求めよ。

指針　**原点を中心として回転した点の座標**　$\mathrm{P}(\alpha)$，$\mathrm{Q}(\beta)$ とすると，座標平面上の点 P(2，1) は，複素数平面上で $\alpha=2+i$ と表される。点 $\mathrm{Q}(\beta)$ は，点 $\mathrm{P}(\alpha)$ を原点 O を中心として $\dfrac{\pi}{6}$ だけ回転した点であるから，$\beta=\left(\cos\dfrac{\pi}{6}+i\sin\dfrac{\pi}{6}\right)\alpha$ より求めることができる。

解答　複素数平面上で考える。$\mathrm{P}(\alpha)$，$\mathrm{Q}(\beta)$ とすると　$\alpha=2+i$

点 $\mathrm{Q}(\beta)$ は，点 $\mathrm{P}(\alpha)$ を原点 O を中心として $\dfrac{\pi}{6}$ だけ回転した点であるから

$$\beta=\left(\cos\frac{\pi}{6}+i\sin\frac{\pi}{6}\right)\alpha=\left(\frac{\sqrt{3}}{2}+\frac{1}{2}i\right)(2+i)$$
$$=\left(\sqrt{3}-\frac{1}{2}\right)+\left(\frac{\sqrt{3}}{2}+1\right)i$$

よって，求めるQの座標は　$\left(\sqrt{3}-\frac{1}{2},\ \frac{\sqrt{3}}{2}+1\right)$ 答

教 p.103

5 複素数 z の絶対値が1，偏角が $\frac{\pi}{6}$ のとき，$\frac{z^8+1}{z^4}$ の値を求めよ。

指針　**ド・モアブルの定理**　z を極形式で表して，ド・モアブルの定理を適用する。

$$(\cos\theta+i\sin\theta)^n=\cos n\theta+i\sin n\theta$$

解答　z は絶対値が1，偏角が $\frac{\pi}{6}$ であるから　$z=\cos\frac{\pi}{6}+i\sin\frac{\pi}{6}$

よって　$\frac{z^8+1}{z^4}=z^4+\frac{1}{z^4}$

$$=\left(\cos\frac{\pi}{6}+i\sin\frac{\pi}{6}\right)^4+\left(\cos\frac{\pi}{6}+i\sin\frac{\pi}{6}\right)^{-4}$$
$$=\left(\cos\frac{2}{3}\pi+i\sin\frac{2}{3}\pi\right)+\left(\cos\frac{2}{3}\pi-i\sin\frac{2}{3}\pi\right)$$
$$=2\cos\frac{2}{3}\pi=2\times\left(-\frac{1}{2}\right)=-1$$ 答

教 p.103

6 n を2以上の整数とする。$\alpha=\cos\frac{2\pi}{n}+i\sin\frac{2\pi}{n}$ のとき，1の n 乗根は，$1,\ \alpha,\ \alpha^2,\ \alpha^3,\ \cdots\cdots,\ \alpha^{n-1}$ で与えられることを示せ。

指針　**1の n 乗根**　1の n 乗根は次の式から得られる n 個の複素数である。

$$z_k=\cos\frac{2k\pi}{n}+i\sin\frac{2k\pi}{n}\quad(k=0,\ 1,\ 2,\ \cdots\cdots,\ n-1)$$

ド・モアブルの定理により，$z_k=\alpha^k$ が成り立つことを示す。

解答　ド・モアブルの定理により，$k=0,\ 1,\ 2,\ \cdots\cdots,\ n-1$ に対して

$$\alpha^k=\left(\cos\frac{2\pi}{n}+i\sin\frac{2\pi}{n}\right)^k$$
$$=\cos\frac{2k\pi}{n}+i\sin\frac{2k\pi}{n}$$

ゆえに，$k=0,\ 1,\ 2,\ \cdots\cdots,\ n-1$ のとき，1の n 乗根 z_k について，$z_k=\alpha^k$ が成り立つ。

よって，1の n 乗根は，$1,\ \alpha,\ \alpha^2,\ \alpha^3,\ \cdots\cdots,\ \alpha^{n-1}$ である。 終

教 p.103

7 方程式 $z^4=8(-1+\sqrt{3}i)$ を解け。

指針 **複素数 α の n 乗根** $z^n=\alpha$ において，複素数 z，α の極形式を

$$z=r(\cos\theta+i\sin\theta),\ \alpha=r_0(\cos\theta_0+i\sin\theta_0)$$

とおくと $r^n(\cos n\theta+i\sin n\theta)=r_0(\cos\theta_0+i\sin\theta_0)$

両辺の絶対値と偏角を比較して，r，θ を求める。

このとき，$r>0$，$n\theta=\theta_0+2k\pi$ （k は整数）に注意する。

解答 z の極形式を $z=r(\cos\theta+i\sin\theta)$ …… ①とすると

$$z^4=r^4(\cos 4\theta+i\sin 4\theta)$$

また，$8(-1+\sqrt{3}i)$ を極形式で表すと

$$8(-1+\sqrt{3}i)=16\left(-\frac{1}{2}+\frac{\sqrt{3}}{2}i\right)$$

$$=16\left(\cos\frac{2}{3}\pi+i\sin\frac{2}{3}\pi\right)$$

よって，方程式は

$$r^4(\cos 4\theta+i\sin 4\theta)=16\left(\cos\frac{2}{3}\pi+i\sin\frac{2}{3}\pi\right)$$

両辺の絶対値と偏角を比較すると

$$r^4=16,\quad 4\theta=\frac{2}{3}\pi+2k\pi\quad (k \text{ は整数})$$

$r>0$ であるから　$r=2$ …… ②

また　$\theta=\dfrac{\pi}{6}+\dfrac{k\pi}{2}$

$0\leqq\theta<2\pi$ の範囲では，$k=0,\ 1,\ 2,\ 3$ であるから

$$\theta=\frac{\pi}{6},\ \frac{2}{3}\pi,\ \frac{7}{6}\pi,\ \frac{5}{3}\pi \quad \cdots\cdots ③$$

②，③を①に代入して，求める解は

$$z=\sqrt{3}+i,\ -1+\sqrt{3}i,\ -\sqrt{3}-i,\ 1-\sqrt{3}i$$ 答

教 p.103

8 $w=\overline{z}$ とする。複素数平面上で，点 z が円 $|z-i|=1$ 上を動くとき，点 w はどのような図形を描くか。

指針 **条件を満たす点が描く図形** 点 z は方程式 $|z-i|=1$ を満たすから，$w=\overline{z}$ より z を w で表し，方程式に代入して，w についての方程式を導く。このとき，共役複素数の性質を利用する。

解答 $w=\overline{z}$ より　$\overline{w}=\overline{\overline{z}}$　ゆえに　$z=\overline{w}$

これを $|z-i|=1$ に代入すると　$|\overline{w}-i|=1$

$\overline{w}-i=\overline{w+i}$ であるから

$|\overline{w+i}|=1$　すなわち　$|w+i|=1$

よって，点 w は **点 $-i$ を中心とする半径1の円** を描く。 答

教 p.103

9 複素数平面上の3点 A$(2+i)$，B$(6-i)$，C$(4+yi)$ を頂点とする△ABC について，$\angle \mathrm{A}=\dfrac{\pi}{2}$ であるように，実数 y の値を定めよ。

指針 **直角三角形の頂点と複素数** A(α)，B(β)，C(γ) とするとき，

$\angle \mathrm{A}=\dfrac{\pi}{2}$ となる条件は $\dfrac{\gamma-\alpha}{\beta-\alpha}$ が純虚数になることである。

解答 $\alpha=2+i$，$\beta=6-i$，$\gamma=4+yi$ とする。

$\angle \mathrm{A}=\dfrac{\pi}{2}$ となるのは，$\dfrac{\gamma-\alpha}{\beta-\alpha}$ が純虚数のときである。

$$\frac{\gamma-\alpha}{\beta-\alpha}=\frac{(4+yi)-(2+i)}{(6-i)-(2+i)}=\frac{2+(y-1)i}{4-2i}=\frac{\{2+(y-1)i\}(2+i)}{2(2-i)(2+i)}=\frac{(5-y)+2yi}{10}$$

であるから　$5-y=0$　かつ　$2y\neq 0$

よって，求める実数 y の値は　$y=5$ 答

3章 複素数平面

教 p.103

10 △ABCにおいて，辺BCの中点をMとする。

(1) Mを複素数平面上の原点とし，A(α)，B(β)，C(γ)とする。γをβを用いて表せ。

(2) 等式$AB^2+AC^2=2(AM^2+BM^2)$が成り立つことを，(1)を利用して証明せよ。

指針 **複素数平面と図形の性質**

(1) 点Mは線分BCの中点であるから，点B(β)と点C(γ)は点Mに関して対称である。点Mを複素数平面上の原点にとると，βとγは原点に関して対称になる。

(2) 第1章の章末問題8でベクトルを使って証明した中線定理(パップスの定理)である。

解答 (1) Mを複素数平面上の原点とすると，点βと点γは原点に関して対称であるから

$$\gamma=-\beta \quad \text{答}$$

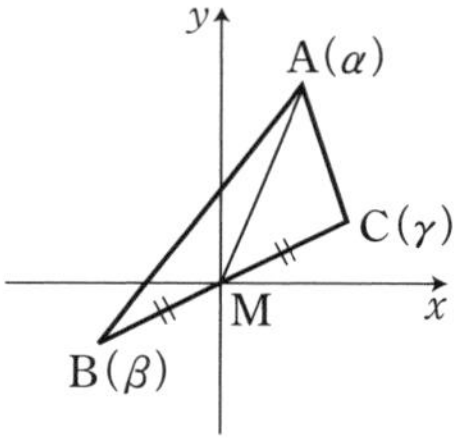

(2) (1)より$\gamma=-\beta$であるから

$$
\begin{aligned}
AB^2+AC^2&=|\beta-\alpha|^2+|\gamma-\alpha|^2\\
&=|\beta-\alpha|^2+|-\beta-\alpha|^2\\
&=|\beta-\alpha|^2+|\beta+\alpha|^2\\
&=(\beta-\alpha)(\overline{\beta-\alpha})+(\beta+\alpha)(\overline{\beta+\alpha})\\
&=(\beta-\alpha)(\overline{\beta}-\overline{\alpha})+(\beta+\alpha)(\overline{\beta}+\overline{\alpha})\\
&=\beta\overline{\beta}-\beta\overline{\alpha}-\alpha\overline{\beta}+\alpha\overline{\alpha}+\beta\overline{\beta}+\beta\overline{\alpha}+\alpha\overline{\beta}+\alpha\overline{\alpha}\\
&=2(\alpha\overline{\alpha}+\beta\overline{\beta})=2(|\alpha|^2+|\beta|^2)
\end{aligned}
$$

また　$2(AM^2+BM^2)=2(|0-\alpha|^2+|0-\beta|^2)$

$=2(|\alpha|^2+|\beta|^2)$

よって　$AB^2+AC^2=2(AM^2+BM^2)$ 終

第3章　章末問題A

教 p.104

1. 次の式を計算せよ。

(1) $\left(\dfrac{1+\sqrt{3}\,i}{1-i}\right)^6$　　(2) $\left\{\left(\dfrac{\sqrt{3}+i}{2}\right)^8+\left(\dfrac{\sqrt{3}-i}{2}\right)^8\right\}^2$

指針　**$(a+bi)^n$ の値**

(1) まず，$1+\sqrt{3}\,i$ と $1-i$ を極形式で表し，極形式で表された複素数の商の公式を利用して，(　)内を極形式で表す。

$$\frac{\cos\theta_1+i\sin\theta_1}{\cos\theta_2+i\sin\theta_2}=\cos(\theta_1-\theta_2)+i\sin(\theta_1-\theta_2)$$

そして，ド・モアブルの定理を利用して求める。

(2) $\dfrac{\sqrt{3}+i}{2}$，$\dfrac{\sqrt{3}-i}{2}$ を極形式で表し，ド・モアブルの定理を利用する。

解答　(1) $1+\sqrt{3}\,i=2\left(\dfrac{1}{2}+\dfrac{\sqrt{3}}{2}i\right)=2\left(\cos\dfrac{\pi}{3}+i\sin\dfrac{\pi}{3}\right)$

$1-i=\sqrt{2}\left(\dfrac{1}{\sqrt{2}}-\dfrac{1}{\sqrt{2}}i\right)=\sqrt{2}\left\{\cos\left(-\dfrac{\pi}{4}\right)+i\sin\left(-\dfrac{\pi}{4}\right)\right\}$

ゆえに　$(1+\sqrt{3}\,i)^6=2^6(\cos 2\pi+i\sin 2\pi)=64$

$(1-i)^6=(\sqrt{2})^6\left\{\cos\left(-\dfrac{3}{2}\pi\right)+i\sin\left(-\dfrac{3}{2}\pi\right)\right\}=8i$

よって　$\left(\dfrac{1+\sqrt{3}\,i}{1-i}\right)^6=\dfrac{(1+\sqrt{3}\,i)^6}{(1-i)^6}=\dfrac{64}{8i}=\dfrac{8}{i}=\boldsymbol{-8i}$　答

(2) $\dfrac{\sqrt{3}+i}{2}=\cos\dfrac{\pi}{6}+i\sin\dfrac{\pi}{6}$

$\dfrac{\sqrt{3}-i}{2}=\cos\left(-\dfrac{\pi}{6}\right)+i\sin\left(-\dfrac{\pi}{6}\right)$

ゆえに　$\left(\dfrac{\sqrt{3}+i}{2}\right)^8+\left(\dfrac{\sqrt{3}-i}{2}\right)^8$

$=\left(\cos\dfrac{4}{3}\pi+i\sin\dfrac{4}{3}\pi\right)+\left\{\cos\left(-\dfrac{4}{3}\pi\right)+i\sin\left(-\dfrac{4}{3}\pi\right)\right\}$

$=2\cos\dfrac{4}{3}\pi=2\cdot\left(-\dfrac{1}{2}\right)=-1$

よって　$\left\{\left(\dfrac{\sqrt{3}+i}{2}\right)^8+\left(\dfrac{\sqrt{3}-i}{2}\right)^8\right\}^2=(-1)^2=\boldsymbol{1}$　答

教 p.104

2. 複素数平面上の3点A$(1+i)$，B$(-2-3i)$，C$(5-2i)$を頂点とする△ABCについて，次のものを求めよ。

(1) ∠Aの大きさ　　(2) 外接円の中心を表す複素数δ

指針 **三角形の角の大きさ，外心**

(1) A(α)，B(β)，C(γ)とすると，∠BACの大きさは，$\dfrac{\gamma-\alpha}{\beta-\alpha}$の偏角を考えることで求められる。

(2) (1)の結果より，辺BCの中点が外接円の中心となる。

解答 $\alpha=1+i$，$\beta=-2-3i$，$\gamma=5-2i$とする。

(1) $\dfrac{\gamma-\alpha}{\beta-\alpha}=\dfrac{(5-2i)-(1+i)}{(-2-3i)-(1+i)}=\dfrac{4-3i}{-3-4i}=-\dfrac{(4-3i)(3-4i)}{(3+4i)(3-4i)}=i$

$i=\cos\dfrac{\pi}{2}+i\sin\dfrac{\pi}{2}$であるから　　∠A$=\dfrac{\pi}{2}$ 答

(2) (1)から，△ABCは∠Aが直角である直角三角形である。よって，辺BCは外接円の直径となり，中心は辺BCの中点となる。その点を表す複素数δは

$$\delta=\frac{\beta+\gamma}{2}=\frac{(-2-3i)+(5-2i)}{2}=\frac{3}{2}-\frac{5}{2}i$$ 答

教 p.104

3. $\alpha=1+i$，$\beta=5+3i$とする。複素数平面上で3点A(α)，B(β)，C(γ)を頂点とする正三角形ABCを作るとき，複素数γを求めよ。

指針 **正三角形の頂点を表す複素数**　AB=AC，∠BAC$=\dfrac{\pi}{3}$であるから，点C(γ)は，点B(β)を点A(α)を中心として$\dfrac{\pi}{3}$または$-\dfrac{\pi}{3}$だけ回転した点である。

よって　　$\gamma-\alpha=\left\{\cos\left(\pm\dfrac{\pi}{3}\right)+i\sin\left(\pm\dfrac{\pi}{3}\right)\right\}(\beta-\alpha)$(複号同順)

解答 点βを，点αを中心として$\dfrac{\pi}{3}$または$-\dfrac{\pi}{3}$だけ回転した点が点γである。

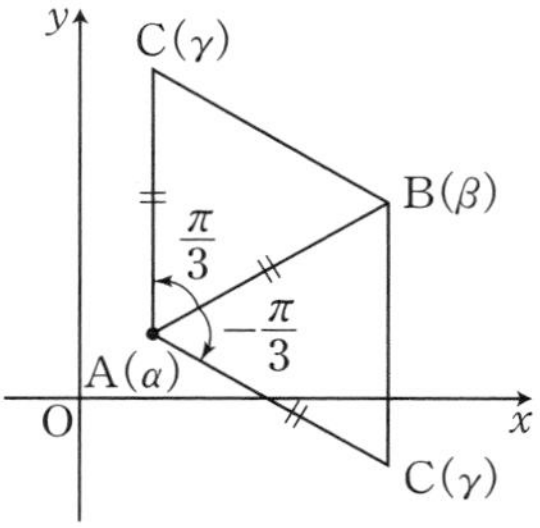

$\gamma-\alpha=\left(\cos\dfrac{\pi}{3}+i\sin\dfrac{\pi}{3}\right)(\beta-\alpha)$のとき

$$\gamma=\left(\cos\frac{\pi}{3}+i\sin\frac{\pi}{3}\right)\{(5+3i)-(1+i)\}+(1+i)$$

$$=\left(\frac{1}{2}+\frac{\sqrt{3}}{2}i\right)(4+2i)+(1+i)$$

$=(3-\sqrt{3})+(2+2\sqrt{3})i$

$\gamma-\alpha=\left\{\cos\left(-\dfrac{\pi}{3}\right)+i\sin\left(-\dfrac{\pi}{3}\right)\right\}(\beta-\alpha)$ のとき

$\gamma=\left\{\cos\left(-\dfrac{\pi}{3}\right)+i\sin\left(-\dfrac{\pi}{3}\right)\right\}\{(5+3i)-(1+i)\}+(1+i)$

$=\left(\dfrac{1}{2}-\dfrac{\sqrt{3}}{2}i\right)(4+2i)+(1+i)$

$=(3+\sqrt{3})+(2-2\sqrt{3})i$

よって

$\boldsymbol{\gamma=(3-\sqrt{3})+(2+2\sqrt{3})i}$ **または** $\boldsymbol{\gamma=(3+\sqrt{3})+(2-2\sqrt{3})i}$ 答

教 p.104

4. 0でない2つの複素数α，βが等式$4\alpha^2-2\alpha\beta+\beta^2=0$を満たす。

(1) $\dfrac{\beta}{\alpha}$を極形式で表せ。ただし，偏角θの範囲は$-\pi<\theta\leqq\pi$とする。

(2) 複素数平面上の3点0，α，βを頂点とする三角形の3つの角の大きさを求めよ。

指針　等式を満たす複素数，三角形の角の大きさ

(1) αは0でない複素数であるから，等式$4\alpha^2-2\alpha\beta+\beta^2=0$の両辺を$\alpha^2$で割り，$\left(\dfrac{\beta}{\alpha}\right)^2-2\left(\dfrac{\beta}{\alpha}\right)+4=0$と変形して，まず，$\dfrac{\beta}{\alpha}$を求める。

(2) O(0)，A(α)，B(β)とすると，(1)から∠AOBの大きさがわかる。

また，$\left|\dfrac{\beta}{\alpha}\right|=2$から　$|\beta|=2|\alpha|$　すなわち　OB=2OA　となり，

△OABの形がわかる。このことから3つの角を求める。

解答 (1) 等式の両辺を$\alpha^2(\neq0)$で割ると

$4-\dfrac{2\beta}{\alpha}+\dfrac{\beta^2}{\alpha^2}=0$　　すなわち　　$\left(\dfrac{\beta}{\alpha}\right)^2-2\left(\dfrac{\beta}{\alpha}\right)+4=0$

よって　$\dfrac{\beta}{\alpha}=1\pm\sqrt{1-4}=1\pm\sqrt{3}i=2\left(\dfrac{1}{2}\pm\dfrac{\sqrt{3}}{2}i\right)$

偏角θについて　$-\pi<\theta\leqq\pi$であるから

$\boldsymbol{\dfrac{\beta}{\alpha}=2\left(\cos\dfrac{\pi}{3}+i\sin\dfrac{\pi}{3}\right),\ 2\left\{\cos\left(-\dfrac{\pi}{3}\right)+i\sin\left(-\dfrac{\pi}{3}\right)\right\}}$ 答

(2) (1)より　$\dfrac{\beta-0}{\alpha-0}=2\left(\cos\dfrac{\pi}{3}+i\sin\dfrac{\pi}{3}\right)$,

$\dfrac{\beta-0}{\alpha-0}=2\left\{\cos\left(-\dfrac{\pi}{3}\right)+i\sin\left(-\dfrac{\pi}{3}\right)\right\}$

であるから，O(0)，A(α)，B(β)とすると

$$\angle \mathrm{AOB}=\frac{\pi}{3}$$

また　$\left|\dfrac{\beta-0}{\alpha-0}\right|=\left|\dfrac{\beta}{\alpha}\right|=2$

ゆえに　OB=2OA

よって，△OAB は，$\angle \mathrm{A}=\dfrac{\pi}{2}$ の直角三角形であるから，求める 3 つの角の大きさは

$$\frac{\pi}{3},\ \frac{\pi}{2},\ \frac{\pi}{6}$$ 答

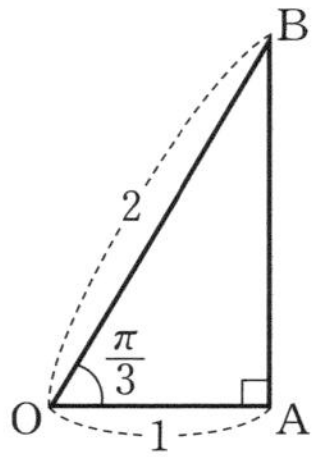

第3章　章末問題B

教 p.104

5. 複素数平面上の3点 A(α)，B(β)，C(γ) を頂点とする△ABC について，等式 $2\alpha^2+\beta^2+\gamma^2-2\alpha\beta-2\alpha\gamma=0$ が成り立つとき，次の問いに答えよ。

(1) 複素数 $\dfrac{\gamma-\alpha}{\beta-\alpha}$ の値を求めよ。

(2) △ABC はどのような三角形か。

指針 **複素数の等式と三角形の形状決定**

(1) まず，与えられた等式の左辺を $\gamma-\alpha$，$\beta-\alpha$ が出てくるように変形する。

(2) (1)から $\dfrac{\gamma-\alpha}{\beta-\alpha}$ の絶対値がわかる。

解答 (1) 等式を変形すると　$(\gamma-\alpha)^2+(\beta-\alpha)^2=0$

$\alpha \neq \beta$ より，$\beta-\alpha \neq 0$ であるから，両辺を $(\beta-\alpha)^2$ で割って整理すると

$$\left(\frac{\gamma-\alpha}{\beta-\alpha}\right)^2=-1$$

よって　$\boldsymbol{\dfrac{\gamma-\alpha}{\beta-\alpha}=\pm i}$ 答

(2) (1)から $\left|\dfrac{\gamma-\alpha}{\beta-\alpha}\right|=|\pm i|=1$　すなわち　$|\gamma-\alpha|=|\beta-\alpha|$

ゆえに　AC=AB

また，$\dfrac{\gamma-\alpha}{\beta-\alpha}$ は純虚数であるから　$\angle A=\dfrac{\pi}{2}$

よって，△ABC は **∠A=$\dfrac{\pi}{2}$ の直角二等辺三角形** である。 答

教 p.104

6. $\alpha=1+\sqrt{3}\,i$ とする。複素数平面上の原点 O と点 A(α) を結ぶ線分 OA の垂直二等分線上の点を表す複素数 z について，次の問いに答えよ。

(1) $\overline{\alpha}z+\alpha\overline{z}$ の値は一定であることを示せ。

(2) $\overline{\alpha}z+\alpha\overline{z}$ の値を求めよ。

指針 **$\overline{\alpha}z+\alpha\overline{z}$ の値**

(1) $\overline{\alpha}z+\alpha\overline{z}$ を z を含まない式で表す。

(2) (1)の結果を利用する。

解答 (1) z は $|z|=|z-\alpha|$ を満たすから　$|z|^2=|z-\alpha|^2$

ゆえに　$z\overline{z}=(z-\alpha)(\overline{z}-\overline{\alpha})$

式を整理すると　$\overline{\alpha}z+\alpha\overline{z}=\alpha\overline{\alpha}=|\alpha|^2$

よって，$\overline{\alpha}z+\alpha\overline{z}$ の値は一定である。 終

(2) $\alpha=1+\sqrt{3}i$ について　$|\alpha|^2=1^2+(\sqrt{3})^2=4$

よって　$\overline{\alpha}z+\alpha\overline{z}=4$ 答

教 p.104

7. 2つの複素数 w，z が，等式 $w=\dfrac{z-4}{z+2}$ を満たす。複素数平面上で，点 w が原点を中心とする半径2の円上を動くとき，点 z はどのような図形を描くか。

指針 **条件を満たす点が描く図形**　点 w は原点を中心とする半径2の円上を動くから $|w|=2$ である。この方程式に $w=\dfrac{z-4}{z+2}$ を代入する。

解答 点 w は原点を中心とする半径2の円上を動くから　$|w|=2$

ゆえに　$\left|\dfrac{z-4}{z+2}\right|=2$　すなわち　$|z-4|=2|z+2|$

両辺を2乗すると　$|z-4|^2=4|z+2|^2$

$(z-4)(\overline{z-4})=4(z+2)(\overline{z+2})$

$(z-4)(\overline{z}-4)=4(z+2)(\overline{z}+2)$

展開して整理すると　$z\overline{z}+4z+4\overline{z}=0$

式を変形すると　$(z+4)(\overline{z}+4)=16$

すなわち　$|z+4|^2=4^2$　よって　$|z+4|=4$

したがって，点 z は，**点 -4 を中心とする半径4の円** を描く。 答

第4章 式と曲線

第1節 2次曲線

1 放物線

まとめ

1 放物線

平面上で，定点Fからの距離と，Fを通らない定直線 ℓ からの距離が等しい点の軌跡を **放物線** といい，この点Fを放物線の **焦点**，直線 ℓ を放物線の **準線** という。

2 放物線の方程式（標準形）

次の①は放物線を表す。

$$y^2=4px\ (p\neq 0) \quad \cdots\cdots ①$$

この方程式を放物線の **標準形** という。また放物線の焦点を通り，準線に垂直な直線を，放物線の **軸** といい，軸と放物線の交点を，放物線の **頂点** という。放物線は，その軸に関して対称である。

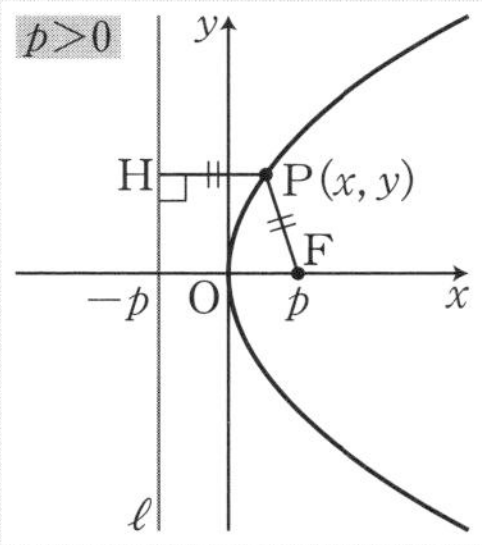

3 放物線の標準形 $y^2=4px\,(p\neq 0)$ の特徴

[1] 焦点は点 $(p,\ 0)$，準線は直線 $x=-p$

[2] 軸は x 軸，頂点は原点O

[3] 曲線は x 軸に関して対称

4 放物線の方程式（y 軸が軸となる場合）

点 $F(0,\ p)$ を焦点とし，直線 $y=-p$ を準線とする放物線の方程式は

$$x^2=4py\ (p\neq 0)$$

この放物線は y 軸が軸になる。なお，放物線 $y=ax^2$ は，$x^2=4\cdot\dfrac{1}{4a}y$ と表されるから，

その焦点は点 $\left(0,\ \dfrac{1}{4a}\right)$，

準線は直線 $y=-\dfrac{1}{4a}$ である。

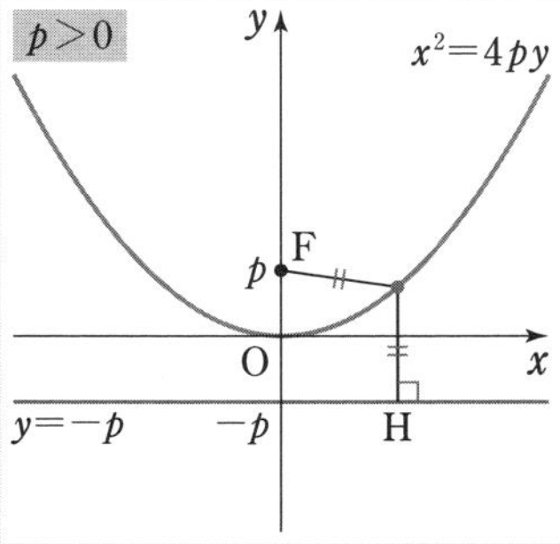

A 放物線の方程式

教 p.107

練習 1

次の放物線の概形をかけ。また，その焦点と準線を求めよ。

(1) $y^2=8x$　　(2) $y^2=-4x$　　(3) $y^2=x$

指針　**放物線の方程式(標準形)**　与えられた方程式は $y^2=4px$ の形をしている。p の値を求めると，焦点 $F(p,\ 0)$ と準線 $x=-p$ がわかる。

解答　(1) $y^2=8x$ を変形すると

$$y^2=4\cdot 2x$$

よって，焦点は **点 $(2,\ 0)$**，準線は **直線 $x=-2$**

概形は図のようになる。 答

(2) $y^2=-4x$ を変形すると

$$y^2=4\cdot(-1)x$$

よって，焦点は **点 $(-1,\ 0)$**，準線は **直線 $x=1$**

概形は図のようになる。 答

(3) $y^2=x$ を変形すると

$$y^2=4\cdot\frac{1}{4}x$$

よって，焦点は **点 $\left(\frac{1}{4},\ 0\right)$**，準線は **直線 $x=-\frac{1}{4}$**

概形は図のようになる。 答

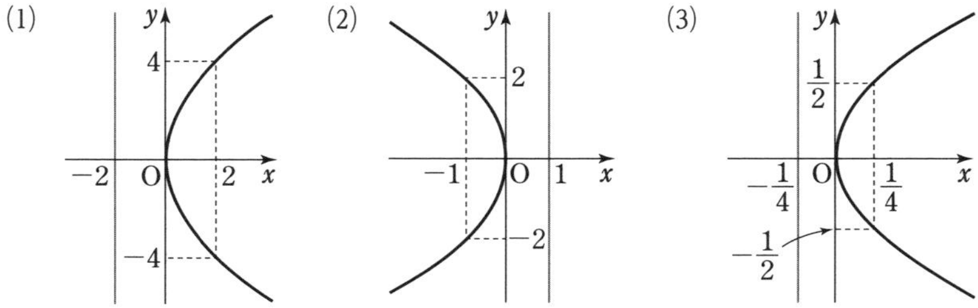

教 p.107

練習 2

焦点が点 $(-2,\ 0)$ で，準線が直線 $x=2$ である放物線の方程式を求めよ。

指針　**放物線の方程式**　焦点 $(p,\ 0)$ と準線 $x=-p$ が与えられているから，放物線の標準形 $y^2=4px$ にあてはめて求める。

解答　　　$y^2=4\cdot(-2)x$

すなわち　**$y^2=-8x$** 答

B y 軸が軸となる放物線

練習 3 教 p.107

次の放物線の概形をかけ。また，その焦点と準線を求めよ。

(1) $x^2=4y$　　(2) $y=-2x^2$

指針 **放物線の方程式（y 軸が軸となる場合）** $x^2=4py$ の形の方程式で表される曲線は，y 軸を軸とする放物線であり，焦点は点$(0,\ p)$，準線は直線 $y=-p$ である。与えられた式を $x^2=4py$ としたときの p の値を求めると，焦点，準線がわかり，その概形をかくことができる。

(2)は，$y=-2x^2 \longrightarrow -2x^2=y \longrightarrow x^2=-\dfrac{1}{2}y$ として考える。

解答 (1) $x^2=4y$ を変形すると

$$x^2=4\cdot1\cdot y$$

よって，焦点は **点$(0,\ 1)$**，準線は **直線 $y=-1$**

概形は図 のようになる。 答

(2) $y=-2x^2$ を変形すると，$x^2=-\dfrac{1}{2}y$ から

$$x^2=4\cdot\left(-\frac{1}{8}\right)y$$

よって，焦点は **点$\left(0,\ -\dfrac{1}{8}\right)$**，準線は **直線 $y=\dfrac{1}{8}$**

概形は図 のようになる。 答

(1)

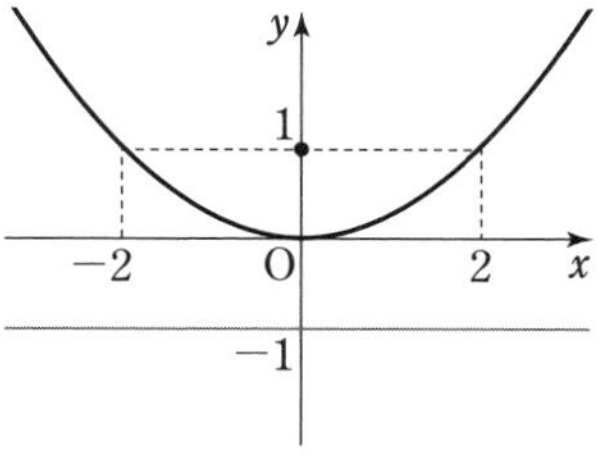

(2)

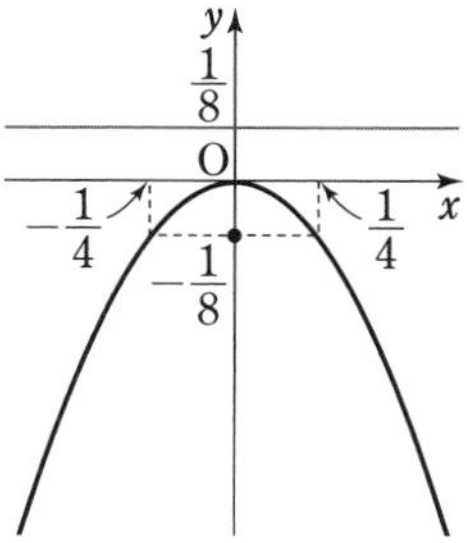

注意 放物線 $y^2=4px$ と放物線 $x^2=4py$ は，直線 $y=x$ に関して対称な関係になっている。

4章 式と曲線

2 楕円

まとめ

1　楕円

平面上で，2定点F，F′からの距離の和が一定である点の軌跡を **楕円** といい，この2点F，F′を楕円の **焦点** という。

2　楕円の方程式（標準形）

次の①は楕円を表す。

$$\frac{x^2}{a^2}+\frac{y^2}{b^2}=1\ (a>b>0)\quad \cdots\cdots ①$$

この方程式を楕円の **標準形** という。

①は2定点F$(c,\ 0)$，F′$(-c,\ 0)$からの距離の和が$2a$の楕円の方程式である。

ただし　$c=\sqrt{a^2-b^2}$

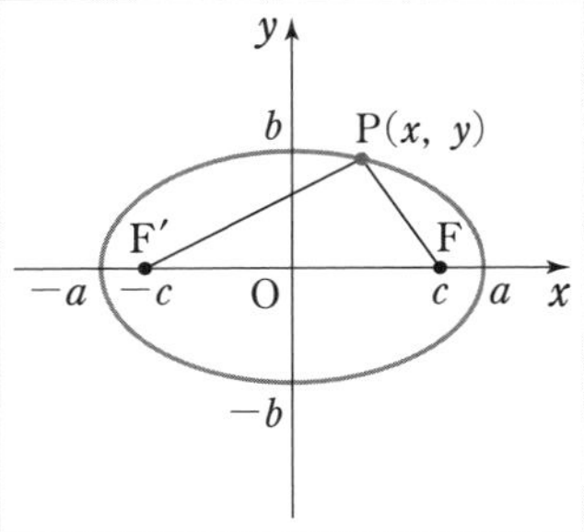

3　楕円の長軸，短軸，中心，頂点

2点F，F′を焦点とする楕円において，直線FF′と楕円の交点をA，A′，線分AA′の垂直二等分線と楕円の交点をB，B′とするとき，線分AA′を **長軸**，線分BB′を **短軸** という。焦点は長軸上にある。また，長軸と短軸の交点を **中心**，4点A，A′，B，B′を楕円の **頂点** という。

楕円は，長軸，短軸，中心に関して対称である。

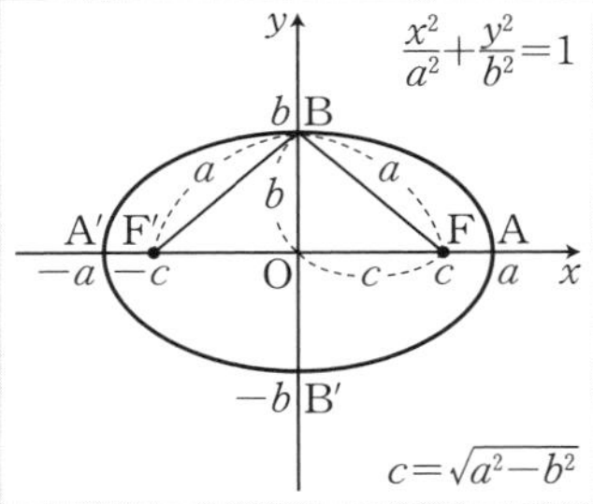

楕円$\frac{x^2}{a^2}+\frac{y^2}{b^2}=1$について，頂点は4点$(a,\ 0)$，$(-a,\ 0)$，$(0,\ b)$，$(0,\ -b)$で，中心は原点Oである。

4　楕円の標準形 $\frac{x^2}{a^2}+\frac{y^2}{b^2}=1$ $(a>b>0)$ の特徴

[1]　焦点は　2点$(\sqrt{a^2-b^2},\ 0)$，$(-\sqrt{a^2-b^2},\ 0)$

[2]　楕円上の点から2つの焦点までの距離の和は　$2a$

[3]　長軸の長さは　$2a$，　短軸の長さは　$2b$

[4]　曲線はx軸，y軸，原点Oに関して対称

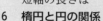

5　楕円の方程式（焦点が y 軸上にある場合）

方程式 $\dfrac{x^2}{a^2}+\dfrac{y^2}{b^2}=1$ は，$b>a>0$ のとき，焦点が y 軸上にある楕円を表す。2つの焦点は

$\mathbf{F}(0,\ \sqrt{b^2-a^2})$，$\mathbf{F}'(0,\ -\sqrt{b^2-a^2})$

この楕円上の点から2つの焦点までの距離の和は $2b$ である。

また，長軸は y 軸上，短軸は x 軸上にあり，

長軸の長さは　BB′$=2b$

短軸の長さは　AA′$=2a$

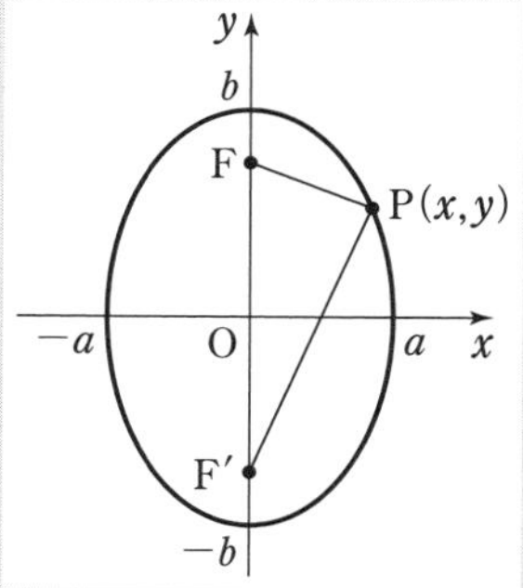

6　楕円と円の関係

楕円 $\dfrac{x^2}{a^2}+\dfrac{y^2}{b^2}=1$ は，円 $x^2+y^2=a^2$ を，x 軸をもとにして y 軸方向に $\dfrac{b}{a}$ 倍して得られる曲線である。

補足　円は楕円の特別な場合であると考えることができる。

7　軌跡と楕円

長さが一定の線分 AB の端点 A が x 軸上，B が y 軸上を動くとき，線分 AB を $m:n$ に内分する点 P の軌跡は楕円になる。

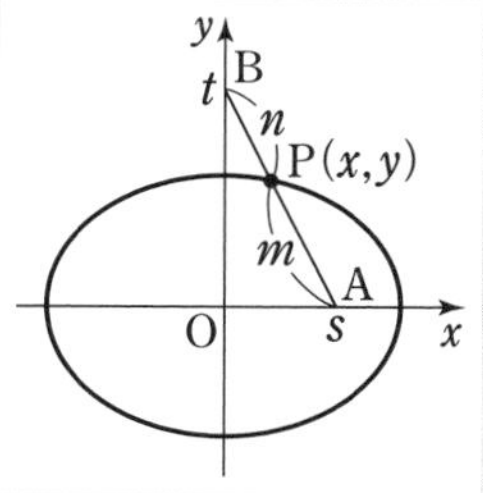

A　楕円の方程式

教 p.109

練習 4　次の楕円の概形をかけ。また，その焦点，長軸の長さ，短軸の長さを求めよ。

(1)　$\dfrac{x^2}{5^2}+\dfrac{y^2}{3^2}=1$　　(2)　$\dfrac{x^2}{9}+y^2=1$　　(3)　$x^2+16y^2=16$

指針　**楕円の標準形**　方程式 $\dfrac{x^2}{a^2}+\dfrac{y^2}{b^2}=1\ (a>b>0)$ において，焦点は2点 $(\sqrt{a^2-b^2},\ 0)$，$(-\sqrt{a^2-b^2},\ 0)$ で，長軸の長さは $2a$，短軸の長さは $2b$ と表される。

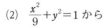

解答 (1) $\dfrac{x^2}{5^2}+\dfrac{y^2}{3^2}=1$ から

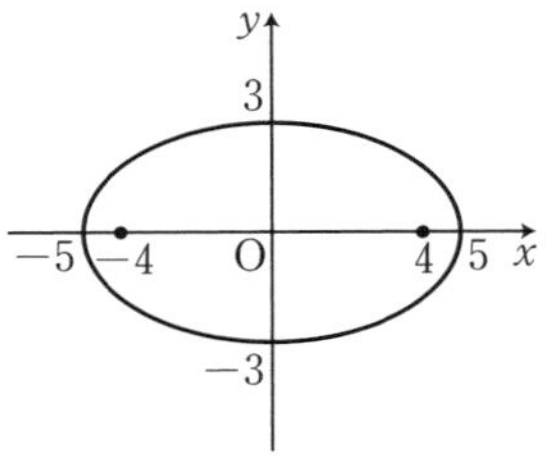

概形は図 のようになる。

焦点は, $\sqrt{5^2-3^2}=4$ から

2 点 (4, 0), (−4, 0)

長軸の長さは $2\cdot5=10$

短軸の長さは $2\cdot3=6$ 答

(2) $\dfrac{x^2}{9}+y^2=1$ から

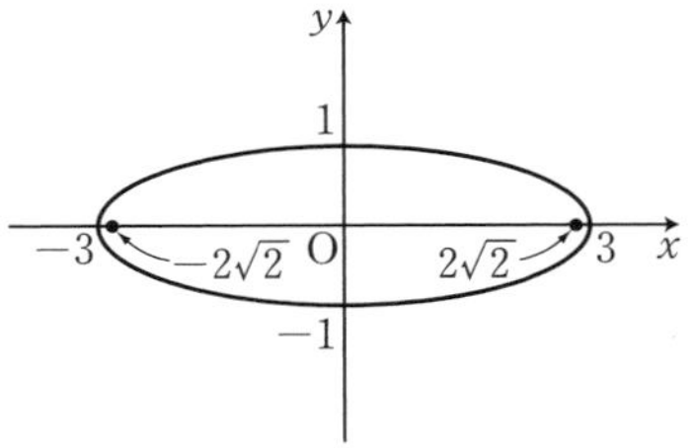

$$\frac{x^2}{3^2}+\frac{y^2}{1^2}=1$$

概形は図 のようになる。

焦点は, $\sqrt{3^2-1^2}=2\sqrt{2}$ から

2 点 $(2\sqrt{2},\ 0)$, $(-2\sqrt{2},\ 0)$

長軸の長さは $2\cdot3=6$

短軸の長さは $2\cdot1=2$ 答

(3) $x^2+16y^2=16$ から

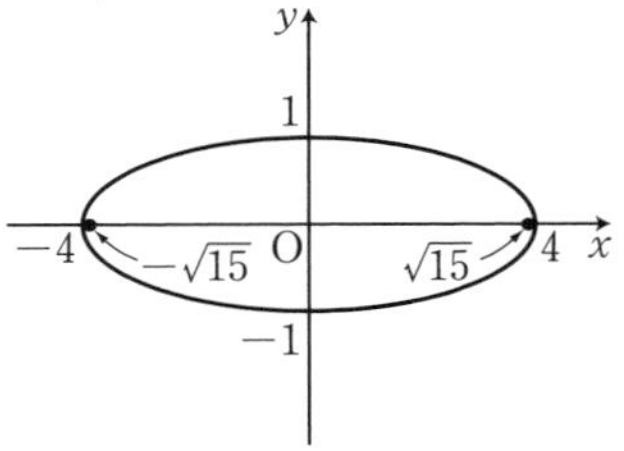

$$\frac{x^2}{4^2}+\frac{y^2}{1^2}=1$$

概形は図 のようになる。

焦点は, $\sqrt{4^2-1^2}=\sqrt{15}$ から

2 点 $(\sqrt{15},\ 0)$, $(-\sqrt{15},\ 0)$

長軸の長さは $2\cdot4=8$

短軸の長さは $2\cdot1=2$ 答

教 p.110

練習 5 2 点 $(\sqrt{3},\ 0)$, $(-\sqrt{3},\ 0)$ を焦点とし, 焦点からの距離の和が 4 である楕円の方程式を求めよ。

指針 **楕円の方程式(焦点が x 軸上)** 焦点が x 軸上の 2 点 $(c,\ 0)$, $(-c,\ 0)$ で, 焦点からの距離の和が $2a$ である楕円の方程式は

$$\frac{x^2}{a^2}+\frac{y^2}{b^2}=1 \quad ただし\ b=\sqrt{a^2-c^2}\ で,\ a>b>0$$

と表される。$c=\sqrt{3}$, $2a=4$ であることから, a^2, b^2 の値を求める。

解答　焦点$(\sqrt{3},\ 0)$，$(-\sqrt{3},\ 0)$はx軸上にあり，原点に関して対称であるから，

この楕円の方程式は $\dfrac{x^2}{a^2}+\dfrac{y^2}{b^2}=1$ $(a>b>0)$の形である。

焦点からの距離の和について，$2a=4$ であるから

$a=2,\quad a^2=4$

焦点の座標について，$\sqrt{a^2-b^2}=\sqrt{3}$ であるから

$b^2=a^2-(\sqrt{3})^2=4-3=1$

よって，求める楕円の方程式は

$\dfrac{x^2}{4}+y^2=1$　答

B 焦点が y 軸上にある楕円

練習 6　教 p.111

次の楕円の概形をかけ。また，その焦点，長軸の長さ，短軸の長さを求めよ。

(1) $\dfrac{x^2}{2^2}+\dfrac{y^2}{3^2}=1$　　(2) $x^2+\dfrac{y^2}{25}=1$

指針　**楕円の方程式(焦点が y 軸上)**　楕円 $\dfrac{x^2}{a^2}+\dfrac{y^2}{b^2}=1$ は，$b>a>0$ のとき焦点はy軸上にあり，その座標は$(0,\ \sqrt{b^2-a^2})$，$(0,\ -\sqrt{b^2-a^2})$である。頂点の座標は$(a,\ 0)$，$(-a,\ 0)$，$(0,\ b)$，$(0,\ -b)$で，$b>a$ より，長軸はy軸上，短軸はx軸上で，y軸方向に細長い形をしている。与えられた方程式が $b>a$ の形であることをまず確認しておく。

解答　(1)　$\dfrac{x^2}{2^2}+\dfrac{y^2}{3^2}=1$ から

概形は図 のようになる。

$2<3$ より焦点は y 軸上にある。

焦点は，$\sqrt{3^2-2^2}=\sqrt{5}$ から

2 点 $(0,\ \sqrt{5})$，$(0,\ -\sqrt{5})$

長軸の長さは　　$2\cdot3=6$

短軸の長さは　　$2\cdot2=4$　答

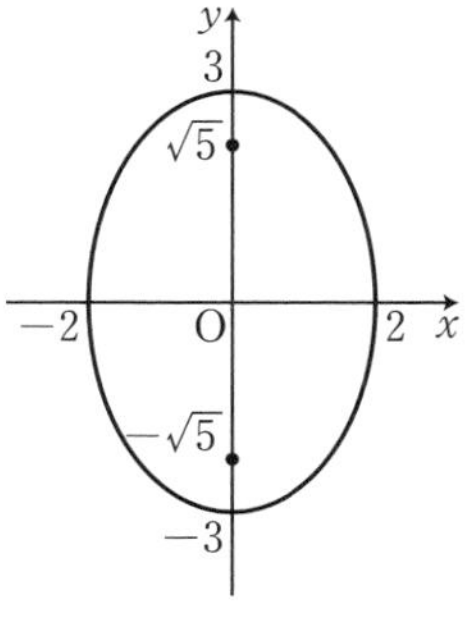

(2) $x^2+\dfrac{y^2}{25}=1$ から

$$\frac{x^2}{1^2}+\frac{y^2}{5^2}=1$$

概形は図 のようになる。

$1<5$ より焦点は y 軸上にある。

焦点は, $\sqrt{5^2-1^2}=2\sqrt{6}$ から

2 点 $(0,\ 2\sqrt{6})$, $(0,\ -2\sqrt{6})$

長軸の長さは　$2\cdot5=10$

短軸の長さは　$2\cdot1=2$ 答

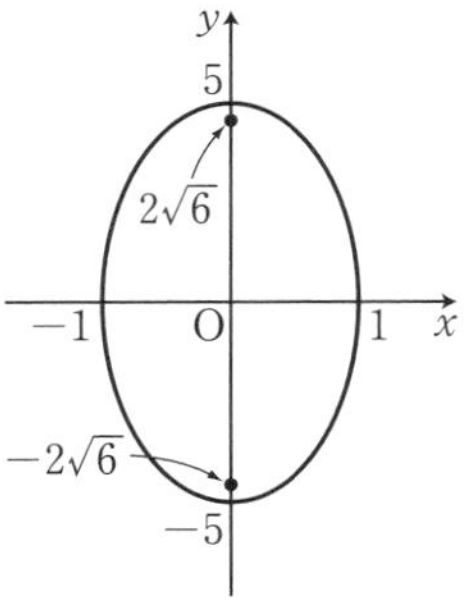

深める 教 p.111

$p\neq0$ とするとき，放物線 $y^2=4px$ の焦点は点$(p,\ 0)$，準線は直線 $x=-p$ である。$x^2=4py$ は，$y^2=4px$ において，x と y を入れかえたものであることを利用して，放物線 $x^2=4py$ の焦点が点$(0,\ p)$，準線が直線 $y=-p$ となることを確かめてみよう。

指針 教科書 110 ~ 111 ページの楕円の具体例と同様に考えると，放物線 $x^2=4py$ は放物線 $y^2=4px$ と直線 $y=x$ に関して対称であるから，焦点や準線を直線 $y=x$ に関して対称移動すればよい。

解答 放物線 $x^2=4py$ と放物線 $y^2=4px$ は，直線 $y=x$ に関して対称である。
放物線 $y^2=4px$ の焦点である点$(p,\ 0)$，準線である直線 $x=-p$ をそれぞれ直線 $y=x$ に関して対称移動すると，それぞれ点$(0,\ p)$，直線 $y=-p$ となる。
よって，放物線 $x^2=4py$ の焦点は点$(0,\ p)$，準線は直線 $y=-p$ となる。 終

C 円と楕円

練習 7 教 p.112

円 $x^2+y^2=3^2$ を，x 軸をもとにして次のように縮小または拡大して得られる楕円の方程式を求めよ。

(1) y 軸方向に $\dfrac{2}{3}$ 倍　　(2) y 軸方向に $\dfrac{4}{3}$ 倍

指針 **円と楕円**　円 $x^2+y^2=a^2$ を，x 軸をもとにして y 軸方向に $\dfrac{b}{a}$ 倍したとき，円上の点 $\mathrm{Q}(s,\ t)$ が移る点を $\mathrm{P}(x,\ y)$ とすると　$x=s,\ y=\dfrac{b}{a}t$

よって　$s=x,\ t=\dfrac{a}{b}y$

ここで，点Qが円上にあることから，$s^2+t^2=a^2$ に代入して，x と y が満たす方程式を求める。

解答 (1) 円上の点 Q$(s,\ t)$ が移る点を P$(x,\ y)$ とすると

$$s^2+t^2=3^2 \quad \cdots\cdots ①,\ x=s,\ y=\frac{2}{3}t \quad \cdots\cdots ②$$

②から　$s=x,\ t=\dfrac{3}{2}y$

これらを①に代入すると　$x^2+\left(\dfrac{3}{2}y\right)^2=3^2$

すなわち　$\dfrac{x^2}{3^2}+\dfrac{y^2}{2^2}=1$

よって，求める楕円の方程式は　$\boldsymbol{\dfrac{x^2}{9}+\dfrac{y^2}{4}=1}$ 答

(2) 円上の点 Q$(s,\ t)$ が移る点を P$(x,\ y)$ とすると

$$s^2+t^2=3^2 \quad \cdots\cdots ①,\ x=s,\ y=\frac{4}{3}t \quad \cdots\cdots ②$$

②から　$s=x,\ t=\dfrac{3}{4}y$

これらを①に代入すると　$x^2+\left(\dfrac{3}{4}y\right)^2=3^2$

すなわち　$\dfrac{x^2}{3^2}+\dfrac{y^2}{4^2}=1$

よって，求める楕円の方程式は　$\boldsymbol{\dfrac{x^2}{9}+\dfrac{y^2}{16}=1}$ 答

注意 円 $x^2+y^2=a^2$ を，x 軸をもとにして y 軸方向に $\dfrac{b}{a}$ 倍すると楕円

$\dfrac{x^2}{a^2}+\dfrac{y^2}{b^2}=1$ になることを直接利用して楕円の方程式を求めてもよい。

(1) $a=3,\ b=2 \longrightarrow \dfrac{x^2}{9}+\dfrac{y^2}{4}=1$

(2) $a=3,\ b=4 \longrightarrow \dfrac{x^2}{9}+\dfrac{y^2}{16}=1$

D 軌跡と楕円

教 p.113

練習 8

座標平面上において，長さが7の線分ABの端点Aは x 軸上を，端点Bは y 軸上を動くとき，線分ABを3：4に内分する点Pの軌跡を求めよ。

指針　**軌跡と楕円**　A$(s,\ 0)$，B$(0,\ t)$，P$(x,\ y)$として，長さに関する条件より s，t の満たす式を求める。一方，内分の関係より s，t を x，y で表し，代入によって s，t を消去して x，y の等式を求める。

解答　点Aは x 軸上，点Bは y 軸上を動くから，A$(s,\ 0)$，B$(0,\ t)$とおける。

AB=7 から　$s^2+t^2=7^2$　…… ①

点P$(x,\ y)$とすると，Pは線分ABを3：4に内分するから　$x=\frac{4}{7}s,\ y=\frac{3}{7}t$

すなわち　$s=\frac{7}{4}x,\ t=\frac{7}{3}y$

これらを①に代入すると　$\left(\frac{7}{4}x\right)^2+\left(\frac{7}{3}y\right)^2=7^2$

両辺を 7^2 で割ると　$\frac{x^2}{16}+\frac{y^2}{9}=1$

ゆえに，点Pは楕円 $\frac{x^2}{16}+\frac{y^2}{9}=1$ 上にある。

逆に，この楕円上のすべての点P$(x,\ y)$は，条件を満たす。

よって，求める軌跡は　**楕円** $\frac{x^2}{16}+\frac{y^2}{9}=1$　答

3 双曲線

まとめ

1　双曲線

平面上で，2定点F，F′からの距離の差が0でなく一定である点の軌跡を **双曲線** といい，この2点F，F′を双曲線の **焦点** という。

2　双曲線の方程式(標準形)

次の方程式は双曲線を表す。

$$\frac{x^2}{a^2}-\frac{y^2}{b^2}=1 \qquad (a>0,\ b>0)$$

この方程式を双曲線の **標準形** という。

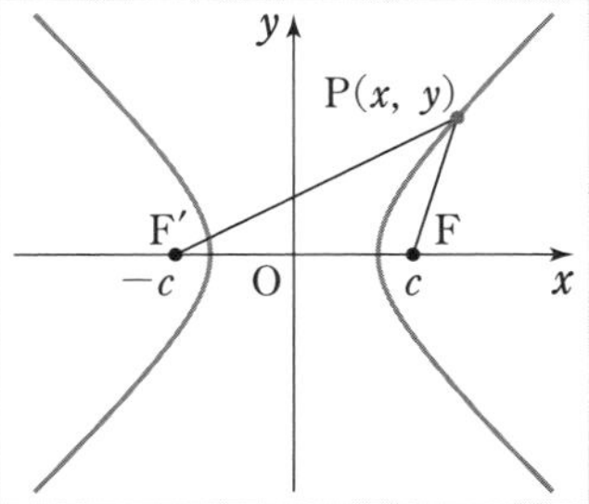

3　双曲線の頂点，中心

双曲線の焦点F，F′を通る直線FF′と双曲線の交点を双曲線の **頂点**，線分FF′の中点を双曲線の **中心** という。

4　双曲線の標準形 $\frac{x^2}{a^2}-\frac{y^2}{b^2}=1\ (a>0,\ b>0)$ の特徴

[1]　焦点は　2点$(\sqrt{a^2+b^2},\ 0)$，$(-\sqrt{a^2+b^2},\ 0)$

[2]　双曲線上の点から2つの焦点までの距離の差は　$2a$

[3]　漸近線は　　2 直線 $y=\dfrac{b}{a}x$，$y=-\dfrac{b}{a}x$

[4]　曲線は x 軸，y 軸，原点 O に関して対称

補足　2 本の漸近線の方程式は $\dfrac{x}{a}+\dfrac{y}{b}=0$，$\dfrac{x}{a}-\dfrac{y}{b}=0$ と表すことができる。

5　直角双曲線

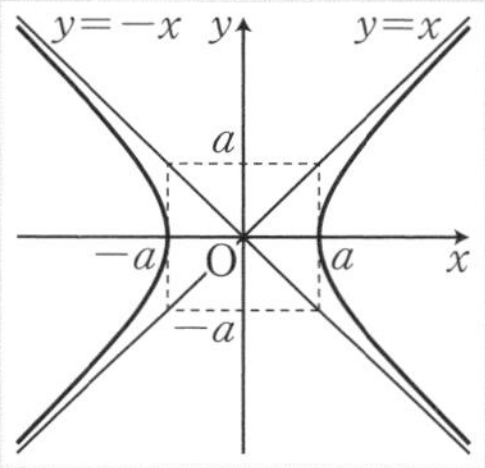

双曲線 $\dfrac{x^2}{a^2}-\dfrac{y^2}{a^2}=1$ の漸近線は 2 直線 $y=x$，$y=-x$ であり，これらは直角に交わる。このように，直角に交わる漸近線をもつ双曲線を **直角双曲線** という。

6　双曲線の方程式（焦点が y 軸上にある場合）

$$\frac{x^2}{a^2}-\frac{y^2}{b^2}=-1 \qquad (a>0,\ b>0)$$

7　双曲線 $\dfrac{x^2}{a^2}-\dfrac{y^2}{b^2}=-1\ (a>0,\ b>0)$ の特徴

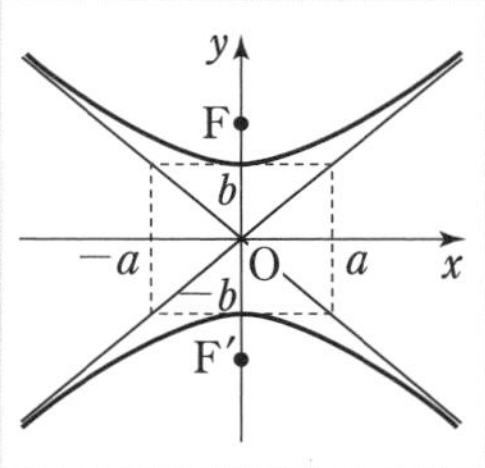

[1]　焦点は
　　2 点 $(0,\ \sqrt{a^2+b^2})$，$(0,\ -\sqrt{a^2+b^2})$

[2]　頂点は　　2 点 $(0,\ b)$，$(0,\ -b)$

[3]　漸近線は　　2 直線 $y=\dfrac{b}{a}x$，$y=-\dfrac{b}{a}x$

[4]　双曲線上の点から 2 つの焦点までの距離の差は　$2b$

8　2 次曲線

これまでに学んだ放物線，楕円，双曲線と円は，次のように x，y の 2 次方程式で表される。これらの曲線をまとめて **2 次曲線** という。

放物線　$y^2=4px$，　$x^2=4py$　　　楕円　$\dfrac{x^2}{a^2}+\dfrac{y^2}{b^2}=1$

双曲線　$\dfrac{x^2}{a^2}-\dfrac{y^2}{b^2}=1$，$\dfrac{x^2}{a^2}-\dfrac{y^2}{b^2}=-1$　　円　$x^2+y^2=a^2$

A 双曲線の方程式

練習 9　教 p.116

次の双曲線の概形をかけ。また，その焦点，頂点，漸近線を求めよ。

(1)　$\dfrac{x^2}{5^2}-\dfrac{y^2}{4^2}=1$　　(2)　$x^2-\dfrac{y^2}{4}=1$　　(3)　$x^2-9y^2=9$

指針 **双曲線の方程式(標準形)**　与えられた方程式が $\dfrac{x^2}{a^2}-\dfrac{y^2}{b^2}=1$ の形に変形できるとき，焦点が x 軸上にある双曲線を表し

焦点は　2 点$(\sqrt{a^2+b^2},\ 0)$，$(-\sqrt{a^2+b^2},\ 0)$

頂点は　2 点$(a,\ 0)$，$(-a,\ 0)$

漸近線は　2 直線 $y=\dfrac{b}{a}x$，$y=-\dfrac{b}{a}x$

解答 (1)　$\dfrac{x^2}{5^2}-\dfrac{y^2}{4^2}=1$ から　$a=5$，$b=4$

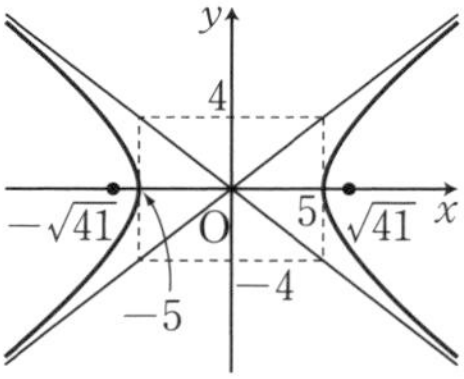

焦点は，$\sqrt{5^2+4^2}=\sqrt{41}$ から

2 点 $(\sqrt{41},\ 0)$，$(-\sqrt{41},\ 0)$

頂点は　**2 点**$(5,\ 0)$，$(-5,\ 0)$

漸近線は

2 直線 $y=\dfrac{4}{5}x$，$y=-\dfrac{4}{5}x$

また，**概形は図**のようになる。　答

(2)　$x^2-\dfrac{y^2}{2^2}=1$ から　$a=1$，$b=2$

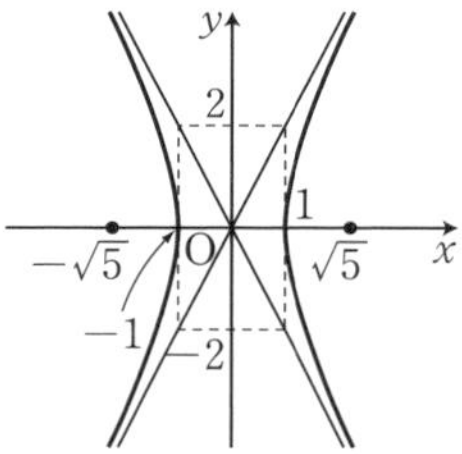

焦点は，$\sqrt{1^2+2^2}=\sqrt{5}$ から

2 点 $(\sqrt{5},\ 0)$，$(-\sqrt{5},\ 0)$

頂点は　**2 点** $(1,\ 0)$，$(-1,\ 0)$

漸近線は

2 直線 $y=2x$，$y=-2x$

また，**概形は図**のようになる。　答

(3)　$\dfrac{x^2}{3^2}-\dfrac{y^2}{1^2}=1$ から　$a=3$，$b=1$

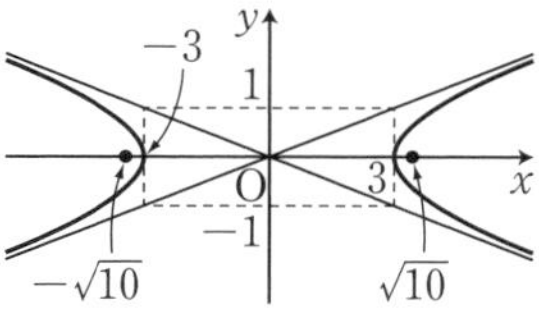

焦点は，$\sqrt{3^2+1^2}=\sqrt{10}$ から

2 点$(\sqrt{10},\ 0)$，$(-\sqrt{10},\ 0)$

頂点は　**2 点**$(3,\ 0)$，$(-3,\ 0)$

漸近線は

2 直線 $y=\dfrac{1}{3}x$，$y=-\dfrac{1}{3}x$

また，**概形は図**のようになる。　答

練習 10　教 p.117

2 点$(5,\ 0)$，$(-5,\ 0)$を焦点とし，焦点からの距離の差が 8 である双曲線の方程式を求めよ。

指針 **双曲線の方程式(焦点が x 軸上)** まず，焦点は $F(c,\ 0)$，$F'(-c,\ 0)$ の形をしていて，直線 FF′ が x 軸と一致することを確かめる。

このとき，双曲線の方程式は $\dfrac{x^2}{a^2}-\dfrac{y^2}{b^2}=1\ (a>0,\ b>0)$ とおけて

焦点からの距離の差について　　$2a=8$

焦点について　　$\sqrt{a^2+b^2}=5$

これから a^2，b^2 の値を求めることができる。

解答 焦点 $F(5,\ 0)$，$F'(-5,\ 0)$ は x 軸上にあるから，直線 FF′ は x 軸と一致する。

ゆえに，双曲線の方程式は $\dfrac{x^2}{a^2}-\dfrac{y^2}{b^2}=1\quad (a>0,\ b>0)$ とおける。

焦点からの距離の差について，$2a=8$ であるから

$$a=4,\ a^2=16$$

焦点の座標について，$\sqrt{a^2+b^2}=5$ であるから

$$b^2=5^2-a^2=25-16=9$$

よって，求める双曲線の方程式は

$$\frac{x^2}{16}-\frac{y^2}{9}=1$$ 答

教 p.117

練習 11 2点 $(2,\ 0)$，$(-2,\ 0)$ を焦点とする直角双曲線の方程式を求めよ。

指針 **直角双曲線** 焦点が x 軸上にある直角双曲線であるから，$\dfrac{x^2}{a^2}-\dfrac{y^2}{a^2}=1\ (a>0)$ とおける。焦点の座標について $\sqrt{a^2+a^2}=2$ であるから，a^2 の値が求められる。

解答 焦点が x 軸上にあり，原点Oに関して対称であるから，求める直角双曲線の方程式は

$$\frac{x^2}{a^2}-\frac{y^2}{a^2}=1\ (a>0)$$

とおける。

焦点の座標について，$\sqrt{a^2+a^2}=2$ であるから　　$a^2=2$

よって，求める直角双曲線の方程式は　$\dfrac{x^2}{2}-\dfrac{y^2}{2}=1$ 答

B 焦点が y 軸上にある双曲線

教 p.118

練習 12 次の双曲線の概形をかけ。また，その焦点，頂点，漸近線を求めよ。

(1) $\dfrac{x^2}{3^2}-\dfrac{y^2}{2^2}=-1$　　(2) $\dfrac{x^2}{16}-\dfrac{y^2}{25}=-1$

指針 **焦点が y 軸上にある双曲線の方程式** $\dfrac{x^2}{a^2}-\dfrac{y^2}{b^2}=-1$ の形に変形できるとき，
焦点が y 軸上にある双曲線を表し
焦点は　2 点$(0,\ \sqrt{a^2+b^2})$，$(0,\ -\sqrt{a^2+b^2})$
頂点は　2 点$(0,\ b)$，$(0,\ -b)$
漸近線は　2 直線 $y=\dfrac{b}{a}x$，$y=-\dfrac{b}{a}x$

解答 (1) $\dfrac{x^2}{3^2}-\dfrac{y^2}{2^2}=-1$ から　$a=3$，$b=2$
焦点は，$\sqrt{3^2+2^2}=\sqrt{13}$ から
2 点 $(0,\ \sqrt{13})$，$(0,\ -\sqrt{13})$
頂点は　2 点 $(0,\ 2)$，$(0,\ -2)$
漸近線は
2 直線 $y=\dfrac{2}{3}x$，$y=-\dfrac{2}{3}x$
また，**概形は図** のようになる。 答

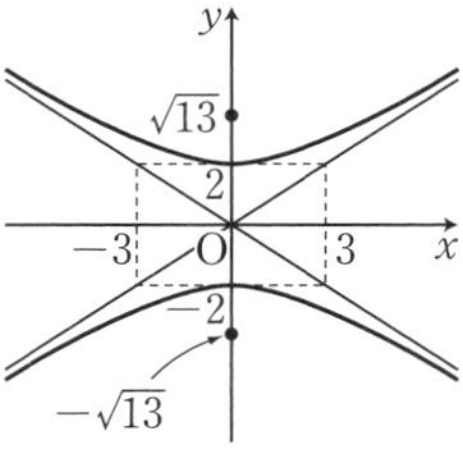

(2) 与えられた方程式を変形すると　$\dfrac{x^2}{4^2}-\dfrac{y^2}{5^2}=-1$
よって　$a=4$，$b=5$
焦点は，$\sqrt{4^2+5^2}=\sqrt{41}$ から
2 点 $(0,\ \sqrt{41})$，$(0,\ -\sqrt{41})$
頂点は　2 点 $(0,\ 5)$，$(0,\ -5)$
漸近線は
2 直線 $y=\dfrac{5}{4}x$，$y=-\dfrac{5}{4}x$
また，**概形は図** のようになる。 答

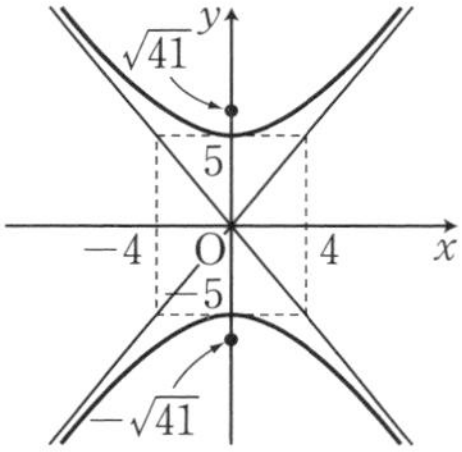

4 2 次曲線の平行移動

まとめ

1　曲線の方程式
変数 x，y を含む式を $F(x,\ y)$ のように書くことがある。放物線，楕円，双曲線，円などは，x，y の方程式 $F(x,\ y)=0$ の形で表される。
x，y の方程式 $F(x,\ y)=0$ を満たす点 $(x,\ y)$ 全体の集合が曲線を表すとき，この曲線を **方程式 $F(x,\ y)=0$ の表す曲線**，または **曲線 $F(x,\ y)=0$** という。
また，方程式 $F(x,\ y)=0$ をこの **曲線の方程式** という。

2　曲線 $F(x,\ y)=0$ の平行移動

曲線 $F(x,\ y)=0$ を，x 軸方向に p，y 軸方向に q だけ平行移動すると，移動後の曲線の方程式は

$$F(x-p,\ y-q)=0$$

3　2次方程式の表す図形

2次方程式 $ax^2+by^2+cx+dy+e=0$ が与えられたとき，その方程式を変形することによって，その方程式の表す図形がどのようなものであるかを調べることができる。

A 曲線の平行移動

教 p.121

練習 13　楕円 $\dfrac{x^2}{4}+y^2=1$ を，x 軸方向に3，y 軸方向に -2 だけ平行移動するとき，移動後の楕円の方程式と焦点の座標を求めよ。

指針　**楕円の平行移動**　x 軸方向に p，y 軸方向に q だけ平行移動したあとの方程式は，x を $x-p$，y を $y-q$ におき換えるとよい。また，移動によって，点 $(a,\ b)$ は点 $(a+p,\ b+q)$ に移るので，もとの焦点を点 $(c,\ 0)$ とすると，移動後の焦点は点 $(c+p,\ q)$ となる。

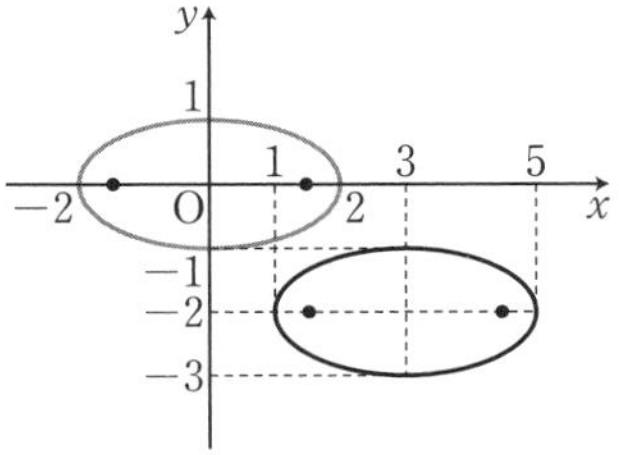

解答　$\dfrac{x^2}{4}+y^2=1$ から

$$\frac{x^2}{2^2}+\frac{y^2}{1^2}=1$$

もとの楕円の焦点は，$\sqrt{2^2-1^2}=\sqrt{3}$ から

2点 $(\sqrt{3},\ 0)$，$(-\sqrt{3},\ 0)$

移動後の楕円の方程式は

$$\frac{(x-3)^2}{4}+\{y-(-2)\}^2=1$$

すなわち　$\dfrac{(x-3)^2}{4}+(y+2)^2=1$　答

焦点の座標は　$(\sqrt{3}+3,\ -2)$，$(-\sqrt{3}+3,\ -2)$　答

教 p.121

練習 14　放物線 $y^2=4x$ を，x 軸方向に -1，y 軸方向に2だけ平行移動するとき，移動後の放物線の方程式と焦点の座標を求めよ。

指針 **放物線の平行移動**　放物線の場合についても，練習 13 と同じように，方程式は x を $x-p$，y を $y-q$ におき換えるとよい。

解答 放物線 $y^2=4x$ を $y^2=4\cdot1\cdot x$ と変形すると，焦点は　(1, 0)
移動後の放物線の方程式は　　$(y-2)^2=4\{x-(-1)\}$
すなわち　　$(y-2)^2=4(x+1)$ 答
焦点の座標は　　$(1+(-1),\ 2)$
すなわち　　$(0,\ 2)$ 答

B $ax^2+by^2+cx+dy+e=0$ の表す図形

教 p.122

練習 15
次の方程式はどのような図形を表すか。
(1) $x^2+4y^2+6x-8y+9=0$　　(2) $y^2+8y-16x=0$
(3) $4x^2-9y^2-16x-36y-56=0$

指針 **2 次方程式の表す曲線**　$ax^2+by^2+cx+dy+e=0$ の形の方程式が表す曲線を調べるには，その方程式を，放物線，楕円，双曲線などを表す方程式に変形できないかどうかを考えるとよい。

解答 (1) $x^2+4y^2+6x-8y+9=0$ を変形すると
$$(x^2+6x+9)-9+4(y^2-2y+1)-4+9=0$$
すなわち　$(x+3)^2+4(y-1)^2=4$
両辺を 4 で割ると　$\dfrac{(x+3)^2}{4}+(y-1)^2=1$
よって，**楕円 $\dfrac{x^2}{4}+y^2=1$ を x 軸方向に -3，y 軸方向に 1 だけ平行移動した楕円** を表す。 答

(2) $y^2+8y-16x=0$ を変形すると
$$(y^2+8y+16)-16-16x=0$$
すなわち　$(y+4)^2=16(x+1)$
よって，**放物線 $y^2=16x$ を x 軸方向に -1，y 軸方向に -4 だけ平行移動した放物線** を表す。 答

(3) $4x^2-9y^2-16x-36y-56=0$ を変形すると
$$4(x^2-4x+4)-16-9(y^2+4y+4)+36-56=0$$
すなわち　$4(x-2)^2-9(y+2)^2=36$
両辺を 36 で割ると　$\dfrac{(x-2)^2}{9}-\dfrac{(y+2)^2}{4}=1$
よって，**双曲線 $\dfrac{x^2}{9}-\dfrac{y^2}{4}=1$ を x 軸方向に 2，y 軸方向に -2 だけ平行移動した双曲線** を表す。 答

5 2次曲線と直線

まとめ

1　2次曲線と直線の共有点の個数

一般に，2次曲線と直線の方程式から1文字を消去して得られる2次方程式の実数解の個数と，2次曲線と直線の共有点の個数は一致する。その2次方程式が重解をもつとき，2次曲線と直線は **接する** といい，その直線を2次曲線の **接線**，共有点を **接点** という。

2　2次曲線の接線の方程式

2次曲線の(y 軸に平行でない)接線の方程式は，次の手順で求めるとよい。

[1]　接線の方程式を $y=mx+n$ などとおく。

[2]　この接線の式を2次曲線の式に代入して得られる x の2次方程式について，その判別式 $D=0$ となることから，m，n を求める。

注意　y 軸に平行な接線の場合については，別に検討すること。

A 2次曲線と直線の共有点

教 p.123

練習16　k は定数とする。双曲線 $x^2-2y^2=4$ と直線 $y=x+k$ の共有点の個数を調べよ。

指針　**2次曲線と直線の共有点の個数**　双曲線と直線の方程式から y を消去して得られる2次方程式の実数解の個数を調べる。

解答　$x^2-2y^2=4$　……①　　$y=x+k$　……②

②を①に代入すると　$x^2-2(x+k)^2=4$

整理すると　　$x^2+4kx+2k^2+4=0$　……③

x の2次方程式③の判別式を D とすると

$$\frac{D}{4}=(2k)^2-1\cdot(2k^2+4)=2(k^2-2)$$

ゆえに，判別式 D の符号は

$k<-\sqrt{2}$，$\sqrt{2}<k$ のとき　$D>0$

$k=\pm\sqrt{2}$　　のとき　$D=0$

$-\sqrt{2}<k<\sqrt{2}$　のとき　$D<0$

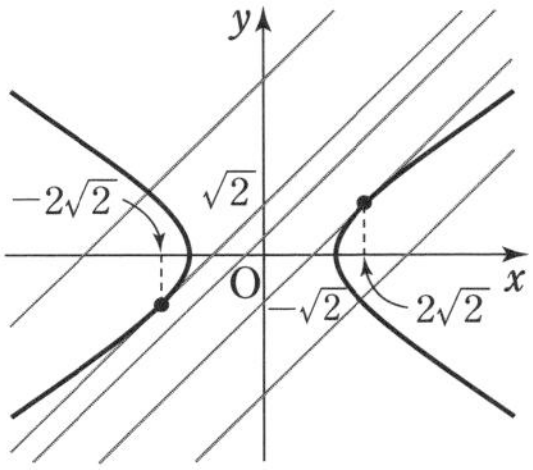

よって，双曲線①と直線②の共有点の個数は，次のようになる。

$k<-\sqrt{2}$，$\sqrt{2}<k$ のとき　2個，　$k=\pm\sqrt{2}$　のとき　1個

$-\sqrt{2}<k<\sqrt{2}$　のとき　0個　答

B 2次曲線に引いた接線の方程式

教 p.124

練習 17 点 C(4, 0) から放物線 $y^2=-4x$ に接線を引くとき，その接線の方程式を求めよ。また，そのときの接点の座標を求めよ。

指針 **2次曲線の接線の方程式** 接線の方程式を $y=m(x-4)$ とおき，放物線の方程式に代入して得られる2次方程式が重解をもつことから，m の値を定める。

解答 点Cを通る接線は，x 軸に垂直ではないから，その方程式は

$y=m(x-4)$ ……①

とおける。この接線は y 軸にも垂直ではないから，$m\neq 0$ である。

これを $y^2=-4x$ に代入して　$m^2(x-4)^2=-4x$

整理すると　$m^2x^2-4(2m^2-1)x+16m^2=0$

この x の2次方程式の判別式を D とすると

$$\frac{D}{4}=\{-2(2m^2-1)\}^2-m^2\cdot 16m^2=-4(4m^2-1)$$

$D=0$ とすると　$m=\pm\frac{1}{2}$

$m=\frac{1}{2}$ のとき，①から接線の方程式は　$y=\frac{1}{2}x-2$ ……②

このとき，接点の x 座標は

$$x=\frac{4(2m^2-1)}{2m^2}=\frac{2\left\{2\left(\frac{1}{2}\right)^2-1\right\}}{\left(\frac{1}{2}\right)^2}=-4$$

よって，接点の座標は②に $x=-4$ を代入して　$(-4,\ -4)$

$m=-\frac{1}{2}$ のとき，①から接線の方程式は　$y=-\frac{1}{2}x+2$ ……③

このとき，接点の x 座標は

$$x=\frac{4(2m^2-1)}{2m^2}=\frac{2\left\{2\left(-\frac{1}{2}\right)^2-1\right\}}{\left(-\frac{1}{2}\right)^2}=-4$$

よって，接点の座標は③に $x=-4$ を代入して　$(-4,\ 4)$

答 **接線　$y=\frac{1}{2}x-2$，接点 $(-4,\ -4)$；接線　$y=-\frac{1}{2}x+2$，接点 $(-4,\ 4)$**

研究 2次曲線の接線の方程式

まとめ

2次曲線の接線の方程式

2次曲線上の点$(x_1,\ y_1)$における接線の方程式は次のようになる。

放物線 $y^2=4px$ の接線の方程式は　　$y_1y=2p(x+x_1)$

楕円 $\dfrac{x^2}{a^2}+\dfrac{y^2}{b^2}=1$ の接線の方程式は　　$\dfrac{x_1x}{a^2}+\dfrac{y_1y}{b^2}=1$

双曲線 $\dfrac{x^2}{a^2}-\dfrac{y^2}{b^2}=1$ の接線の方程式は　　$\dfrac{x_1x}{a^2}-\dfrac{y_1y}{b^2}=1$

練習 1 教 p.125

次の曲線上の点Pにおける接線の方程式を求めよ。

(1)　放物線 $y^2=4x$，P(1，2)　　　(2)　楕円 $\dfrac{x^2}{12}+\dfrac{y^2}{4}=1$，P(3，1)

指針　**2次曲線の接線の方程式**　曲線上の点$(x_1,\ y_1)$における接線の方程式は，次のようになる。

(1)　放物線 $y^2=4px$ の接線の方程式は　　$y_1y=2p(x+x_1)$

(2)　楕円 $\dfrac{x^2}{a^2}+\dfrac{y^2}{b^2}=1$ の接線の方程式は　　$\dfrac{x_1x}{a^2}+\dfrac{y_1y}{b^2}=1$

解答　(1)　求める接線の方程式は

$2y=2(x+1)$　　すなわち　　$y=x+1$　答

(2)　求める接線の方程式は

$\dfrac{3x}{12}+\dfrac{1\cdot y}{4}=1$　　すなわち　　$y=-x+4$　答

6 2次曲線の性質

まとめ

1　2次曲線の性質

2次曲線を定点Fと定直線ℓからの距離の比が$e:1$である点の軌跡として求めることができる。

2　2次曲線の離心率と準線

定点Fからの距離と，Fを通らない定直線 ℓ からの距離の比が $e:1$ である点Pの軌跡について，次のことが知られている。

[1]　$0<e<1$ のとき
　Fを焦点の1つとする楕円

[2]　$e=1$ のとき
　Fを焦点，ℓ を準線とする放物線

[3]　$e>1$ のとき
　Fを焦点の1つとする双曲線

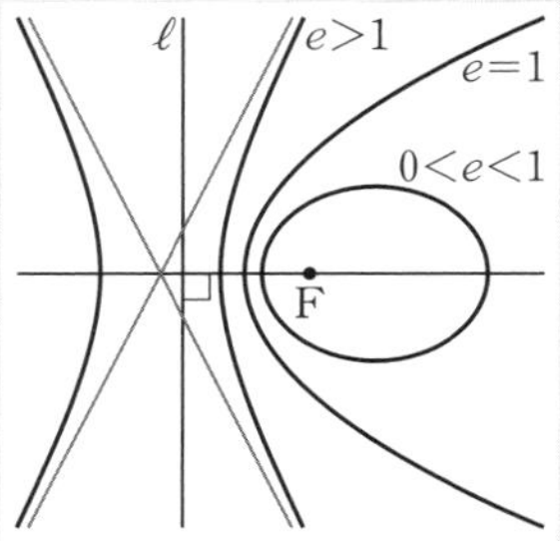

この e の値を，2次曲線の **離心率** といい，直線 ℓ を **準線** という。
また，この方法で円を表すことはできない。

練習 18　教 p.127

点F(4，0)からの距離と，直線 $x=1$ からの距離の比が $2:1$ である点Pの軌跡は，Fを焦点の1つとする双曲線であることを示せ。

指針　**2次曲線の性質**　点Pの座標を$(x,\ y)$とし，Pから直線 $x=1$ に下ろした垂線をPHとする。PF：PH＝2：1が条件であるから，これを x，y で表し，軌跡を求める。

解答　点Pの座標を$(x,\ y)$とする。

Pから直線 $x=1$ に下ろした垂線をPHとすると

$$\mathrm{PF}:\mathrm{PH}=2:1$$

これから　$2\mathrm{PH}=\mathrm{PF}$

すなわち　$4\mathrm{PH}^2=\mathrm{PF}^2$

$\mathrm{PH}^2=(x-1)^2$，$\mathrm{PF}^2=(x-4)^2+y^2$ を代入すると

$$4(x-1)^2=(x-4)^2+y^2$$

すなわち　$3x^2-y^2=12$

この方程式を変形すると　$\dfrac{x^2}{4}-\dfrac{y^2}{12}=1$　……①

ゆえに，点Pは双曲線①上にある。

逆に，双曲線①上のすべての点P$(x,\ y)$は，条件を満たす。

よって，点Pの軌跡は，双曲線 $\dfrac{x^2}{4}-\dfrac{y^2}{12}=1$ である。

また，双曲線①の焦点は，$\sqrt{4+12}=\sqrt{16}=4$ から

2点(4，0)，(−4，0)

したがって，点F(4，0)は双曲線①の焦点の1つである。　終

第4章 第1節　問　題

教 p.128

1　次のような2次曲線の方程式を求めよ。

(1)　焦点が点(2, 0)で，準線が y 軸である放物線

(2)　2点A$(-3,\ 1)$，B$(3,\ 1)$からの距離の和が10である楕円

(3)　2点$(3,\ 0)$，$(-3,\ 0)$を焦点とし，2点$(2,\ 0)$，$(-2,\ 0)$を頂点とする双曲線

指針　**2次曲線の方程式**　(1)は準線が y 軸，(2)は2焦点A，Bを通る直線が x 軸に平行であるから，それぞれ標準形の表す放物線，楕円を平行移動して得られる曲線である。(3)は双曲線の標準形である。

解答　(1)　焦点が点(1, 0)で，準線が直線 $x=-1$ である放物線の方程式は $y^2=4x$ である。この放物線を，x 軸方向に1だけ平行移動すると，焦点は点(2, 0)，準線は直線 $x=0$（y 軸）に移動するから，求める放物線になることがわかる。

よって，求める方程式は　$\boldsymbol{y^2=4(x-1)}$　答

(2)　点A$(-3,\ 1)$，B$(3,\ 1)$は，それぞれ点$(-3,\ 0)$，$(3,\ 0)$を y 軸方向に1だけ平行移動した点である。

ここで，2点$(-3,\ 0)$，$(3,\ 0)$を焦点とし，焦点からの距離の和が10である楕円の方程式を $\dfrac{x^2}{a^2}+\dfrac{y^2}{b^2}=1\ (a>b>0)$ とする。

焦点からの距離の和について，$2a=10$ であるから

$$a=5,\ a^2=25$$

焦点の座標について，$\sqrt{a^2-b^2}=3$ であるから

$$b^2=a^2-3^2=25-9=16$$

ゆえに，求める楕円は，楕円 $\dfrac{x^2}{25}+\dfrac{y^2}{16}=1$ を y 軸方向に1だけ平行移動したものである。

よって，求める方程式は　$\boldsymbol{\dfrac{x^2}{25}+\dfrac{(y-1)^2}{16}=1}$　答

(3)　求める双曲線の方程式を $\dfrac{x^2}{a^2}-\dfrac{y^2}{b^2}=1\ (a>0,\ b>0)$ とおくことができる。

点$(2,\ 0)$，$(-2,\ 0)$が頂点であるから　$a=2,\ a^2=4$

焦点の座標について，$\sqrt{a^2+b^2}=3$ から　$b^2=3^2-2^2=5$

よって，求める方程式は　$\boldsymbol{\dfrac{x^2}{4}-\dfrac{y^2}{5}=1}$　答

教 p.128

2　円 $x^2+y^2=16$ を，y 軸をもとにして x 軸方向に 2 倍して得られる曲線の方程式を求めよ。

指針　**円と楕円の関係**　y 軸をもとにして x 軸方向に 2 倍したときに, 円上の点 (s, t) が移る点を (x, y) として，x と y の関係式を求める。

解答　円を y 軸をもとにして x 軸方向に 2 倍したとき，円上の点 $P(s, t)$ が移る点を $Q(x, y)$ とすると　$x=2s$，$y=t$

すなわち　$s=\dfrac{x}{2}$，$t=y$　……①

点 P は円 $x^2+y^2=16$ 上にあるから　$s^2+t^2=16$

これに①を代入すると　$\left(\dfrac{x}{2}\right)^2+y^2=16$　すなわち　$\dfrac{x^2}{64}+\dfrac{y^2}{16}=1$

よって，求める曲線の方程式は　$\boldsymbol{\dfrac{x^2}{64}+\dfrac{y^2}{16}=1}$　答

教 p.128

3　曲線 $9x^2+4y^2+18x-8y-23=0$ は楕円であることを示し，その概形をかけ。また，焦点の座標を求めよ。

指針　**楕円を表す 2 次方程式**　方程式 $9x^2+4y^2+18x-8y-23=0$ の表す図形が楕円であるとき，方程式を変形すると $\dfrac{(x-p)^2}{a^2}+\dfrac{(y-q)^2}{b^2}=1$ の形になる。これは, 楕円 $\dfrac{x^2}{a^2}+\dfrac{y^2}{b^2}=1$ を x 軸方向に p，y 軸方向に q だけ平行移動した楕円を表す。

解答　$9x^2+4y^2+18x-8y-23=0$ を変形すると

$$(9x^2+18x)+(4y^2-8y)=23$$

ゆえに　$9(x^2+2x+1)+4(y^2-2y+1)=23+9+4$

すなわち　$9(x+1)^2+4(y-1)^2=36$

両辺を 36 で割ると　$\dfrac{(x+1)^2}{4}+\dfrac{(y-1)^2}{9}=1$

よって，この方程式は楕円 $\dfrac{x^2}{4}+\dfrac{y^2}{9}=1$ を x 軸方向に -1，y 軸方向に 1 だけ平行移動した楕円を表す。**概形は図** のようになる。

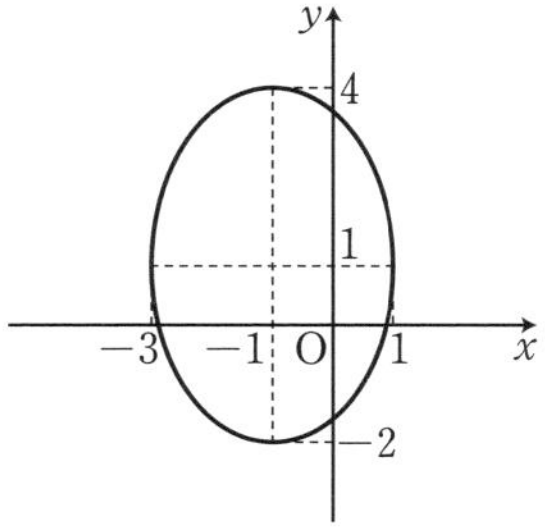

また，楕円 $\dfrac{x^2}{4}+\dfrac{y^2}{9}=1$ の焦点は, 2 点 $(0, \sqrt{5})$，$(0, -\sqrt{5})$ であるから，求める焦点の座標は

$(-1,\ \sqrt{5}+1)$，$(-1,\ -\sqrt{5}+1)$　答

教 p.128

4 k は定数とする。双曲線 $4x^2-9y^2=36$ と直線 $x+y=k$ の共有点の個数を調べよ。また，双曲線と直線が接するとき，その接点の座標を求めよ。

指針 **双曲線と直線の共有点の個数，接点の座標**　双曲線の方程式と直線の方程式から y を消去して得られる2次方程式の解の個数は，双曲線と直線の共有点の個数に一致することから，2次方程式の判別式を調べる。また，双曲線と直線が接するとき，判別式 $D=0$ である。

解答　$4x^2-9y^2=36$ …… ①

$x+y=k$ …… ②

②から　$y=-x+k$

これを ① に代入すると

$$4x^2-9(-x+k)^2=36$$

整理すると　$5x^2-18kx+9k^2+36=0$ …… ③

この x の2次方程式 ③ の判別式を D とすると

$$\frac{D}{4}=(-9k)^2-5(9k^2+36)=36(k^2-5)$$

よって，① と ② の共有点の個数は，次のようになる。

$D>0$ すなわち **$k<-\sqrt{5}$，$\sqrt{5}<k$ のとき　2個**

$D=0$ すなわち **$k=\pm\sqrt{5}$ のとき　1個**

$D<0$ すなわち **$-\sqrt{5}<k<\sqrt{5}$ のとき　0個** 答

また，① と ② が接するのは $D=0$ のときで，このとき2次方程式③の解は

$$x=\frac{18k}{2\cdot5}=\frac{9k}{5}$$

このとき，② から　$y=-\frac{4k}{5}$

よって，求める接点の座標は

$k=\sqrt{5}$ のとき　$\left(\frac{9\sqrt{5}}{5},\ -\frac{4\sqrt{5}}{5}\right)$，

$k=-\sqrt{5}$ のとき　$\left(-\frac{9\sqrt{5}}{5},\ \frac{4\sqrt{5}}{5}\right)$ 答

教 p.128

5 点C(3, 0)から楕円 $2x^2+y^2=2$ に接線を引くとき，その接線の方程式を求めよ。また，そのときの接点の座標を求めよ。

指針 **2次曲線の接線の方程式**　接線の方程式を $y=m(x-3)$ とおき，楕円の方程式に代入して得られる2次方程式が重解をもつことから，m の値を求める。

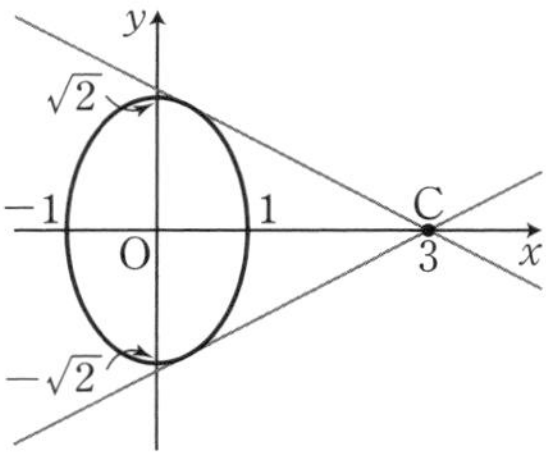

解答　点Cを通る接線は，x 軸に垂直ではないから，その方程式は

$y=m(x-3)$　……①

とおける。

これを楕円の式 $2x^2+y^2=2$ に代入すると

$2x^2+m^2(x-3)^2=2$

整理すると

$(m^2+2)x^2-6m^2x+9m^2-2=0$

この x の2次方程式の判別式を D とすると

$$\frac{D}{4}=(-3m^2)^2-(m^2+2)(9m^2-2)=-4(4m^2-1)$$

直線が楕円に接するのは $D=0$ のときであるから　$m=\pm\frac{1}{2}$

よって，①から，接線の方程式は

$m=\frac{1}{2}$ のとき　$y=\frac{1}{2}x-\frac{3}{2}$

$m=-\frac{1}{2}$ のとき　$y=-\frac{1}{2}x+\frac{3}{2}$　答

また，接点の座標は

$\left(\frac{1}{3},\ -\frac{4}{3}\right)$，$\left(\frac{1}{3},\ \frac{4}{3}\right)$　答　　←$x=\frac{6m^2}{2(m^2+2)}$

教 p.128

6　原点Oからの距離と，直線 $x=3$ からの距離の比が一定で $e:1$ である点Pについて，e が次の値のときの軌跡を求めよ。

(1)　$e=\frac{1}{2}$　　(2)　$e=1$　　(3)　$e=2$

指針　**2次曲線の離心率と準線**　定点Fと，Fを通らない定直線 ℓ からの距離の比が $e:1$ である点Pの軌跡は，次のようになる。

$0<e<1$ のとき，Fを焦点の1つとする楕円

$e=1$　のとき，Fを焦点，ℓ を準線とする放物線

$e>1$　のとき，Fを焦点の1つとする双曲線

本問は，Fが原点O，定直線 ℓ が直線 $x=3$ の場合である。Pの座標を $(x,\ y)$，Pから直線 $x=3$ に下ろした垂線をPHとし

(1)　$\mathrm{PO}:\mathrm{PH}=\frac{1}{2}:1$　　(2)　$\mathrm{PO}:\mathrm{PH}=1:1$　　(3)　$\mathrm{PO}:\mathrm{PH}=2:1$

の関係から，曲線の方程式を求める。

解答　点Pの座標を $(x,\ y)$，Pから直線 $x=3$ に下ろした垂線をPHとする。

(1) PO：PH$=\frac{1}{2}$：1 から　　PH$=$2PO

すなわち　　$\mathrm{PH}^2=4\mathrm{PO}^2$

$\mathrm{PH}^2=(3-x)^2$，$\mathrm{PO}^2=x^2+y^2$ を代入すると

$$(3-x)^2=4(x^2+y^2)$$

すなわち　　$3x^2+6x+4y^2-9=0$

この方程式を変形すると

$$\frac{(x+1)^2}{4}+\frac{y^2}{3}=1 \quad \cdots\cdots ①$$

ゆえに，点 P は楕円 ① 上にある。

逆に，楕円 ① 上のすべての点 P$(x,\ y)$は，条件を満たす。

よって，求める軌跡は

楕円 $\frac{x^2}{4}+\frac{y^2}{3}=1$ を x 軸方向に -1 だけ平行移動した楕円　答

(2) PO：PH$=$1：1 から　　PH$=$PO

すなわち　　$\mathrm{PH}^2=\mathrm{PO}^2$

$\mathrm{PH}^2=(3-x)^2$，$\mathrm{PO}^2=x^2+y^2$ を代入すると

$$(3-x)^2=x^2+y^2$$

すなわち　　$y^2+6x-9=0$

この方程式を変形すると

$$y^2=-6\left(x-\frac{3}{2}\right) \quad \cdots\cdots ①$$

ゆえに，点 P は放物線 ① 上にある。

逆に，放物線 ① 上のすべての点 P$(x,\ y)$は，条件を満たす。

よって，求める軌跡は

放物線 $y^2=-6x$ を x 軸方向に $\frac{3}{2}$ だけ平行移動した放物線　答

(3) PO：PH$=$2：1 から　　2PH$=$PO

すなわち　　$4\mathrm{PH}^2=\mathrm{PO}^2$

$\mathrm{PH}^2=(3-x)^2$，$\mathrm{PO}^2=x^2+y^2$ を代入すると

$$4(3-x)^2=x^2+y^2$$

すなわち　　$3x^2-24x-y^2+36=0$

この方程式を変形すると

$$\frac{(x-4)^2}{4}-\frac{y^2}{12}=1 \quad \cdots\cdots ①$$

ゆえに，点 P は双曲線 ① 上にある。

逆に，双曲線 ① 上のすべての点 P$(x,\ y)$は，条件を満たす。

よって，求める軌跡は

双曲線 $\frac{x^2}{4}-\frac{y^2}{12}=1$ を x 軸方向に 4 だけ平行移動した双曲線　答

教 p.128

7 周の長さが 3 である△ABC の面積を S とする。

(1) AB$=k$ であるときの△ABC の面積の最大値 $S(k)$ を求めよ。ただし，△ABC が存在するための条件から $0<k<\frac{3}{2}$ とする。

(2) S の最大値を求めよ。

指針 **軌跡と楕円** (1) AB+BC+CA=3 であるから，点 C は 2 点 A，B からの距離の和が $3-k$ である。つまり，C は 2 点 A，B を焦点とする楕円上にある。面積 $S(k)$ が最大になるのは，点 C から直線 AB に下ろした垂線 CH の長さが最大になるときで，このとき△ABC は二等辺三角形になる。

解答 (1) AB+BC+CA=3 より，AB$=k$ であるとき

$$CB+CA=3-k$$

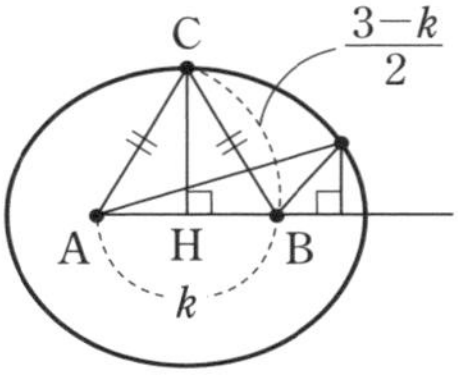

ゆえに，点 C は，2 点 A，B を焦点とし，この 2 つの焦点までの距離の和が $3-k$ である楕円上にある。

よって，点 C から直線 AB に垂線 CH を下ろしたとき，CH の長さが最大になるのは，C が線分 AB の垂直二等分線上にあるときである。

このとき，△ABC は $CA=CB=\frac{3-k}{2}$ の二等辺三角形であるから

$$S(k)=\frac{1}{2}AB\cdot CH=\frac{1}{2}AB\sqrt{CB^2-HB^2}$$

$$=\frac{1}{2}k\sqrt{\left(\frac{3-k}{2}\right)^2-\left(\frac{k}{2}\right)^2}$$

$$=\frac{1}{4}k\sqrt{9-6k}$$ 答

(2) $0<k<\frac{3}{2}$ における $S(k)$ の最大値が S である。

(1)から　$S(k)=\frac{1}{4}\sqrt{9k^2-6k^3}$

ここで $f(k)=9k^2-6k^3$ とすると

$$f'(k)=18k-18k^2=-18k(k-1)$$

$0<k<\frac{3}{2}$ において，$f'(k)=0$ となる k の値は　$k=1$

$f(k)$ の増減表は右のようになる。

k	0	$\cdots$	1	$\cdots$	$\frac{3}{2}$
$f'(k)$		$+$	0	$-$	
$f(k)$	0	↗	3	↘	0

よって，$S(k)=\frac{1}{4}\sqrt{f(k)}$ は $k=1$ で

最大値 $\frac{\sqrt{3}}{4}$ をとる。 答

コラム　パラボラアンテナとアルキメデス

練習　教 p.129

身の回りには，パラボラアンテナ以外にも，放物線の焦点の性質を利用しているものがあります。どのようなものに利用されているかを調べてみよう。

解答　(例)**懐中電灯，電波望遠鏡**　答

コラム　雷の観測と双曲線

練習　教 p.130

教科書 130 ページにおいて，説明では 3 地点の受信時刻から雷の発生地点を特定していますが，実際には，4 地点以上の受信時刻を用いています。その理由を考えてみよう。

解答　**2 つの双曲線の交点が 1 点であるとは限らないから。**　答

第2節　媒介変数表示と極座標

7 曲線の媒介変数表示

まとめ

1　媒介変数表示

曲線 C 上の点 $\mathrm{P}(x,\ y)$ の座標が，変数 t によって $x=f(t),\ y=g(t)$　…… ①
の形に表されるとき，これを曲線 C の **媒介変数表示** といい，変数 t を **媒介変数** または **パラメータ** という。①から t を消去して $x,\ y$ の方程式 $F(x,\ y)=0$ が得られるとき，これは曲線 C を表す方程式である。

注意　媒介変数による曲線 C の表示方法は1通りではない。

2　円の媒介変数表示

円 $x^2+y^2=a^2$，$a>0$ は，次のように媒介変数表示される。

$$x=a\cos\theta,\ y=a\sin\theta$$

注意　ここで，θ は弧度法で表すものとする。

3　楕円の媒介変数表示

楕円 $\dfrac{x^2}{a^2}+\dfrac{y^2}{b^2}=1$ は，たとえば次のように媒介変数表示される。

$$x=a\cos\theta,\ y=b\sin\theta$$

4　角 θ で媒介変数表示される曲線

曲線が $\sin\theta$，$\cos\theta$，$\tan\theta$ などを含む式で媒介変数表示されるとき，θ を消去して $x,\ y$ の方程式を求めるには，三角関数の公式を利用する場合が多い。

5　双曲線の媒介変数表示

双曲線 $\dfrac{x^2}{a^2}-\dfrac{y^2}{b^2}=1$ は，たとえば次のように媒介変数表示される。

$$x=\frac{a}{\cos\theta},\ y=b\tan\theta$$

6　媒介変数表示される曲線の平行移動

媒介変数表示 $x=f(t)+p,\ y=g(t)+q$ で表される曲線は，
媒介変数表示 $x=f(t),\ y=g(t)$ で表される曲線を，
x 軸方向に p，y 軸方向に q だけ平行移動したものである。

7　サイクロイド

円が定直線上をすべることなく回転していくとき，円上の定点Pが描く曲線を **サイクロイド** という。
サイクロイドの媒介変数表示は，次のようになる。

$$x=a(\theta-\sin\theta),\ y=a(1-\cos\theta)$$

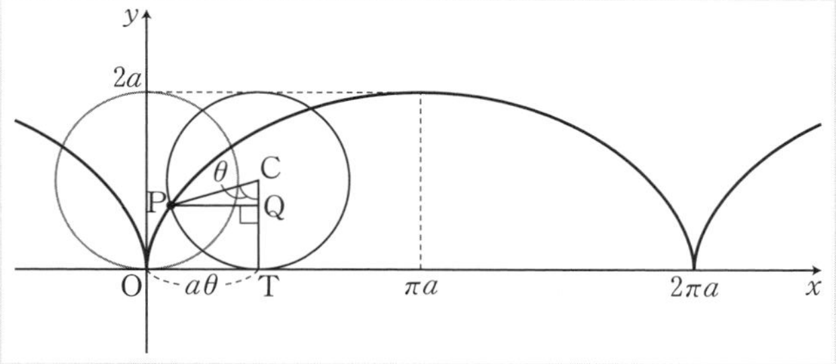

A 媒介変数表示

深める 教 p.131

教科書例 7 の曲線 C について，$x=t-2$，$y=t^2-t$ も曲線 C の媒介変数表示であることを確かめよう。

指針 媒介変数による曲線の表示方法は 1 通りではないことを確かめる。
$x=t-2$，$y=t^2-t$ から t を消去する。

解答 $t=x+2$ を $y=t^2-t$ に代入して

$y=(x+2)^2-(x+2)$　すなわち　$\boldsymbol{y=x^2+3x+2}$ 答

練習 19 教 p.132

次のように媒介変数表示される曲線について，t を消去して x，y の方程式を求め，曲線の概形をかけ。

(1)　$x=t+1$，$y=t^2+4t$　　　(2)　$x=2t$，$y=2t-t^2$

指針 **曲線の媒介変数表示**　与えられた 2 つの式から t を消去して得られる x，y の方程式が，曲線の方程式になる。

解答 (1)　$x=t+1$ から

$t=x-1$

これを $y=t^2+4t$ に代入すると

$y=(x-1)^2+4(x-1)$

よって　　$\boldsymbol{y=x^2+2x-3}$ 答

$y=(x+1)^2-4$ と変形できるから，
曲線の **概形は図** のようになる。

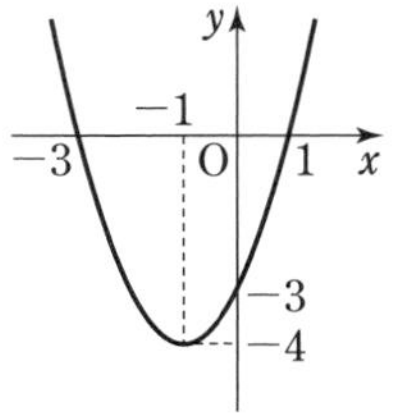

(2)　$x=2t$ から　　$t=\frac{x}{2}$

これを $y=2t-t^2$ に代入すると

$$y=2\cdot\frac{x}{2}-\left(\frac{x}{2}\right)^2$$

よって　　$\boldsymbol{y=-\frac{x^2}{4}+x}$ 答

$y=-\frac{1}{4}(x-2)^2+1$ と変形できるから，

曲線の **概形は図** のようになる。

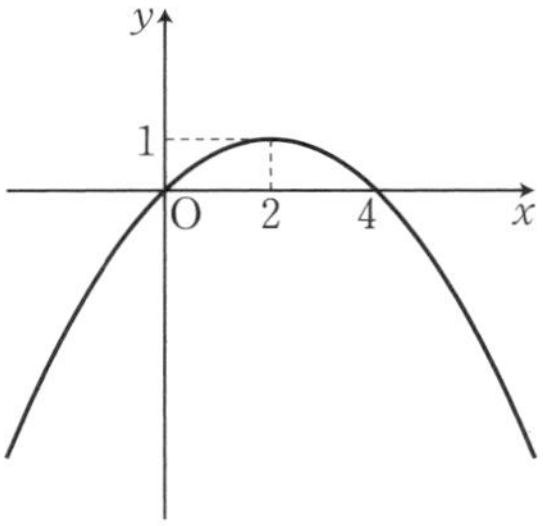

教 p.132

練習 20

放物線 $y=-x^2+4tx+2t$ の頂点は，t の値が変化するとき，どのような曲線を描くか。

指針　**放物線の頂点が描く図形と媒介変数表示**　与えられた放物線の頂点の座標を t の式で表し，t を消去すると，頂点が描く曲線の方程式になる。

解答　放物線の方程式 $y=-x^2+4tx+2t$ を変形すると

$$y=-(x-2t)^2+4t^2+2t$$

ゆえに，放物線の頂点を $\mathrm{P}(x,\ y)$ とすると　　$x=2t,\ y=4t^2+2t$

この 2 つの式から t を消去すると

$$y=4\left(\frac{x}{2}\right)^2+2\cdot\frac{x}{2}\quad\text{すなわち}\quad y=x^2+x$$

よって，頂点 P が描く曲線は　　**放物線 $\boldsymbol{y=x^2+x}$** 答

B 一般角 θ を用いた媒介変数表示

教 p.133

練習 21

角 θ を媒介変数として，次の円を表せ。

(1)　$x^2+y^2=2^2$　　(2)　$x^2+y^2=2$

指針　**角 θ を用いた円の媒介変数表示**　円 $x^2+y^2=a^2$ は，角 θ を用いて $x=a\cos\theta$，$y=a\sin\theta$ と表される。(1)，(2)で，a の値を考える。

解答　(1)　$x^2+y^2=2^2$ から　　$\boldsymbol{x=2\cos\theta,\ y=2\sin\theta}$ 答

(2)　$x^2+y^2=(\sqrt{2})^2$ から　　$\boldsymbol{x=\sqrt{2}\cos\theta,\ y=\sqrt{2}\sin\theta}$ 答

練習 22 教 p.133

角 θ を媒介変数として，次の楕円を表せ。

(1) $\dfrac{x^2}{3^2}+\dfrac{y^2}{2^2}=1$ (2) $\dfrac{x^2}{16}+\dfrac{y^2}{25}=1$

指針 **角 θ を用いた楕円の媒介変数表示** 楕円 $\dfrac{x^2}{a^2}+\dfrac{y^2}{b^2}=1$ の媒介変数表示は，$x=a\cos\theta$，$y=b\sin\theta$ である。a，b の値を考える。

解答 (1) $\dfrac{x^2}{3^2}+\dfrac{y^2}{2^2}=1$ から　$\boldsymbol{x=3\cos\theta,\ y=2\sin\theta}$ 答

(2) $\dfrac{x^2}{4^2}+\dfrac{y^2}{5^2}=1$ から　$\boldsymbol{x=4\cos\theta,\ y=5\sin\theta}$ 答

練習 23 教 p.133

θ が変化するとき，点 $\mathrm{P}\left(\dfrac{3}{\cos\theta},\ 2\tan\theta\right)$ は双曲線 $\dfrac{x^2}{3^2}-\dfrac{y^2}{2^2}=1$ 上を動くことを示せ。

指針 **双曲線と媒介変数表示** 点Pの座標を双曲線の方程式に代入して，式が成り立つことを示せばよい。

解答 $x=\dfrac{3}{\cos\theta}$，$y=2\tan\theta$ とすると

$$\frac{x^2}{3^2}-\frac{y^2}{2^2}=\frac{1}{3^2}\cdot\left(\frac{3}{\cos\theta}\right)^2-\frac{(2\tan\theta)^2}{2^2}=\frac{1}{\cos^2\theta}-\tan^2\theta=\frac{1-\sin^2\theta}{\cos^2\theta}=\frac{\cos^2\theta}{\cos^2\theta}=1$$

よって，$x=\dfrac{3}{\cos\theta}$，$y=2\tan\theta$ は $\dfrac{x^2}{3^2}-\dfrac{y^2}{2^2}=1$ を満たすから，

点 $\mathrm{P}\left(\dfrac{3}{\cos\theta},\ 2\tan\theta\right)$ は双曲線 $\dfrac{x^2}{3^2}-\dfrac{y^2}{2^2}=1$ 上を動く。 終

練習 24 教 p.134

双曲線 $\dfrac{x^2}{5^2}-\dfrac{y^2}{4^2}=1$ を媒介変数 θ を用いて表せ。

指針 **角 θ を用いた双曲線の媒介変数表示** 双曲線 $\dfrac{x^2}{a^2}-\dfrac{y^2}{b^2}=1$ は，$x=\dfrac{a}{\cos\theta}$，$y=b\tan\theta$ のように媒介変数表示される。この a，b の値を考える。

解答 $\dfrac{x^2}{5^2}-\dfrac{y^2}{4^2}=1$ から　$a=5$，$b=4$

よって，媒介変数 θ を用いて表すと　$\boldsymbol{x=\dfrac{5}{\cos\theta},\ y=4\tan\theta}$ 答

C 媒介変数表示される曲線の平行移動

教 p.134

練習 25 次の媒介変数表示は，どのような曲線を表すか。

(1) $x=3\cos\theta+2$，$y=3\sin\theta-1$

(2) $x=3\cos\theta+1$，$y=2\sin\theta+3$

指針 **媒介変数表示される曲線の平行移動**　$\sin\theta$，$\cos\theta$ を x，y で表し，$\sin^2\theta+\cos^2\theta=1$ に代入する。なお，$x=f(t)+p$，$y=g(t)+q$ で表される曲線は，$x=f(t)$，$y=g(t)$ で表される曲線を x 軸方向に p，y 軸方向に q だけ平行移動した曲線である。よって，$x=f(t)$，$y=g(t)$ がどのような曲線を表すかを調べ，その曲線を平行移動することで求めることもできる。

解答 (1)
$$\sin\theta=\frac{y+1}{3},\ \cos\theta=\frac{x-2}{3}$$
これらを $\sin^2\theta+\cos^2\theta=1$ に代入すると
$$\left(\frac{y+1}{3}\right)^2+\left(\frac{x-2}{3}\right)^2=1$$
よって　$(x-2)^2+(y+1)^2=3^2$

これは，**点 (2, −1) を中心とする半径 3 の円** を表す。 答

(2)
$$\sin\theta=\frac{y-3}{2},\ \cos\theta=\frac{x-1}{3}$$
これらを $\sin^2\theta+\cos^2\theta=1$ に代入すると
$$\left(\frac{y-3}{2}\right)^2+\left(\frac{x-1}{3}\right)^2=1$$
よって，**楕円 $\dfrac{(x-1)^2}{9}+\dfrac{(y-3)^2}{4}=1$** を表す。 答

別解 (1) 求める曲線は，曲線 $x=3\cos\theta$，$y=3\sin\theta$ …… ① を，x 軸方向に 2，y 軸方向に −1 だけ平行移動した曲線である。

ここで，曲線 ① は円 $x^2+y^2=3^2$ を表す。

よって，求める曲線は，円 $(x-2)^2+(y+1)^2=3^2$

すなわち，**点 (2, −1) を中心とする半径 3 の円** を表す。 答

(2) 求める曲線は，曲線 $x=3\cos\theta$，$y=2\sin\theta$ …… ① を，x 軸方向に 1，y 軸方向に 3 だけ平行移動した曲線である。

ここで，曲線 ① は楕円 $\dfrac{x^2}{3^2}+\dfrac{y^2}{2^2}=1$ を表す。

よって，**楕円 $\dfrac{(x-1)^2}{9}+\dfrac{(y-3)^2}{4}=1$** を表す。 答

D サイクロイド

教 p.135

練習 26

サイクロイド $x=2(\theta-\sin\theta)$，$y=2(1-\cos\theta)$ において，θ が次の値をとったときの点の座標を求めよ。

(1) $\theta=\frac{\pi}{3}$　　(2) $\theta=\pi$　　(3) $\theta=\frac{3}{2}\pi$　　(4) $\theta=2\pi$

指針　**サイクロイドの媒介変数表示**　θ の値を $x=2(\theta-\sin\theta)$，$y=2(1-\cos\theta)$ に代入して x，y を求める。

解答 (1) $x=2\left(\frac{\pi}{3}-\sin\frac{\pi}{3}\right)=2\left(\frac{\pi}{3}-\frac{\sqrt{3}}{2}\right)=\frac{2}{3}\pi-\sqrt{3}$

$y=2\left(1-\cos\frac{\pi}{3}\right)=2\left(1-\frac{1}{2}\right)=1$

よって　$\left(\frac{2}{3}\pi-\sqrt{3},\ 1\right)$ 答

(2) $x=2(\pi-\sin\pi)=2(\pi-0)=2\pi$

$y=2(1-\cos\pi)=2\{1-(-1)\}=4$

よって　$(2\pi,\ 4)$ 答

(3) $x=2\left(\frac{3}{2}\pi-\sin\frac{3}{2}\pi\right)=2\left\{\frac{3}{2}\pi-(-1)\right\}=3\pi+2$

$y=2\left(1-\cos\frac{3}{2}\pi\right)=2(1-0)=2$

よって　$(3\pi+2,\ 2)$ 答

(4) $x=2(2\pi-\sin 2\pi)=2(2\pi-0)=4\pi$

$y=2(1-\cos 2\pi)=2(1-1)=0$

よって　$(4\pi,\ 0)$ 答

8 極座標と極方程式

まとめ

1 極座標

平面上に点Oと半直線OXを定めると，この平面上の点Pの位置は，OPの長さ r とOXからOPへ測った角 θ の大きさで決まる。ただし，θ は弧度法で表された一般角である。このとき，2つの数の組 $(r,\ \theta)$ を，点Pの**極座標** という。極座標が $(r,\ \theta)$ である点Pを $P(r,\ \theta)$ と書くことがある。

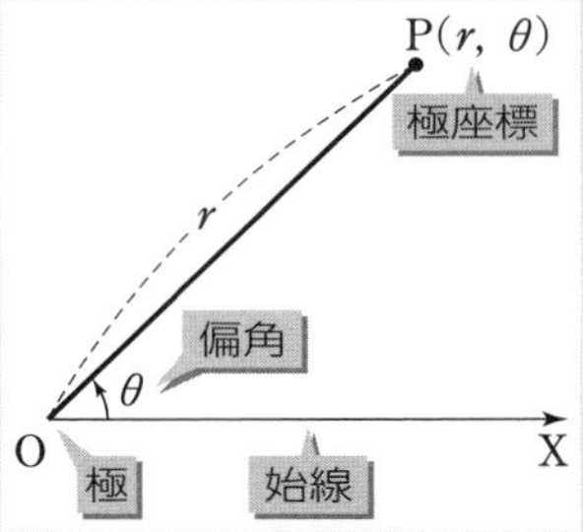

また，点Oを **極**，半直線OXを **始線**，θ を **偏角** という。極Oと異なる点Pの偏角 θ は，$0 \leqq \theta < 2\pi$ の範囲でただ1通りに定まる。なお，θ の範囲を制限しないこともある。

注意 極Oの極座標は $(0,\ \theta)$ とし，θ は任意の値と考える。

2　極座標と直交座標

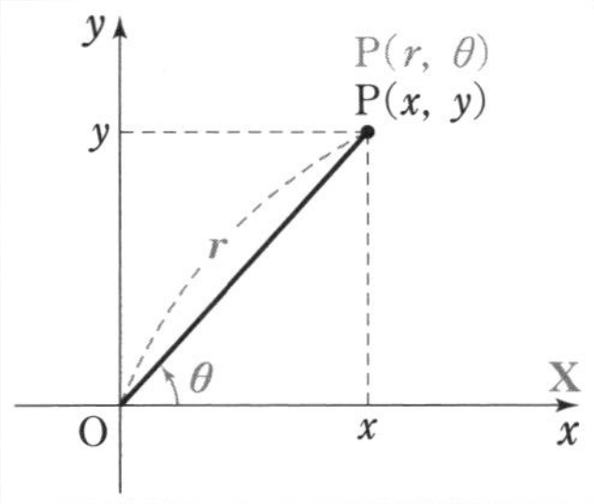

極座標に対して，これまで用いてきた x 座標と y 座標の組 $(x,\ y)$ で表した座標を **直交座標** という。

点Pの直交座標を $(x,\ y)$，極座標を $(r,\ \theta)$ とすると，次が成り立つ。

[1]　$x = r\cos\theta,\ y = r\sin\theta$

[2]　$r = \sqrt{x^2 + y^2}$

$r \neq 0$ のとき　$\cos\theta = \dfrac{x}{r},\ \sin\theta = \dfrac{y}{r}$

3　極方程式

平面上の曲線が，極座標 $(r,\ \theta)$ の方程式 $F(r,\ \theta) = 0$ や $r = f(\theta)$ で表されるとき，その方程式をこの曲線の **極方程式** という。

4　極座標を用いた円の表し方

原点Oを中心とする半径 a の円は，極座標では次のように表される。

$$r = a$$

注意 「θ は任意の値」は省略している。

5　極座標を用いた始線に垂直な直線の表し方

直線 $x = a$ は，極座標では次のように表される。

$$r\cos\theta = a \quad \text{すなわち} \quad r = \frac{a}{\cos\theta}$$

注意 極座標 $(r,\ \theta)$ において，r が負の値をとる場合も考える。
$r < 0$ のとき，$(r,\ \theta)$ は極座標が $(|r|,\ \theta + \pi)$ である点を表すものとする。

6　極Oを通り，始線OXと θ_0 の角をなす直線

この直線上の点の極座標を $(r,\ \theta)$ とすると，この直線の極方程式は　$\theta = \theta_0$

注意 「r は任意の値」は省略している。

7　中心の極座標が $(a,\ 0)$ である半径 a の円

この円上の点の極座標を $(r,\ \theta)$ とすると，この円の極方程式は

$$r = 2a\cos\theta$$

8　極Oと異なる極座標 $(a,\ \alpha)$ の定点Aを通り，OAに垂直な直線

$$r\cos(\theta - \alpha) = a$$

9 直交座標の方程式と極方程式

直交座標において x, y の方程式で表された曲線を，極方程式で表すには，$x=r\cos\theta$, $y=r\sin\theta$ を与えられた x, y の方程式に代入し，r, θ の方程式を求めるとよい。

10 極方程式と直交座標の方程式

r, θ の極方程式で表された曲線を，直交座標における x, y の方程式で表すには

$$r^2=x^2+y^2,\quad \cos\theta=\frac{x}{r},\quad \sin\theta=\frac{y}{r}\quad (r\neq 0\text{ のとき})$$

などの関係を用いて，r, θ を含む部分を x, y でおき換えるとよい。

注意 与えられた極方程式の形によっては，r, θ を消去して x, y だけの方程式に変えることがうまくできない場合がある。

11 2次曲線を表す極方程式

$r=\dfrac{1}{a+b\cos\theta}$ の形の極方程式が表す曲線を調べると，a, b の値によって，楕円，放物線，双曲線などの2次曲線を表すことがわかる。

解説 $r=\dfrac{1}{a+b\cos\theta}\longrightarrow ar+br\cos\theta=1\longrightarrow ar=1-br\cos\theta\longrightarrow ar=1-bx$

$\longrightarrow a^2r^2=(1-bx)^2\longrightarrow a^2(x^2+y^2)=(1-bx)^2$

と変形すると，x, y の2次方程式になることがわかる。

ここで，$a^2(x^2+y^2)=(1-bx)^2$ より $(a^2-b^2)x^2+2bx+a^2y^2=1$

よって，$a^2-b^2>0$ のときは楕円，$a^2-b^2=0$ のときは放物線，

$a^2-b^2<0$ のときは双曲線を表す。

A 極座標と直交座標

教 p.139

練習 27 極座標が次のような点の直交座標を求めよ。

(1) $\left(2,\ \dfrac{\pi}{6}\right)$ (2) $\left(\sqrt{2},\ \dfrac{\pi}{4}\right)$ (3) $(3,\ \pi)$

指針 **極座標から直交座標を求める** 極座標 $(r,\ \theta)$ と直交座標 $(x,\ y)$ の間には，$x=r\cos\theta$, $y=r\sin\theta$ の関係がある。この関係を使って，与えられた r, θ の値から，x, y の値を求める。

解答 求める直交座標を $(x,\ y)$ とする。

(1) $x=2\cos\dfrac{\pi}{6}=2\cdot\dfrac{\sqrt{3}}{2}=\sqrt{3}$

$y=2\sin\dfrac{\pi}{6}=2\cdot\dfrac{1}{2}=1$

よって，直交座標は

$(\sqrt{3},\ 1)$ 答

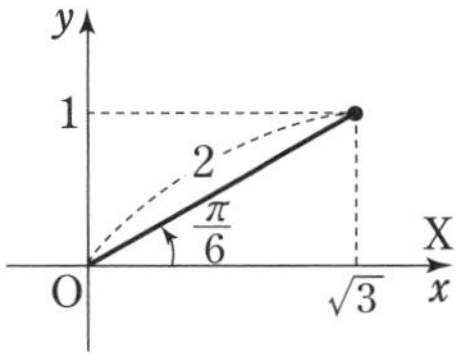

(2) $x=\sqrt{2}\cos\dfrac{\pi}{4}=\sqrt{2}\cdot\dfrac{1}{\sqrt{2}}=1$

$y=\sqrt{2}\sin\dfrac{\pi}{4}=\sqrt{2}\cdot\dfrac{1}{\sqrt{2}}=1$

よって，直交座標は

$(1,\ 1)$ 答

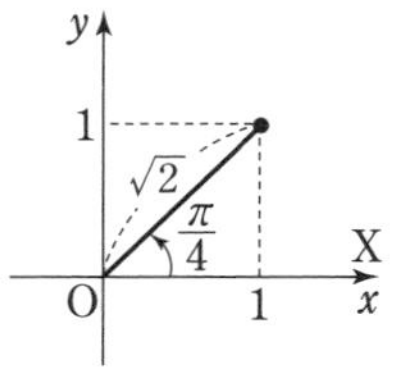

(3) $x=3\cos\pi=3\cdot(-1)=-3$

$y=3\sin\pi=3\cdot0=0$

よって，直交座標は

$(-3,\ 0)$ 答

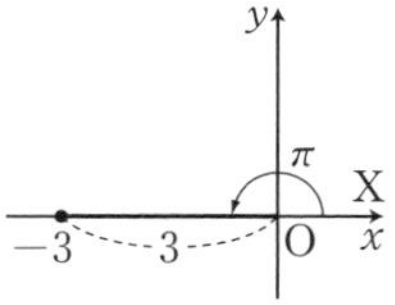

練習 28 教 p.139

直交座標が次のような点の極座標を求めよ。ただし，偏角 θ の範囲は $0\leqq\theta<2\pi$ とする。

(1) $(2,\ 2)$　　(2) $(-1,\ \sqrt{3})$　　(3) $(-\sqrt{3},\ -1)$

指針 **直交座標から極座標を求める**　極座標 $(r,\ \theta)$ と直交座標 $(x,\ y)$ の関係

$r=\sqrt{x^2+y^2}$，$\cos\theta=\dfrac{x}{r}$，$\sin\theta=\dfrac{y}{r}$ から，x，y の値が与えられたときの r，θ の値を求める。$0\leqq\theta<2\pi$ より，θ の値は定まる。

解答 与えられた直交座標を $(x,\ y)$，求める極座標を $(r,\ \theta)$ とする。

(1) $r=\sqrt{x^2+y^2}=\sqrt{2^2+2^2}=2\sqrt{2}$

$\cos\theta=\dfrac{x}{r}=\dfrac{2}{2\sqrt{2}}=\dfrac{1}{\sqrt{2}}$

$\sin\theta=\dfrac{y}{r}=\dfrac{2}{2\sqrt{2}}=\dfrac{1}{\sqrt{2}}$

$0\leqq\theta<2\pi$ では　　$\theta=\dfrac{\pi}{4}$

よって，極座標は　$\left(2\sqrt{2},\ \dfrac{\pi}{4}\right)$ 答

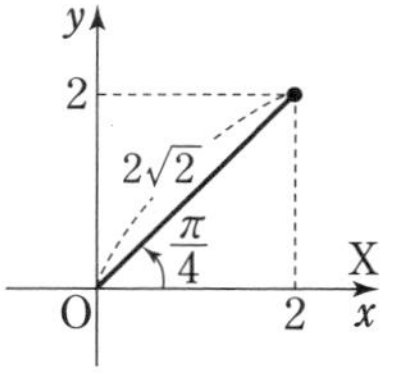

(2) $r=\sqrt{x^2+y^2}=\sqrt{(-1)^2+(\sqrt{3})^2}=2$

$\cos\theta=\dfrac{x}{r}=\dfrac{-1}{2}=-\dfrac{1}{2}$

$\sin\theta=\dfrac{y}{r}=\dfrac{\sqrt{3}}{2}$

$0\leqq\theta<2\pi$ では　　$\theta=\dfrac{2}{3}\pi$

よって，極座標は　$\left(2,\ \dfrac{2}{3}\pi\right)$ 答

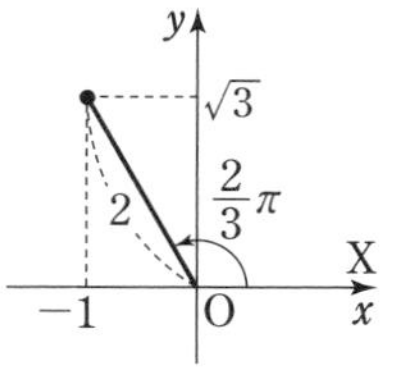

(3)　$r=\sqrt{x^2+y^2}=\sqrt{(-\sqrt{3})^2+(-1)^2}=2$

$\cos\theta=\dfrac{x}{r}=-\dfrac{\sqrt{3}}{2}$

$\sin\theta=\dfrac{y}{r}=-\dfrac{1}{2}$

$0\leqq\theta<2\pi$ では　　$\theta=\dfrac{7}{6}\pi$

よって，極座標は　$\left(2,\ \dfrac{7}{6}\pi\right)$ 答

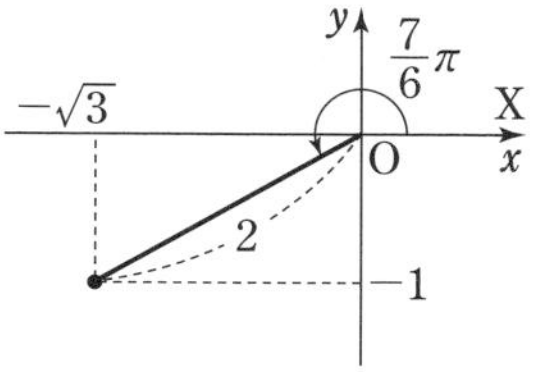

B 極方程式

練習 29　教 p.141

極座標が $\left(1,\ \dfrac{\pi}{2}\right)$ である点Aを通り，始線に平行な直線を，極方程式で表せ。

指針　**極座標を用いた直線の表し方**　直線上の点 $P(r,\ \theta)$ に対して，r と θ の間の関係式を，図形的に調べる。

解答　この直線上の点Pの極座標を $(r,\ \theta)$ とすると，
$OP\sin\theta=1$ から

$r\sin\theta=1$

よって，この直線の極方程式は

$\boldsymbol{r=\dfrac{1}{\sin\theta}}$ 答

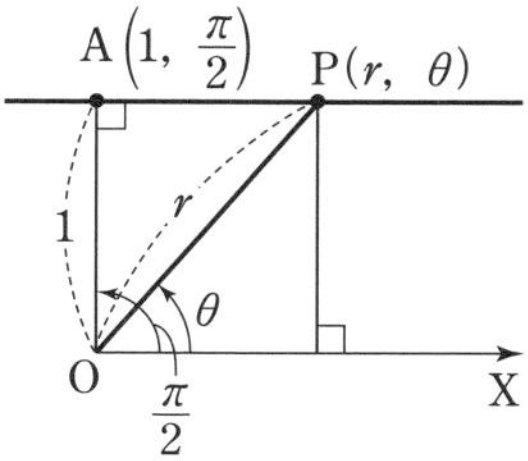

練習 30　教 p.141

次の極方程式で表される曲線を図示せよ。

(1)　$\theta=\dfrac{\pi}{6}$　　　　(2)　$r=2\cos\theta$

指針　**極方程式で表される曲線**　曲線上の点Pの極座標を $(r,\ \theta)$ として，与えられた極方程式を満たす点Pはどのような曲線になるかを，図形的に考える。

解答　曲線上の点Pの極座標を $(r,\ \theta)$ とする。

(1)　$\theta=\dfrac{\pi}{6}$ のとき，$\angle POX=\dfrac{\pi}{6}$ で一定である。

よって，極Oを通り，始線OXとのなす角が $\dfrac{\pi}{6}$ である直線を表し，**図**のようになる。

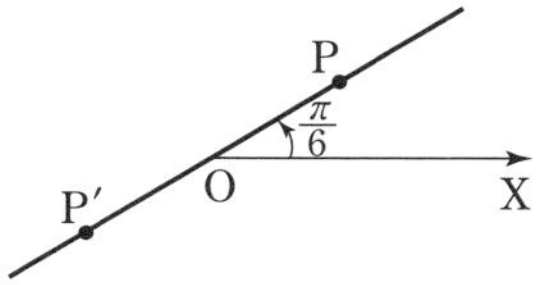

(2) 始線 OX 上に極座標が(2, 0)の点 B をとると，$r=2\cos\theta$ のとき，△OPB において，OP＝OB$\cos\theta$ であるから

$$\angle \mathrm{OPB}=\frac{\pi}{2}$$

よって，点 P は OB を直径とする円を描くことがわかる。

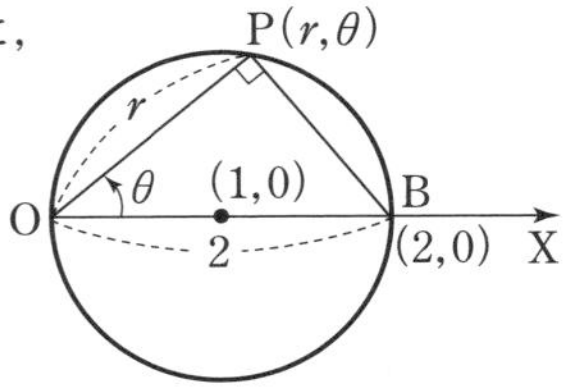

すなわち，求める曲線は，極座標が(1, 0)の点を中心とする半径 1 の円で，図 のようになる。

注意 (1) $r>0$ のときは図の半直線 OP の部分を動き，$r\leqq 0$ のときは半直線 OP′ の部分を動くので，合わせると図の直線全体になる。

練習 31 教 p.142

極座標が$\left(2,\ \frac{\pi}{6}\right)$である点 A を通り，OA に垂直な直線 ℓ の極方程式は $r\cos\left(\theta-\frac{\pi}{6}\right)=2$ であることを示せ。

指針 **極方程式で表される直線** 直線 ℓ 上の点 P と点 O，A の関係 OP$\cos\angle$AOP＝OA が成り立つ。P の極座標を$(r,\ \theta)$として，この関係式を r，θ で表す。

解答 直線 ℓ 上の点 P の極座標を$(r,\ \theta)$とすると

$$\mathrm{OP}\cos\angle\mathrm{AOP}=\mathrm{OA}$$

ここで

$$\mathrm{OP}=r,\ \mathrm{OA}=2,$$

$$\cos\angle\mathrm{AOP}=\cos\left(\theta-\frac{\pi}{6}\right)$$

であるから，直線 ℓ の極方程式は

$$r\cos\left(\theta-\frac{\pi}{6}\right)=2$$ 終

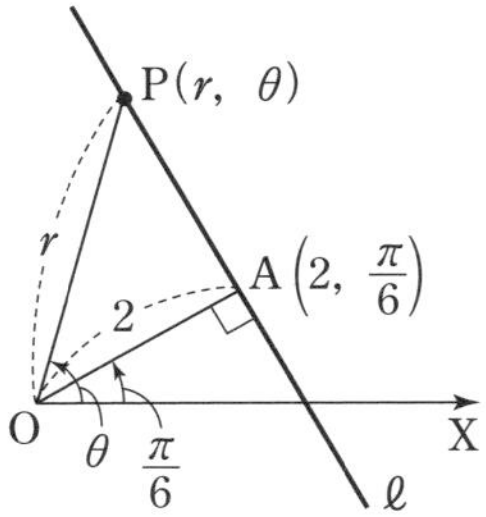

C 直交座標の x，y の方程式と極方程式

練習 32 教 p.142

楕円 $x^2+2y^2=4$ を極方程式で表せ。

指針 **直交座標の方程式を極方程式で表す** $x=r\cos\theta$，$y=r\sin\theta$ の関係を用いて，与えられた x，y の方程式を r，θ の方程式で表す。
この場合，与えられた x，y の方程式がどんな形をしていても，r，θ の方程式に変形できることに注意する。

解答　楕円上の点 P$(x,\ y)$ の極座標を $(r,\ \theta)$ とすると

$$x=r\cos\theta,\ y=r\sin\theta$$

これらを $x^2+2y^2=4$ に代入すると

$$r^2\cos^2\theta+2r^2\sin^2\theta=4$$

すなわち $r^2(\cos^2\theta+2\sin^2\theta)=4$ から

$$\boldsymbol{r^2(1+\sin^2\theta)=4}$$ 答

教 p.143

練習 33　次の極方程式の表す曲線を，直交座標の x，y の方程式で表せ。

(1)　$r=\dfrac{1}{\sin\theta+\cos\theta}$　　(2)　$r=2\sin\theta$

指針　**極方程式を直交座標の方程式で表す**　与えられた r，θ の極方程式に対して，$r^2=x^2+y^2$，$\cos\theta=\dfrac{x}{r}$，$\sin\theta=\dfrac{y}{r}$ などの関係を用いて，x，y の方程式を導く。

解答　この曲線上の点 P$(r,\ \theta)$ の直交座標を $(x,\ y)$ とする。

$$r\cos\theta=x,\quad r\sin\theta=y,\quad r^2=x^2+y^2 \quad \cdots\cdots ①$$

(1)　極方程式 $r=\dfrac{1}{\sin\theta+\cos\theta}$ の両辺に $\sin\theta+\cos\theta\ (\neq 0)$ を掛けると

$$r(\sin\theta+\cos\theta)=1$$

ゆえに　　$r\sin\theta+r\cos\theta=1$

これに ① を代入して，r，θ を消去すると　　$y+x=1$

よって　　$\boldsymbol{x+y=1}$ 答

(2)　極方程式 $r=2\sin\theta$ の両辺に r を掛けると

$$r^2=2r\sin\theta$$

これに①を代入して，r，θ を消去すると

$$x^2+y^2=2y$$

よって　　$\boldsymbol{x^2+y^2-2y=0}$ 答

注意　(1) の $x+y=1$ は直線を表す。
(2) の $x^2+y^2-2y=0$ は，点 $(0,\ 1)$ を中心とする半径 1 の円を表す。

D 2次曲線の極方程式

教 p.144

練習 34 次の極方程式の表す曲線を，直交座標の x，y の方程式で表せ。

$$r=\frac{1}{1+2\cos\theta}$$

指針 **極方程式を直交座標の方程式で表す**　与えられた極方程式に対して，$r^2=x^2+y^2$，$r\cos\theta=x$，$r\sin\theta=y$ などの関係を用いて，x，y の方程式を導く。

解答 $r=\dfrac{1}{1+2\cos\theta}$ の分母を払うと

$$r+2r\cos\theta=1$$

←$r\neq 0$ であることに注意。

$r\cos\theta=x$ を代入して　$r=1-2x$

両辺を2乗すると　$r^2=1-4x+4x^2$

$r^2=x^2+y^2$ を代入して　$x^2+y^2=1-4x+4x^2$

整理して　$\boldsymbol{3x^2-y^2-4x+1=0}$ 答

注意 $3x^2-y^2-4x+1=0$ を変形すると，$9\left(x-\dfrac{2}{3}\right)^2-3y^2=1$ となり，双曲線を表すことがわかる。

教 p.145

練習 35 始線 OX 上の点 A(2, 0)を通り，始線に垂直な直線を ℓ とする。点 P(r, θ)から ℓ に下ろした垂線を PH とするとき，$\dfrac{\mathrm{OP}}{\mathrm{PH}}=\dfrac{1}{2}$ であるような P の軌跡を，極方程式で表せ。

指針 **定点と定直線からの距離の比が一定である曲線**　図をかいて，OP，PH をそれぞれ r，θ を用いて表し，r，θ の極方程式を導く。

解答 点 P から直線 OA に垂線 PK を下ろすと，

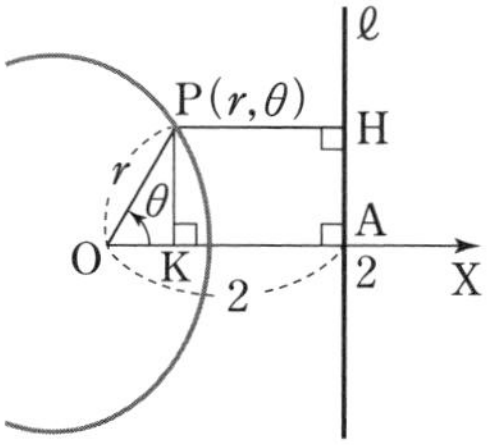

右の図で　$\mathrm{OK}=r\cos\theta$

よって　$\mathrm{PH}=\mathrm{OA}-\mathrm{OK}$

$=2-r\cos\theta$

これは，任意の θ の値に対して成り立つ。

また　$\mathrm{OP}=r$

ゆえに，$\dfrac{\mathrm{OP}}{\mathrm{PH}}=\dfrac{1}{2}$ から

$$\frac{r}{2-r\cos\theta}=\frac{1}{2}$$

分母を払うと　$2r=2-r\cos\theta$

r について解くと，$(2+\cos\theta)r=2$ から

$$r=\frac{2}{2+\cos\theta}$$

よって，求める点 P の軌跡の極方程式は

$$\boldsymbol{r=\frac{2}{2+\cos\theta}}$$ 答

注意 求めた極方程式は，楕円を表す。

9 コンピュータの利用

まとめ

1　リサージュ曲線

有理数 a，b に対して媒介変数表示 $x=\sin at$，$y=\sin bt$ で表される曲線を，**リサージュ曲線** という。

2　アルキメデスの渦巻線

$a>0$ のとき，極方程式

$$r=a\theta \quad (\theta \geqq 0)$$

で表される曲線を，**アルキメデスの渦巻線** という。

A 媒介変数表示される曲線の描画

教 p.146

練習 36 次のように媒介変数表示される曲線をコンピュータで描いてみよう。

(1) $x=2\cos t$, $y=2\sin t$　　(2) $x=3\cos t$, $y=2\sin t$

(3) $x=\cos t$, $y=\sin^2 t$　　(4) $x=\sin 2t$, $y=\sin^2 t$

(5) $x=\sin t-\cos t$, $y=\sin t+\cos t$

(6) $x=t-\sin t$, $y=1-\cos t$

(7) $x=2\cos^3 t$, $y=2\sin^3 t$

解答 (1)

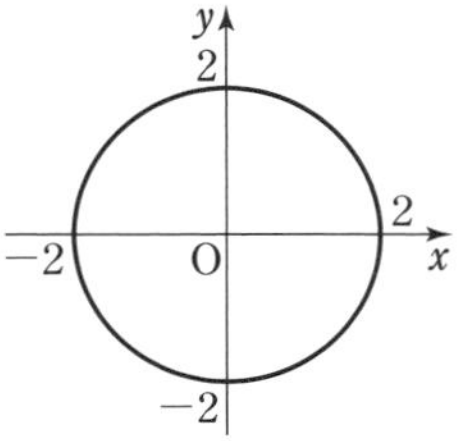

(2)

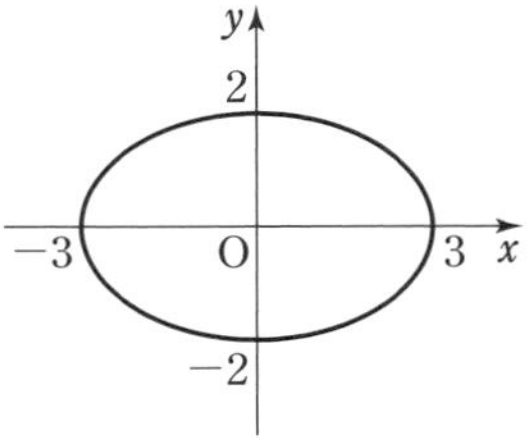

(3)

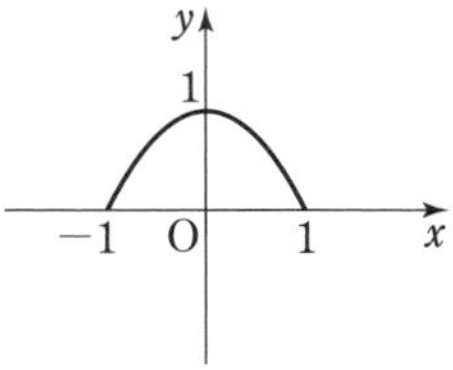

(4)

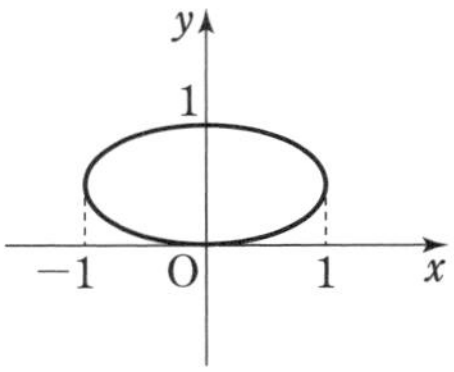

(5)

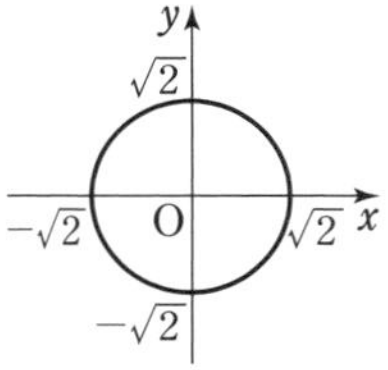

(6)

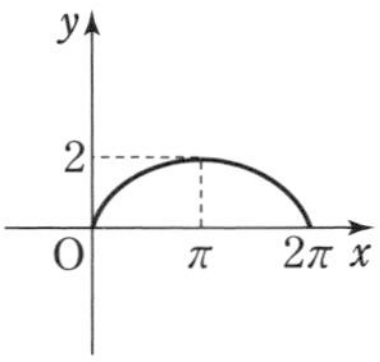

(7)

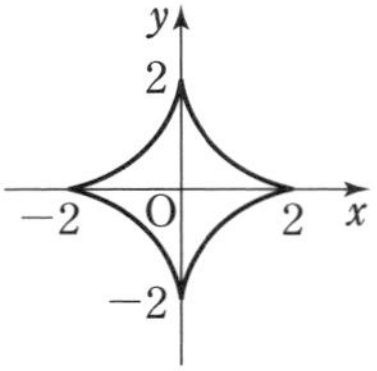

注意 解答の図は，いずれも $0\leqq t\leqq 2\pi$ で描いた。(6)はサイクロイド，(7)はアステロイドである。

B 極方程式で表される曲線の描画

練習 37 教 p.147

次のような極方程式で表される曲線をコンピュータで描いてみよう。ただし，$\theta \geqq 0$ とする。

(1) $r=\theta$　　(2) $r=\sin 4\theta$　　(3) $r=2(1+\cos\theta)$

解答 (1)

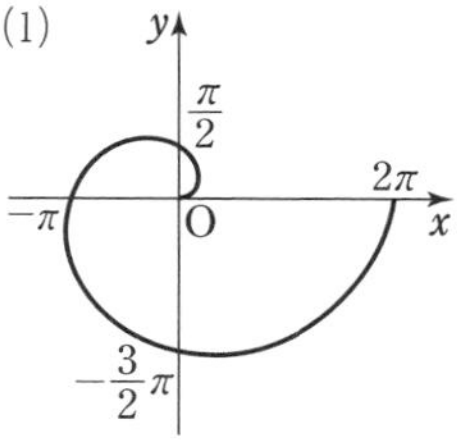

(2)

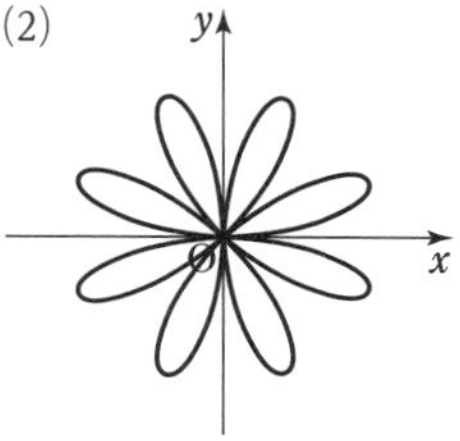

(3)

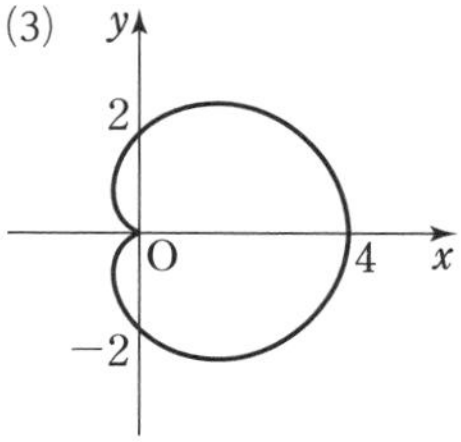

注意 (1)はアルキメデスの渦巻線，(2)は正葉曲線，(3)はカージオイドである。

第4章 第2節　問題

教 p.148

8 次のように媒介変数表示される曲線がある。

$$x=\frac{1}{2}\left(t+\frac{1}{t}\right),\ y=\frac{1}{2}\left(t-\frac{1}{t}\right)$$

(1) $x+y$，$x-y$ を，それぞれ t の式で表せ。

(2) t を消去して x，y の方程式を求めよ。

指針 **媒介変数表示と x，y の方程式**

(1) $x+y$，$x-y$ をそれぞれ計算して t の式で表す。

(2) (1)の結果を利用して t を消去する。

解答 (1) $\boldsymbol{x+y}=\frac{1}{2}\left(t+\frac{1}{t}\right)+\frac{1}{2}\left(t-\frac{1}{t}\right)=\boldsymbol{t}$ 答

$\boldsymbol{x-y}=\frac{1}{2}\left(t+\frac{1}{t}\right)-\frac{1}{2}\left(t-\frac{1}{t}\right)=\boldsymbol{\frac{1}{t}}$ 答

(2) $x+y=t$，$x-y=\frac{1}{t}$ から t を消去すると　$x-y=\frac{1}{x+y}$

両辺に $x+y$ を掛けると　$(x+y)(x-y)=1$

よって　$\boldsymbol{x^2-y^2=1}$ 答

教 p.148

9 次のように媒介変数表示される曲線について，θ を消去して x，y の方程式を求めよ。

(1) $x=2\cos\theta-1$，$y=3\sin\theta-2$

(2) $x=\dfrac{1}{\cos\theta}+2$，$y=2\tan\theta+1$

指針　**媒介変数表示と x，y の方程式**　$\sin\theta$ と $\cos\theta$ の間の関係式や $\cos\theta$ と $\tan\theta$ の間の関係式に着目して，x と y だけの関係式を導く。

解答　(1) $x=2\cos\theta-1$，$y=3\sin\theta-2$ から

$$\cos\theta=\frac{x+1}{2},\qquad \sin\theta=\frac{y+2}{3}$$

これらを $\sin^2\theta+\cos^2\theta=1$ に代入すると

$$\left(\frac{y+2}{3}\right)^2+\left(\frac{x+1}{2}\right)^2=1$$

すなわち　$\dfrac{(x+1)^2}{4}+\dfrac{(y+2)^2}{9}=1$　答

(2) $x=\dfrac{1}{\cos\theta}+2$，$y=2\tan\theta+1$ から

$$\frac{1}{\cos\theta}=x-2,\qquad \tan\theta=\frac{y-1}{2}$$

これらを $1+\tan^2\theta=\dfrac{1}{\cos^2\theta}$ に代入すると

$$1+\left(\frac{y-1}{2}\right)^2=(x-2)^2$$

すなわち　$(x-2)^2-\dfrac{(y-1)^2}{4}=1$　答

教 p.148

10 極座標が$(4,\ 0)$である点 A を通り，始線 OX と $\dfrac{\pi}{6}$ の角をなす直線の極方程式を求めよ。

指針　**極方程式で表される直線**　極 O から直線に垂線 OH を下ろすと，直線上の点 P と点 O，H の関係 OPcos∠POH＝OH が成り立つ。
P の極座標を$(r,\ \theta)$として，この関係式を r，θ で表す。

解答 極Oから直線に垂線OHを下ろす。

求める直線上の点Pの極座標を$(r,\ \theta)$とすると

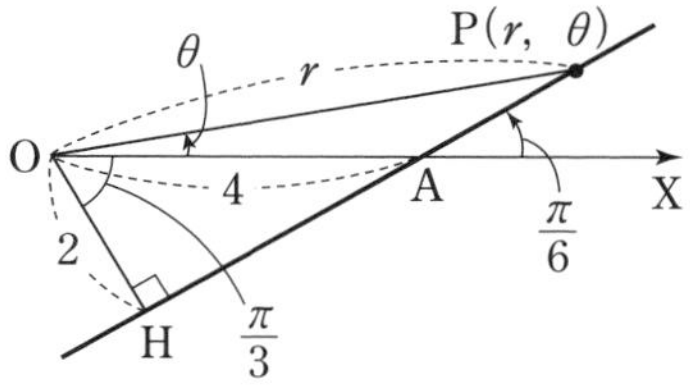

$$\mathrm{OP}\cos\angle\mathrm{POH}=\mathrm{OH}$$

ここで

$$\mathrm{OP}=r,\ \mathrm{OH}=2,$$

$$\cos\angle\mathrm{POH}=\cos\left(\theta+\frac{\pi}{3}\right)$$

よって，求める直線の極方程式は

$$\boldsymbol{r\cos\left(\theta+\frac{\pi}{3}\right)=2}$$ 答

参考 極座標が$(a,\ 0)$である点を通り，始線とαの角をなす直線の極方程式は

$$r\cos(\theta+\alpha)=a\sin\alpha$$

教 p.148

11 次の極方程式の表す曲線を，直交座標のx，yの方程式で表せ。

(1) $r=2(\cos\theta-2\sin\theta)$　　(2) $r^2\sin\theta\cos\theta=1$

指針 **極方程式を直交座標の方程式で表す** 極座標$(r,\ \theta)$と直交座標の点$(x,\ y)$の間の関係

$$r\cos\theta=x,\ r\sin\theta=y,\ r^2=x^2+y^2$$

を用いて，極方程式のr，θをx，yで表す。

解答 $$r\cos\theta=x,\quad r\sin\theta=y,\quad r^2=x^2+y^2 \quad \cdots\cdots ①$$

(1) $r=2(\cos\theta-2\sin\theta)$の両辺に$r$を掛けて

$$r^2=2r\cos\theta-4r\sin\theta$$

① を代入して　$x^2+y^2=2x-4y$

よって　　$\boldsymbol{x^2+y^2-2x+4y=0}$ 答

(2) $r^2\sin\theta\cos\theta=1$から

$$(r\sin\theta)(r\cos\theta)=1$$

① を代入して　$yx=1$

すなわち　　$\boldsymbol{xy=1}$ 答

注意 (1)は円を表し，(2)は双曲線を表している。

教 p.148

12 次の極方程式の表す曲線を，直交座標のx，yの方程式で表せ。

$$r=\frac{1}{\sqrt{2}-\cos\theta}$$

また，この曲線は，放物線，楕円，双曲線のいずれであるか。

教科書 p.148

指針 **極方程式を直交座標の方程式で表す**　与えられた r，θ の極方程式に対して，$r^2=x^2+y^2$，$r\cos\theta=x$，$r\sin\theta=y$ などの関係を用いて，x，y の方程式を導く。分数の形で与えられているから，まず，分母を払う。

解答 分母を払うと　$\sqrt{2}\,r-r\cos\theta=1$

よって　$\sqrt{2}\,r=1+r\cos\theta$

$r\cos\theta=x$ を代入すると　$\sqrt{2}\,r=1+x$

両辺を2乗すると　$2r^2=1+2x+x^2$

$r^2=x^2+y^2$ を代入すると　$2(x^2+y^2)=1+2x+x^2$

整理して　$\boldsymbol{x^2+2y^2-2x-1=0}$　答

この方程式を変形すると　$(x-1)^2+2y^2=2$

すなわち　$\dfrac{(x-1)^2}{2}+y^2=1$

よって，この曲線は **楕円** である。　答

教 p.148

13 右の図において，点Cを中心とする半径2の円はタイヤを，x 軸は地面を表している。このタイヤの周上にペンキで1箇所目印を付ける。点Pはこの目印を表し，いま，タイヤと地面は点Pで接しているとする。このタイヤが地面をすべることなく角 θ だけ回転したとき，線分CPの中点Qの描く曲線の媒介変数表示を求めよ。ただし，点Pの最初の位置を原点O，点Cの最初の位置を点(0，2)とし，媒介変数は θ とせよ。

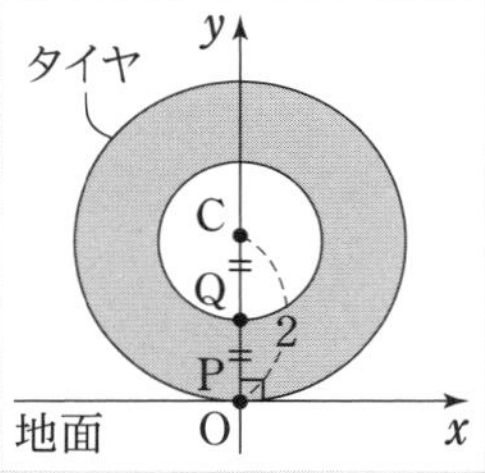

指針 **サイクロイドの媒介変数表示**　点Qは，線分CPの中点である。
点Pが描く曲線はサイクロイドであり，Pの座標は

$$(2(\theta-\sin\theta),\ 2(1-\cos\theta))$$

また，点Cを半径2の円の中心と考えると，その座標は　$(2\theta,\ 2)$

解答 円が角 θ だけ回転したとき，

$P(2(\theta-\sin\theta),\ 2(1-\cos\theta))$，$C(2\theta,\ 2)$

と表すことができる。

点Qは線分CPの中点であるから，Qの座標 $(x,\ y)$ とすると

$$x=\frac{2(\theta-\sin\theta)+2\theta}{2}=2\theta-\sin\theta$$

$$y=\frac{2(1-\cos\theta)+2}{2}=2-\cos\theta$$

よって，媒介変数表示すると　$\boldsymbol{x=2\theta-\sin\theta,\ y=2-\cos\theta}$　答

第4章　章末問題A

教 p.149

1. 次の方程式の表す2次曲線の概形をかけ。また，その焦点の座標を求めよ。

(1)　$y^2+8x=0$　　(2)　$4x^2+16y^2=1$　　(3)　$8x^2-4y^2=32$

指針　**2次曲線の概形**　2次曲線の方程式を標準形に変形し，概形をかく。

(1)　$y^2=4px$ は放物線で，焦点は点 $(p,\ 0)$，準線は直線 $x=-p$

(2)　$\dfrac{x^2}{a^2}+\dfrac{y^2}{b^2}=1$ は楕円で，頂点は4点 $(\pm a,\ 0)$，$(0,\ \pm b)$，

焦点は2点 $(\sqrt{a^2-b^2},\ 0)$，$(-\sqrt{a^2-b^2},\ 0)$　$(a>b>0)$

(3)　$\dfrac{x^2}{a^2}-\dfrac{y^2}{b^2}=1$ は双曲線で，漸近線は2直線 $y=\pm\dfrac{b}{a}x$，

焦点は2点 $(\sqrt{a^2+b^2},\ 0)$，$(-\sqrt{a^2+b^2},\ 0)$　$(a>0,\ b>0)$

解答　(1)　$y^2+8x=0$ から

$$y^2=4\cdot(-2)x$$

曲線の **概形は図** のようになる。

よって，方程式は放物線を表し，

準線は　　直線 $x=2$

焦点の座標は　　$(-2,\ 0)$　答

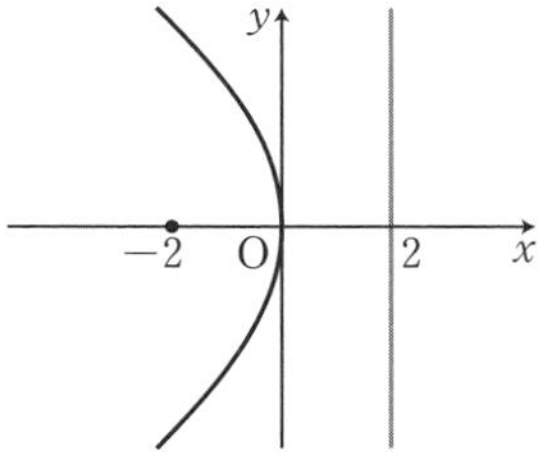

(2)　$4x^2+16y^2=1$ から

$$\frac{x^2}{\left(\frac{1}{2}\right)^2}+\frac{y^2}{\left(\frac{1}{4}\right)^2}=1$$

曲線の **概形は図** のようになる。

ゆえに，方程式は楕円を表し

$$\sqrt{\left(\frac{1}{2}\right)^2-\left(\frac{1}{4}\right)^2}=\frac{\sqrt{3}}{4}$$

よって，焦点の座標は

$\left(\dfrac{\sqrt{3}}{4},\ 0\right)$，$\left(-\dfrac{\sqrt{3}}{4},\ 0\right)$　答

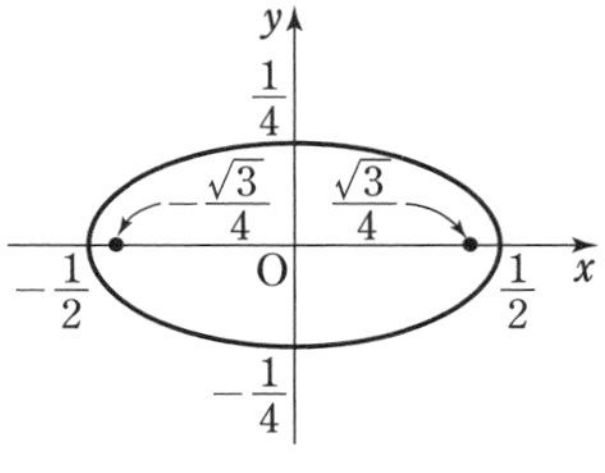

(3) $8x^2-4y^2=32$ から

$$\frac{x^2}{2^2}-\frac{y^2}{(2\sqrt{2})^2}=1$$

ゆえに，方程式は双曲線を表し

$$\sqrt{2^2+(2\sqrt{2})^2}=2\sqrt{3}$$

よって，焦点の座標は

$(2\sqrt{3},\ 0)$，$(-2\sqrt{3},\ 0)$ 答

また，曲線の **概形は図** のようになる。

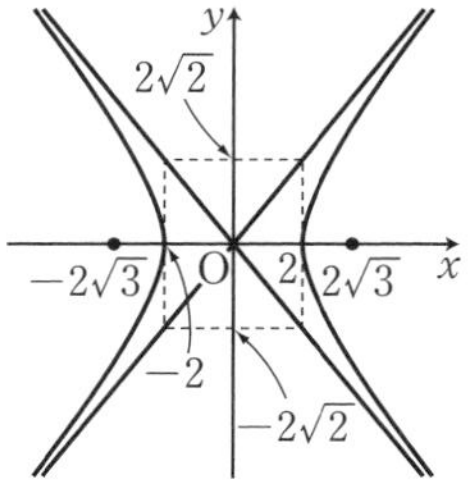

教 p.149

2. 次のような2次曲線の方程式を求めよ。

(1) 頂点が原点で，焦点が x 軸上にあり，点 $(-1,\ 2)$ を通る放物線

(2) 長軸が x 軸上，短軸が y 軸上にあり，長軸の長さが4で点 $(\sqrt{2},\ 1)$ を通る楕円

(3) 頂点の座標が $(1,\ 0)$，$(-1,\ 0)$ で，2直線 $y=2x$，$y=-2x$ を漸近線とする双曲線

指針 **条件を満たす2次曲線** まず，それぞれの条件のうちのいくつかに着目して，曲線の方程式を a，b，p などの定数を使って表し，次に，残りの条件を用いてこれらの定数を求める。

解答 (1) 頂点が原点で，焦点が x 軸上にあることから，求める放物線の方程式は $y^2=4px$ とおける。

ここで，点 $(-1,\ 2)$ を通ることから　$2^2=4p(-1)$

よって，$p=-1$ であるから，求める方程式は　$\boldsymbol{y^2=-4x}$ 答

(2) 長軸が x 軸上，短軸が y 軸上にあることから，原点Oが中心で，この楕円の方程式を $\frac{x^2}{a^2}+\frac{y^2}{b^2}=1$　$(a>b>0)$ とおける。

このとき，長軸の長さが4であるから　$2a=4$

よって　$a=2$

さらに，点 $(\sqrt{2},\ 1)$ を通ることから　$\frac{(\sqrt{2})^2}{2^2}+\frac{1^2}{b^2}=1$

ゆえに　$b^2=2$

よって，求める方程式は

$$\boldsymbol{\frac{x^2}{4}+\frac{y^2}{2}=1}$$ 答

(3) 頂点 $(1,\ 0)$，$(-1,\ 0)$ は x 軸上にあり，それらを結ぶ線分の中点は原点Oであるから，この双曲線の方程式は

教科書 p.149

$\dfrac{x^2}{a^2}-\dfrac{y^2}{b^2}=1$ $(a>0,\ b>0)$とおける。

ここで，頂点の座標から　$a=1$ ……①

また，漸近線の方程式は $y=\pm\dfrac{b}{a}x$ であるから　$\dfrac{b}{a}=2$ ……②

②から　$b=2a$　これに①を代入して　$b=2$

よって，求める方程式は　$x^2-\dfrac{y^2}{4}=1$ 答

教 p.149

3. 次の方程式は放物線，楕円，双曲線のいずれを表すか。また，その焦点の座標を求めよ。

(1) $x^2-2x+4y^2-3=0$　(2) $y^2-4y-4x=0$

(3) $9x^2-4y^2-18x-8y-31=0$

指針 **方程式が表す2次曲線**　与えられた方程式を変形して，どのような2次曲線を表すかを調べる。

放物線　$(y-q)^2=4a(x-p)$，　$(x-p)^2=4a(y-q)$

楕円　$\dfrac{(x-p)^2}{a^2}+\dfrac{(y-q)^2}{b^2}=1$

双曲線　$\dfrac{(x-p)^2}{a^2}-\dfrac{(y-q)^2}{b^2}=1$，　$\dfrac{(x-p)^2}{a^2}-\dfrac{(y-q)^2}{b^2}=-1$

焦点の座標は，標準形の式との平行移動の関係で求める。

解答 (1) $x^2-2x+4y^2-3=0$ を変形すると

$(x-1)^2+4y^2=4$　すなわち　$\dfrac{(x-1)^2}{4}+y^2=1$

これは，楕円 $\dfrac{x^2}{4}+y^2=1$ ……①　← $\dfrac{x^2}{2^2}+\dfrac{y^2}{1^2}=1$

を x 軸方向に1だけ平行移動したものである。

①の焦点の座標は，$\sqrt{2^2-1^2}=\sqrt{3}$ から　$(\sqrt{3},\ 0)$，$(-\sqrt{3},\ 0)$

よって，方程式は **楕円** を表す。 答

また，焦点の座標は　$(\sqrt{3}+1,\ 0)$，$(-\sqrt{3}+1,\ 0)$ 答

(2) $y^2-4y-4x=0$ を変形すると

$(y-2)^2=4x+4$　すなわち　$(y-2)^2=4(x+1)$

これは，放物線 $y^2=4x$ ……①　を x 軸方向に -1，y 軸方向に2だけ平行移動したものである。

①の焦点の座標は $(1,\ 0)$ である。

よって，方程式は **放物線** を表す。 答

また，焦点の座標は　$(1-1,\ 0+2)$　すなわち　$(0,\ 2)$ 答

(3)　$9x^2-4y^2-18x-8y-31=0$ を変形すると

$$9(x-1)^2-4(y+1)^2=36 \qquad \text{すなわち} \qquad \frac{(x-1)^2}{4}-\frac{(y+1)^2}{9}=1$$

これは，双曲線 $\frac{x^2}{2^2}-\frac{y^2}{3^2}=1$ …… ① を x 軸方向に 1，y 軸方向に -1 だけ平行移動したものである。

① の焦点の座標は，$\sqrt{2^2+3^2}=\sqrt{13}$ から　$(\sqrt{13},\ 0)$，$(-\sqrt{13},\ 0)$

よって，方程式は **双曲線** を表す。 答

また，焦点の座標は　$(\sqrt{13}+1,\ -1)$，$(-\sqrt{13}+1,\ -1)$ 答

教 p.149

4. 次のように媒介変数表示される図形はどのような曲線か。x，y の方程式を求めて示せ。

(1)　$x=2t^2+4$，$y=t+3$　　　(2)　$x=2\sqrt{t}$，$y=\sqrt{t}-2t$

指針　**媒介変数表示される曲線**　与えられた 2 つの式から t を消去して，x，y の方程式を求め，この x，y の方程式を変形して，どのような曲線であるかを調べる。(2)では $\sqrt{t}\geqq 0$ であることに注意する。

解答　(1)　$x=2t^2+4$ …… ①，$y=t+3$ …… ② とする。

②から　$t=y-3$

これを ① に代入すると　$x=2(y-3)^2+4$

すなわち　$(y-3)^2=\frac{1}{2}(x-4)$

よって，求める図形は

放物線 $(y-3)^2=\frac{1}{2}(x-4)$ 答

(2)　$x=2\sqrt{t}$ …… ①，$y=\sqrt{t}-2t$ …… ② とする。

$\sqrt{t}\geqq 0$ から　$x\geqq 0$ …… ③

①から　$\sqrt{t}=\frac{x}{2}$

これを ② に代入すると　$y=\frac{x}{2}-2\left(\frac{x}{2}\right)^2$　すなわち　$y=-\frac{x^2}{2}+\frac{x}{2}$

よって，求める図形は

放物線 $y=-\frac{x^2}{2}+\frac{x}{2}$ の $x\geqq 0$ の部分 答

教 p.149

5. 点A，Bの極座標を，それぞれ$\left(3,\ \frac{\pi}{6}\right)$，$\left(4,\ \frac{\pi}{3}\right)$とする。極Oと点A，Bを頂点とする△OABの面積$S$を求めよ。

指針 **極座標上の三角形の面積**　三角形の面積の公式$S=\frac{1}{2}ab\sin\theta$にあてはめる。

解答

$$S=\frac{1}{2}\mathrm{OA}\cdot\mathrm{OB}\sin\angle\mathrm{BOA}$$
$$=\frac{1}{2}\cdot3\cdot4\sin\left(\frac{\pi}{3}-\frac{\pi}{6}\right)$$
$$=6\sin\frac{\pi}{6}$$
$$=6\cdot\frac{1}{2}=3$$ 答

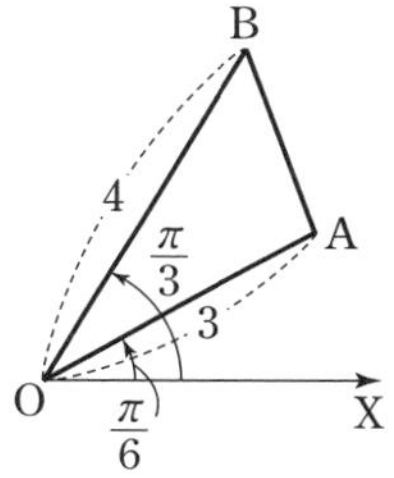

教 p.149

6. 点Cの極座標を$(r_1,\ \theta_1)$とする。点Cを中心とする半径aの円の極方程式は，次の式で表されることを示せ。

$$r^2+r_1{}^2-2rr_1\cos(\theta-\theta_1)=a^2$$

指針 **円の極方程式**　極を点Oとし，△OCPに余弦定理を用いる。

解答 極を点O，点Cを中心とする半径aの円上の点Pの極座標を$(r,\ \theta)$とする。
点Pが直線OC上にないとき，△OCPにおいて，余弦定理から

$$\mathrm{CP}^2=\mathrm{OP}^2+\mathrm{OC}^2-2\mathrm{OP}\cdot\mathrm{OC}\cos(\theta-\theta_1)$$

ゆえに

$$r^2+r_1{}^2-2rr_1\cos(\theta-\theta_1)=a^2$$

この式は点Pが直線OC上にあるときも成り立つ。
よって，求める極方程式は

$$r^2+r_1{}^2-2rr_1\cos(\theta-\theta_1)=a^2$$

で表される。　終

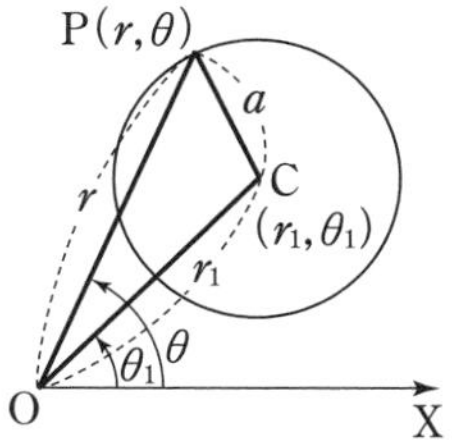

第4章　章末問題B

教 p.150

7. 直線 $x=-1$ に接し，点A(1, 0)を通る円の中心をP(x, y)とする。点Pの軌跡はどのような曲線になるか。

指針 **軌跡と放物線**　条件から x, y について成り立つ関係式を求め，それが表す図形がどんな曲線になるかを調べる。

解答 Pから直線 $x=-1$ に下ろした垂線をPH

とすると　　PA=PH

すなわち　　$PA^2=PH^2$

ゆえに　　$(x-1)^2+y^2=\{x-(-1)\}^2$

整理すると　　$y^2=4x$　……①

よって，点Pは放物線①上にある。

逆に，放物線①上のすべての点P(x, y)は，条件を満たす。

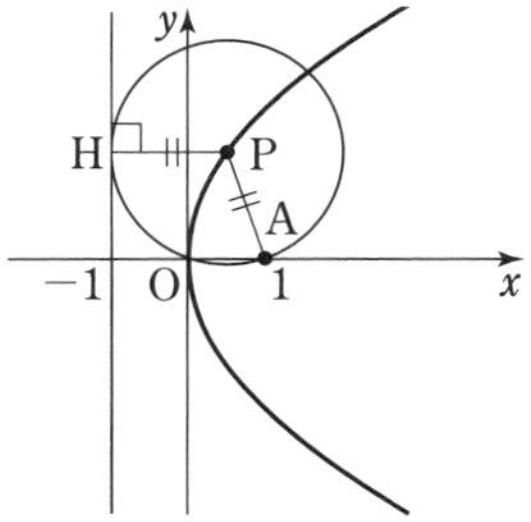

したがって，点Pの軌跡は　　**放物線 $y^2=4x$**　答

注意 円と直線 $x=-1$ の接点をHとすると，点Pと直線 $x=-1$ の距離はPHであり，2点A，Hは円上にあるから　PA=PH

よって，点Pは，定点Aと，Aを通らない定直線 $x=-1$ から等距離にあるから，その軌跡は放物線になる。

教 p.150

8. 双曲線 $\dfrac{x^2}{6}-\dfrac{y^2}{3}=1$ の1つの焦点(3, 0)をFとする。この双曲線上の任意の点P(x, y)から直線 $x=2$ に下ろした垂線をPHとするとき，$\dfrac{PF}{PH}$ の値は一定であることを示せ。また，その値を求めよ。

指針 **双曲線の性質**　PF^2，PH^2 をそれぞれ x の式で表し，まず $\dfrac{PF^2}{PH^2}$ の値を求める。

解答 P(x, y)，H$(2, y)$であるから　　$PH^2=(x-2)^2$

また，F(3, 0)であるから　　$PF^2=(x-3)^2+y^2$

ここで，点Pは双曲線上の点であるから　　$\dfrac{x^2}{6}-\dfrac{y^2}{3}=1$

すなわち　　$y^2=\dfrac{1}{2}x^2-3$

ゆえに　　$PF^2=(x-3)^2+\left(\dfrac{1}{2}x^2-3\right)=\dfrac{3}{2}(x^2-4x+4)=\dfrac{3}{2}(x-2)^2$

よって　$\dfrac{\mathrm{PF}^2}{\mathrm{PH}^2}=\dfrac{\frac{3}{2}(x-2)^2}{(x-2)^2}=\dfrac{3}{2}$

PF≧0，PH≧0 であるから　$\dfrac{\mathrm{PF}}{\mathrm{PH}}=\sqrt{\dfrac{3}{2}}=\dfrac{\sqrt{6}}{2}$

したがって，$\dfrac{\mathrm{PF}}{\mathrm{PH}}$ の値は一定である。 終

また，その値は　$\dfrac{\mathrm{PF}}{\mathrm{PH}}=\dfrac{\sqrt{6}}{2}$ 答

教 p.150

9. 2 次曲線 $4x^2+y^2+8x-4y-8=0$ を，x 軸方向に 1，y 軸方向に -3 だけ平行移動した 2 次曲線の方程式を求め，どのような曲線であるかを調べよ。また，移動後の 2 次曲線の焦点の座標を求めよ。

指針 **2 次曲線の平行移動**　まず，与えられた 2 次曲線を変形して，どのような 2 次曲線であるかを調べる。さらに，x 軸方向に p，y 軸方向に q だけ平行移動した曲線の式は，x を $x-p$ に，y を $y-q$ におき換えることで求められることを利用する。

解答 曲線の方程式を変形すると

$$4(x^2+2x)+(y^2-4y)-8=0$$

すなわち　$4(x+1)^2+(y-2)^2=16$ から

$$\frac{(x+1)^2}{4}+\frac{(y-2)^2}{16}=1$$

この楕円を，x 軸方向に 1，y 軸方向に -3 だけ平行移動すると，移動後の楕円の方程式は　$\dfrac{\{(x-1)+1\}^2}{4}+\dfrac{\{(y+3)-2\}^2}{16}=1$

すなわち，求める曲線は　**楕円 $\boldsymbol{\dfrac{x^2}{4}+\dfrac{(y+1)^2}{16}=1}$** 答

この楕円を①とおくと，① は，楕円 $\dfrac{x^2}{4}+\dfrac{y^2}{16}=1$ を y 軸方向に -1 だけ平行移動したものである。

楕円 $\dfrac{x^2}{4}+\dfrac{y^2}{16}=1$ の焦点の座標は，$\sqrt{16-4}=\sqrt{12}=2\sqrt{3}$ から

$$(0,\ 2\sqrt{3}),\ (0,\ -2\sqrt{3})$$

よって，楕円 ① の焦点の座標は　**$(0,\ 2\sqrt{3}-1)$，$(0,\ -2\sqrt{3}-1)$** 答

教 p.150

10. 楕円 $4x^2+y^2=4$ と直線 $y=-x+k$ が，異なる 2 点 Q，R で交わるように k の値が変化するとき，線分 QR の中点 P の軌跡を求めよ。

指針 **楕円と直線の交点を結んだ線分の中点の軌跡** 楕円と直線の交点の x 座標は，2 つの方程式から y を消去して得られる 2 次方程式の解として得られる。よって，交わる(交点をもつ)条件は，この 2 次方程式が異なる 2 つの実数解をもつことである。また，交点の中点の座標は，解と係数の関係を利用して調べるとよい。

解答 $4x^2+y^2=4$ …… ①，$y=-x+k$ …… ②とする。

② を ① に代入して y を消去すると　$4x^2+(-x+k)^2=4$

整理すると　$5x^2-2kx+k^2-4=0$ …… ③

楕円 ① と直線 ② が異なる 2 点で交わるとき，2 次方程式 ③ は異なる 2 つの実数解をもつ。

ゆえに，2 次方程式 ③ の判別式を D とすると，$D>0$ が成り立つ。

$\dfrac{D}{4}=(-k)^2-5(k^2-4)=-4(k^2-5)$ から　$k^2-5<0$

これを解くと　$-\sqrt{5}<k<\sqrt{5}$ …… ④

$Q(x_1,\ y_1)$，$R(x_2,\ y_2)$ とすると，x_1，x_2 は 2 次方程式 ③ の解であり，解と係数の関係により　$x_1+x_2=\dfrac{2k}{5}$

よって，線分 QR の中点 P の座標を $(x,\ y)$ とすると，P は直線 ② 上にあるから

$$x=\frac{x_1+x_2}{2}=\frac{k}{5},\quad y=-x+k=\frac{4k}{5}$$

$x=\dfrac{k}{5}$ より $k=5x$　であるから　$y=\dfrac{4k}{5}=\dfrac{4\cdot5x}{5}=4x$

また，④から，$x=\dfrac{k}{5}$ のとりうる値の範囲は　$-\dfrac{\sqrt{5}}{5}<x<\dfrac{\sqrt{5}}{5}$

したがって，求める中点 P の軌跡は

直線 $y=4x$ の $-\dfrac{\sqrt{5}}{5}<x<\dfrac{\sqrt{5}}{5}$ の部分 答

教 p.150

11. 次の方程式が円を表すように t の値が変化するとき，円の中心Pはどのような曲線を描くか。

$$x^2+y^2+2tx-4ty+5t^2-t=0$$

指針　**円の中心の軌跡**　まず，与えられた方程式を変形し，その方程式が円を表すための条件と，そのときの円の中心の座標を t を用いて表す。
次に，t を消去して円の中心 $(x,\ y)$ が満たす方程式を求める。

解答　与えられた方程式を変形すると

$$(x+t)^2-t^2+(y-2t)^2-(2t)^2+5t^2-t=0$$

すなわち　$(x+t)^2+(y-2t)^2=t$
この方程式が円を表すための条件は　$t>0$　……①
このとき，中心の座標を $(x,\ y)$ とすると　$x=-t,\ y=2t$
これらから t を消去すると　$y=-2x$
ここで，①から　$-x>0$　すなわち　$x<0$
よって，点Pが描く曲線は　**直線 $y=-2x$ の $x<0$ の部分**　答

教 p.150

12. a は正の定数とする。極方程式 $r^2=2a^2\cos 2\theta$ の表す曲線を，直交座標の $x,\ y$ の方程式で表せ。

指針　**極方程式を直交座標の方程式で表す**　$r^2=x^2+y^2$，$r\cos\theta=x$，$r\sin\theta=y$ の関係を用いて，極方程式を直交座標の $x,\ y$ の方程式で表す。

解答　この曲線上の点 $\mathrm{P}(r,\ \theta)$ の直交座標を $(x,\ y)$ とすると

$$r\cos\theta=x,\ r\sin\theta=y,\ r^2=x^2+y^2 \quad \cdots\cdots ①$$

$r^2=2a^2\cos 2\theta$ の両辺に r^2 を掛けると　$r^4=2a^2r^2\cos 2\theta$
$\cos 2\theta=\cos^2\theta-\sin^2\theta$ であるから　$r^4=2a^2(r^2\cos^2\theta-r^2\sin^2\theta)$
①を代入して　$\boldsymbol{(x^2+y^2)^2=2a^2(x^2-y^2)}$　答

第5章 数学的な表現の工夫

1 データの表現方法の工夫

A パレート図　B パレート図の活用

教 p.153

練習 1

右のデータは，2020 年 9 月における日本の電気事業者について，発電方法とその発電量を調査した結果である。このデータについて，パレート図をかけ。

項目	発電量(億kWh)
火力発電	586.7
水力発電	67.5
原子力発電	27.1
新エネルギー等	18.8
その他	0.2
計	700.3

(資源エネルギー庁ホームページより作成)

指針 **パレート図のかき方**　左側の軸は発電量，右側の軸は累積比率となる。累積比率は，発電量の合計 700.3(億kWh)と発電量の累積和から求める。

解答

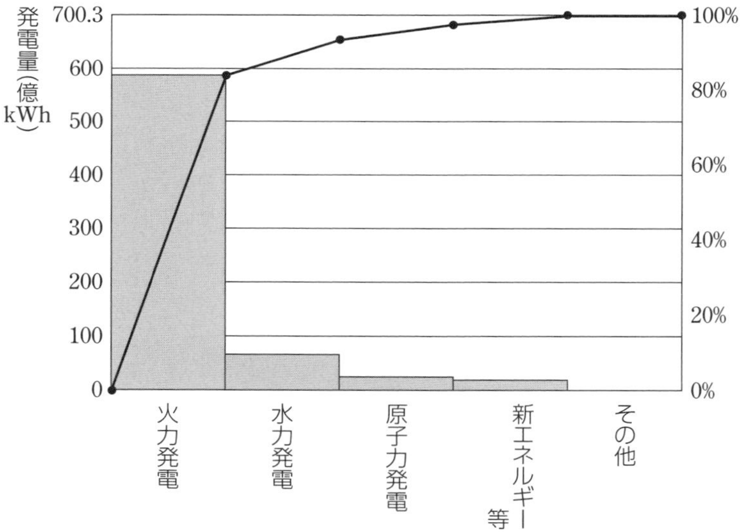

教 p.153

深める

パレート図は，経済学者ヴィルフレド・パレートが提唱したパレートの法則を図式化したものである。パレートの法則について調べてみよう。

解答 全体の数値の8割は，全体を構成する2割の要素が生み出しているという法則。

たとえば，ある会社の売上の8割は，その会社の全商品のうちの2割の商品が生み出している，というような状況を表す。 終

C バブルチャート

教 p.157

練習2

右のバブルチャートは，2019年における各都道府県の出生率を横軸，死亡率を縦軸，転入超過数(他都道府県からの転入者数から，他都道府県への転出者数を引いた数)の絶対値を円の面積で表したものである。ただし，転入超過数が正のデータは塗りの円，負のデータは白い円で表している。このバブルチャートから読み取れることとして，正しいものを，次の①〜③からすべて選べ。

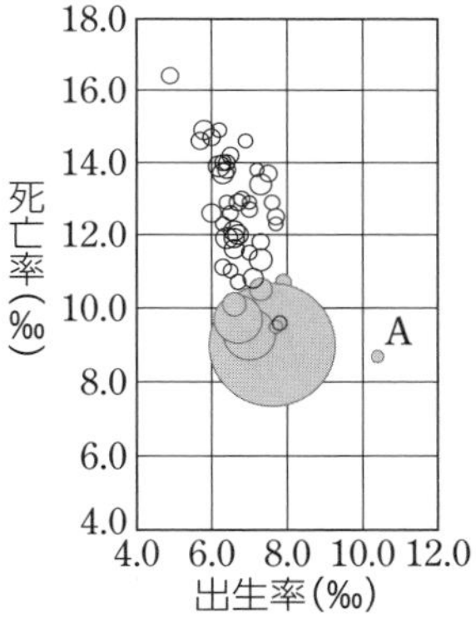

(総務省統計局ホームページより作成)

① 地区Aは，出生率が死亡率を上回っており，転入超過数も正の値をとるから，人口は増加している。

② 出生率が死亡率を上回っているのは，地区A以外にもある。

③ 死亡率が出生率を上回っている都道府県のすべてで人口が減少している。

注意 出生率，死亡率の単位‰はパーミルといい，1000分の1を単位として表した比率である。たとえば，8.5‰は0.0085である。

指針 **バブルチャートの読み方** 出生率と死亡率はそれぞれ軸から読み取り，転入超過数は円の大きさや色から読み取る。

③ 人口が減少したかは(出生率)−(死亡率)と転入超過数から考えることができるが，一方が正，もう一方が負の場合，与えられた条件からだけでは読み取ることはできない。

解答 ① 地区Aの出生率は10‰より大きく，死亡率は10‰未満であるから，出生率が死亡率を上回っている。また，転入超過数も正の値をとるから，人口は増加していることがわかる。
よって，正しい。
② 地区A以外のすべての地区が，出生率は8‰以下で，死亡率は8‰より大きい。
ゆえに，出生率が死亡率を上回っているのは地区Aだけである。
よって，正しくない。
③ 死亡率が出生率を上回っている都道府県のうち，転入超過数が正の値をとる地区がある。このような地区については，人口が減少しているかをこのバブルチャートから読み取ることはできない。
以上から，読み取れることとして正しいものは ① 答

2 行列による表現

まとめ

1 行列

$A=\begin{pmatrix} 2 & 5 & 7 \\ -1 & 4 & 2 \end{pmatrix}$のように，いくつかの数や文字を長方形状に書き並べ，両側をかっこで囲んだものを **行列** といい，かっこの中のそれぞれの数や文字を **成分** という。
成分の横の並びを **行**，縦の並びを **列** といい，m 個の行と n 個の列からなる行列を **m 行 n 列の行列** または **$m\times n$ 行列** という。
また，第 i 行と第 j 列の交わるところにある成分を **$(i,\ j)$成分** という。

2 行列の型

2つの行列 A，B が，行数が等しく，列数も等しいとき，A と B は **同じ型** であるという。また，行列 A，B が同じ型であり，かつ対応する成分がそれぞれ等しいとき，A と B は **等しい** といい，$A=B$ と書く。

3 行列の和と差

同じ型の2つの行列 A，B の対応する成分の和を成分とする行列を A と B の **和** といい，$A+B$ で表す。同様に，対応する成分の差を成分とする行列を A と B の **差** といい，$A-B$ で表す。

4 行列の実数倍

k を実数とするとき，行列 A の各成分の k 倍を成分とする行列を kA で表す。

5 行列の積

$1\times m$ 行列 A と $m\times 1$ 行列 B に対して，次のように対応する成分の積の和を，積 AB と定める。

$$AB=(a_1 \quad a_2 \quad \cdots\cdots \quad a_m)\begin{pmatrix} b_1 \\ b_2 \\ \vdots \\ b_m \end{pmatrix}=a_1b_1+a_2b_2+\cdots\cdots+a_mb_m$$

さらに，A が $l\times m$ 行列，B が $m\times n$ 行列のとき，2 つの行列 A，B の積 AB を，A の第 i 行を取り出した $1\times m$ 行列と B の第 j 列を取り出した $m\times 1$ 行列の積を $(i,\ j)$ 成分とする $l\times n$ 行列と定める。

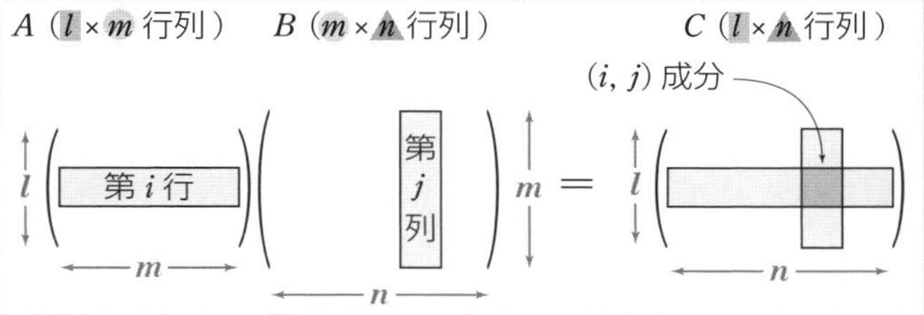

注意 A の列数と B の行数が異なるときについては，積 AB は考えない。

A 行列

練習 3 教 p.159

教科書 158 ページの 4 種類のボールペンの販売数について，次の問いに答えよ。

(1) 4 月において，3 つの店での合計販売数が最も多いのは，どの色のボールペンか。

(2) 4 種類のボールペンの合計販売数が，4 月より 5 月の方が多いのは，どの店か。

指針 **行列による表現の読み取り**

(1) 列ごとに，3 つの店の本数を合計して比較する。

(2) 行ごとに，4 種類の本数を合計して 4 月と 5 月で比較する。

解答 (1) 4 種類のボールペンの，4 月における 3 つの店の合計販売数は，次のようになる。

黒：$55+78+43=176$

赤：$61+64+45=170$

青：$21+32+20=73$

緑：$13+18+9=40$

よって，**合計販売数が最も多いのは，黒のボールペン**である。 答

(2) 4 月，5 月における 4 種類のボールペンの 3 つの店での合計販売数は次のようになる。

店X　4月：55＋61＋21＋13＝150
　　　5月：50＋52＋23＋16＝141
店Y　4月：78＋64＋32＋18＝192
　　　5月：70＋64＋36＋25＝195
店Z　4月：43＋45＋20＋9＝117
　　　5月：45＋41＋9＋7＝102

よって，**4月より5月の方が多いのは，店Y**である。 答

練習 4 教 p.160

次の行列は何行何列の行列か。

(1) $\begin{pmatrix} 1 & 3 & 0 \\ 4 & 2 & 1 \end{pmatrix}$　(2) $\begin{pmatrix} 2 & 4 & -7 \\ -3 & 5 & 0 \\ 1 & 6 & 9 \end{pmatrix}$　(3) $\begin{pmatrix} 3 & 7 \end{pmatrix}$　(4) $\begin{pmatrix} 1 \\ 4 \\ -2 \end{pmatrix}$

指針 **行列の型**　横の並びが行，縦の並びが列である。

解答 (1) **2行3列** 答

(2) **3行3列** 答

(3) **1行2列** 答

(4) **3行1列** 答

練習 5 教 p.160

行列 $\begin{pmatrix} 3 & -2 & 1 & 0 \\ 7 & 4 & -1 & 5 \\ 9 & 8 & -5 & -8 \\ -3 & 6 & 2 & 10 \end{pmatrix}$ について，次の成分をいえ。

(1) (3，2)成分　(2) (1，4)成分　(3) (4，4)成分

指針 **行列の成分**　$(i,\ j)$成分は i 行目と j 列目が交わるところにある成分である。

解答 (1) **8** 答

(2) **0** 答

(3) **10** 答

B 行列の和と差

練習 6 教 p.161

教科書158ページの各ボールペンの販売数について，4月から5月で最も減ったもの，最も増えたものは，それぞれどの店のどの色のボールペンか。教科書161ページの $A-B$ を利用して答えよ。

指針 **行列の差** $A-B$ の各成分は，4 月の販売数と比べて 5 月の販売数がどれくらい減ったかを表しているから，成分の値を比較する。

解答 $A-B=\begin{pmatrix} 5 & 9 & -2 & -3 \\ 8 & 0 & -4 & -7 \\ -2 & 4 & 11 & 2 \end{pmatrix}$ の各成分は，4 月から 5 月でのそれぞれの店のそれぞれの色の販売数の増減を表す。

よって，最大の成分が最も減ったもの，最小の成分が最も増えたものを表す。

最大の成分は(3, 3)成分の 11 であるから，**最も減ったものは店 Z の青のボールペン** である。 答

最小の成分は(2, 4)成分の -7 であるから，**最も増えたものは店 Y の緑のボールペン** である。 答

練習 7 教 p.161

次の計算をせよ。

(1) $\begin{pmatrix} 7 & 4 \\ -3 & 1 \end{pmatrix}+\begin{pmatrix} -2 & 5 \\ 8 & -1 \end{pmatrix}$　(2) $\begin{pmatrix} 2 & 9 \\ -6 & 7 \end{pmatrix}-\begin{pmatrix} 5 & 6 \\ 4 & -2 \end{pmatrix}$

(3) $\begin{pmatrix} 6 & -5 & 2 \\ 0 & 4 & -3 \end{pmatrix}+\begin{pmatrix} -4 & 3 & -7 \\ 1 & 8 & 6 \end{pmatrix}$　(4) $\begin{pmatrix} 5 \\ 0 \\ 4 \end{pmatrix}-\begin{pmatrix} 2 \\ 3 \\ -1 \end{pmatrix}$

指針 **行列の和と差の計算** 対応する成分の和，差を計算する。

解答 (1) $\begin{pmatrix} 7 & 4 \\ -3 & 1 \end{pmatrix}+\begin{pmatrix} -2 & 5 \\ 8 & -1 \end{pmatrix}=\begin{pmatrix} 5 & 9 \\ 5 & 0 \end{pmatrix}$ 答

(2) $\begin{pmatrix} 2 & 9 \\ -6 & 7 \end{pmatrix}-\begin{pmatrix} 5 & 6 \\ 4 & -2 \end{pmatrix}=\begin{pmatrix} -3 & 3 \\ -10 & 9 \end{pmatrix}$ 答

(3) $\begin{pmatrix} 6 & -5 & 2 \\ 0 & 4 & -3 \end{pmatrix}+\begin{pmatrix} -4 & 3 & -7 \\ 1 & 8 & 6 \end{pmatrix}=\begin{pmatrix} 2 & -2 & -5 \\ 1 & 12 & 3 \end{pmatrix}$ 答

(4) $\begin{pmatrix} 5 \\ 0 \\ 4 \end{pmatrix}-\begin{pmatrix} 2 \\ 3 \\ -1 \end{pmatrix}=\begin{pmatrix} 3 \\ -3 \\ 5 \end{pmatrix}$ 答

C 行列の実数倍

練習 8 教 p.162

教科書 158 ページのボールペンの販売数について，6 月の販売数を表す行列が $C=\begin{pmatrix} 45 & 50 & 22 & 13 \\ 81 & 73 & 39 & 25 \\ 40 & 40 & 13 & 10 \end{pmatrix}$ のとき，4～6 月の平均値を表す行列を求めよ。

教科書 p.162

指針 **行列の実数倍**　$A+B+C$ の各成分を $\frac{1}{3}$ 倍する。

解答 $Q=A+B+C$ とすると，求める行列は $\frac{1}{3}Q$ である。

$A+B=\begin{pmatrix}105 & 113 & 44 & 29\\148 & 128 & 68 & 43\\88 & 86 & 29 & 16\end{pmatrix}$ であったから

$$\begin{aligned}Q&=A+B+C\\&=\begin{pmatrix}105 & 113 & 44 & 29\\148 & 128 & 68 & 43\\88 & 86 & 29 & 16\end{pmatrix}+\begin{pmatrix}45 & 50 & 22 & 13\\81 & 73 & 39 & 25\\40 & 40 & 13 & 10\end{pmatrix}\\&=\begin{pmatrix}150 & 163 & 66 & 42\\229 & 201 & 107 & 68\\128 & 126 & 42 & 26\end{pmatrix}\end{aligned}$$

よって，求める行列は

$$\frac{1}{3}Q=\frac{1}{3}\begin{pmatrix}150 & 163 & 66 & 42\\229 & 201 & 107 & 68\\128 & 126 & 42 & 26\end{pmatrix}=\begin{pmatrix}50 & \frac{163}{3} & 22 & 14\\\frac{229}{3} & 67 & \frac{107}{3} & \frac{68}{3}\\\frac{128}{3} & 42 & 14 & \frac{26}{3}\end{pmatrix}$$ 答

練習 9 教 p.162

$P=\begin{pmatrix}2 & -4\\-3 & 6\end{pmatrix}$ のとき，次の行列を求めよ。

(1)　$2P$　　(2)　$\frac{1}{3}P$　　(3)　$(-2)P$　　(4)　$(-1)P$

指針 **行列の実数倍**　kP は行列 P の各成分を k 倍した行列である。

解答 (1)　$2P=2\begin{pmatrix}2 & -4\\-3 & 6\end{pmatrix}=\begin{pmatrix}4 & -8\\-6 & 12\end{pmatrix}$ 答

(2)　$\frac{1}{3}P=\frac{1}{3}\begin{pmatrix}2 & -4\\-3 & 6\end{pmatrix}=\begin{pmatrix}\frac{2}{3} & -\frac{4}{3}\\-1 & 2\end{pmatrix}$ 答

(3)　$(-2)P=(-2)\begin{pmatrix}2 & -4\\-3 & 6\end{pmatrix}=\begin{pmatrix}-4 & 8\\6 & -12\end{pmatrix}$ 答

(4)　$(-1)P=(-1)\begin{pmatrix}2 & -4\\-3 & 6\end{pmatrix}=\begin{pmatrix}-2 & 4\\3 & -6\end{pmatrix}$ 答

D 行列の積

練習 10 教 p.164

教科書 163 ページの例で，自動車 Y，自動車 Z の総得点を行列の積として表し，計算せよ。また，X，Y，Z のうち総得点が最大となる自動車はどれか。

指針 **行列の積**　Y，Z の総得点はそれぞれ AY，AZ であるから，これらを AX と同様に計算する。

解答 自動車 Y の総得点は

$$AY=(5\quad 2\quad 4)\begin{pmatrix}4\\5\\2\end{pmatrix}=5\cdot4+2\cdot5+4\cdot2=38$$ 答

自動車 Z の総得点は

$$AZ=(5\quad 2\quad 4)\begin{pmatrix}2\\4\\3\end{pmatrix}=5\cdot2+2\cdot4+4\cdot3=30$$ 答

よって，X，Y，Z のうち**総得点が最大となるのは Y** である。答

練習 11 教 p.165

教科書 163 ページの例で，各観点の重要度が右の表のようであるとする。3 つの自動車 X，Y，Z の評価は教科書と同じであるとき，総得点が最小となる自動車はどれか。

観点	a	b	c
重要度	4	3	5

指針 **行列の積**　重要度を表す行列 $B=(4\quad 3\quad 5)$ と，X，Y，Z を並べた行列 W の積 BW は，3 つの自動車の総得点を表す行列である。

解答 観点の重要度を次の 1×3 行列 B で表すと　$B=(4\quad 3\quad 5)$

各自動車の評価を表す行列 X，Y，Z を並べた行列 $\begin{pmatrix}3&4&2\\1&5&4\\5&2&3\end{pmatrix}$ を W とすると，

各自動車の総得点は次のように求められる。

$$\begin{aligned}BW&=(4\quad 3\quad 5)\begin{pmatrix}3&4&2\\1&5&4\\5&2&3\end{pmatrix}\\&=(4\cdot3+3\cdot1+5\cdot5\quad 4\cdot4+3\cdot5+5\cdot2\quad 4\cdot2+3\cdot4+5\cdot3)\\&=(40\quad 41\quad 35)\end{aligned}$$

よって，**総得点が最小となる自動車は Z である**　答

練習 12 教 p.165

次の行列の積を計算せよ。

(1) $\begin{pmatrix}2 & 3\end{pmatrix}\begin{pmatrix}5\\4\end{pmatrix}$ (2) $\begin{pmatrix}5 & 0\\-6 & 1\end{pmatrix}\begin{pmatrix}2\\3\end{pmatrix}$ (3) $\begin{pmatrix}1 & 2\\3 & 1\end{pmatrix}\begin{pmatrix}2 & 4\\3 & 1\end{pmatrix}$

指針 **行列の積** 行列の積の規則に従って計算する。

解答 (1) $\begin{pmatrix}2 & 3\end{pmatrix}\begin{pmatrix}5\\4\end{pmatrix}=2\cdot5+3\cdot4=\mathbf{22}$ 答

(2) $\begin{pmatrix}5 & 0\\-6 & 1\end{pmatrix}\begin{pmatrix}2\\3\end{pmatrix}=\begin{pmatrix}5\cdot2+0\cdot3\\-6\cdot2+1\cdot3\end{pmatrix}=\begin{pmatrix}\mathbf{10}\\\mathbf{-9}\end{pmatrix}$ 答

(3) $\begin{pmatrix}1 & 2\\3 & 1\end{pmatrix}\begin{pmatrix}2 & 4\\3 & 1\end{pmatrix}=\begin{pmatrix}1\cdot2+2\cdot3 & 1\cdot4+2\cdot1\\3\cdot2+1\cdot3 & 3\cdot4+1\cdot1\end{pmatrix}=\begin{pmatrix}\mathbf{8} & \mathbf{6}\\\mathbf{9} & \mathbf{13}\end{pmatrix}$ 答

深める 教 p.165

行列 $A=\begin{pmatrix}1 & 1\\0 & 2\end{pmatrix}$, $B=\begin{pmatrix}1 & 2\\3 & 0\end{pmatrix}$, $C=\begin{pmatrix}5 & 2\\0 & 7\end{pmatrix}$ について，次の積を求めてみよう。

(1) AB, BA (2) AC, CA

解答 (1) $AB=\begin{pmatrix}1 & 1\\0 & 2\end{pmatrix}\begin{pmatrix}1 & 2\\3 & 0\end{pmatrix}=\begin{pmatrix}1\cdot1+1\cdot3 & 1\cdot2+1\cdot0\\0\cdot1+2\cdot3 & 0\cdot2+2\cdot0\end{pmatrix}=\begin{pmatrix}\mathbf{4} & \mathbf{2}\\\mathbf{6} & \mathbf{0}\end{pmatrix}$ 答

$BA=\begin{pmatrix}1 & 2\\3 & 0\end{pmatrix}\begin{pmatrix}1 & 1\\0 & 2\end{pmatrix}=\begin{pmatrix}1\cdot1+2\cdot0 & 1\cdot1+2\cdot2\\3\cdot1+0\cdot0 & 3\cdot1+0\cdot2\end{pmatrix}=\begin{pmatrix}\mathbf{1} & \mathbf{5}\\\mathbf{3} & \mathbf{3}\end{pmatrix}$ 答

(2) $AC=\begin{pmatrix}1 & 1\\0 & 2\end{pmatrix}\begin{pmatrix}5 & 2\\0 & 7\end{pmatrix}=\begin{pmatrix}1\cdot5+1\cdot0 & 1\cdot2+1\cdot7\\0\cdot5+2\cdot0 & 0\cdot2+2\cdot7\end{pmatrix}=\begin{pmatrix}\mathbf{5} & \mathbf{9}\\\mathbf{0} & \mathbf{14}\end{pmatrix}$ 答

$CA=\begin{pmatrix}5 & 2\\0 & 7\end{pmatrix}\begin{pmatrix}1 & 1\\0 & 2\end{pmatrix}=\begin{pmatrix}5\cdot1+2\cdot0 & 5\cdot1+2\cdot2\\0\cdot1+7\cdot0 & 0\cdot1+7\cdot2\end{pmatrix}=\begin{pmatrix}\mathbf{5} & \mathbf{9}\\\mathbf{0} & \mathbf{14}\end{pmatrix}$ 答

参考 行列の積は，順序を入れ替えたときに計算の結果が一致しない場合がある。つまり，行列 X, Y の積において $XY=YX$ は一般には成り立たない。

3 離散グラフによる表現

まとめ

1 離散グラフ

いくつかの点とそれらを結ぶ何本かの線で表された図を **離散グラフ** または単に **グラフ** という。離散グラフの点を **頂点**，線を **辺** といい，頂点に集まる辺の本数を，その頂点の **次数** という。また教科書および本書では，集まる辺の本数が奇数である頂点を **奇点**，偶数である頂点を **偶点** という。

2　連結

離散グラフのどの 2 つの頂点も，いくつかの辺をたどって一方から他方に行けるとき，離散グラフは **連結** であるという。

3　一筆書きができる離散グラフ

連結である離散グラフについて，**一筆書きができるための必要十分条件は，奇点の個数が 0 または 2 であることである。**

4　最短経路

それぞれの辺に数を与えた離散グラフを利用すると，ある頂点から別の頂点へ向かう経路のうち，最短経路を調べることができる。

A 一筆書き

練習 13 教 p.167

次の 2 つの図は，どちらも一筆書きの方法がある。その方法を見つけよ。

(1)　(2)

指針 **一筆書きの方法**　すべての辺を 1 回だけ通る方法を探す。書き方は 1 通りではない。

解答 たとえば，次の矢印のように線をたどればよい。

(1)　(2)

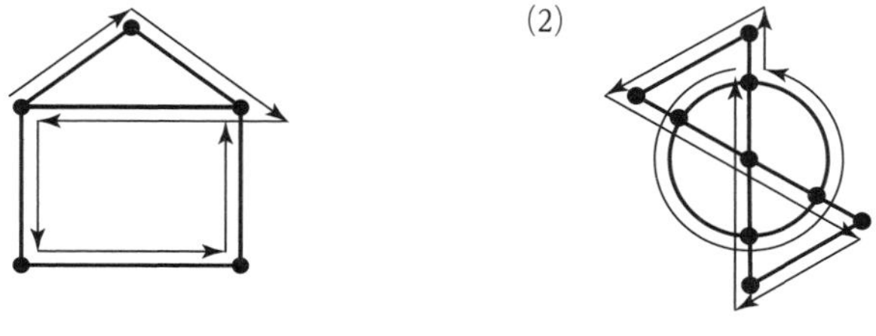

練習 14 教 p.168

教科書例 3，練習 13 の図について，奇点，偶点はそれぞれ何個あるか。

指針 **奇点と偶点**　頂点に集まる辺の本数を数える。

解答　例 3

(1)　**奇点は 2 個，偶点は 4 個**　答

(2)　**奇点は 0 個，偶点は 6 個**　答

練習 13

(1)　**奇点は 2 個，偶点は 3 個**　答

(2)　**奇点は 0 個，偶点は 9 個**　答

教 p.169

練習 15　教科書例 4 の図[2]の離散グラフは，一筆書きができない。その理由を説明せよ。

指針　**一筆書きができるための必要十分条件**　奇点の個数が 0 または 2 でなければ一筆書きすることはできない。

解答　一筆書きができるための必要十分条件は，奇点の個数が 0 または 2 である。
図[2]の離散グラフには奇点が 4 個あるから，一筆書きができない。　答

教 p.169

練習 16　次の離散グラフについて，一筆書きができるか判定せよ。また，一筆書きができる場合は，実際に一筆書きの方法を見つけよ。

(1)
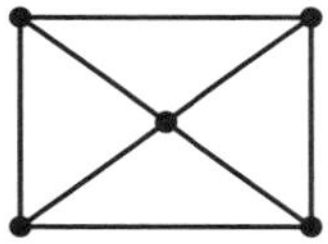
(2)
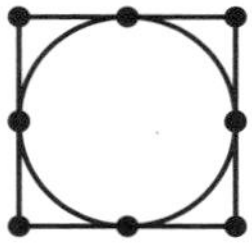
(3)

指針　**一筆書きができるための必要十分条件**　奇点の個数が 0 または 2 であるかどうかで判定する。
一筆書きの方法は，始点の決め方が重要である。奇点の個数が 0 の場合は始点をどこにとってもよい。奇点の個数が 2 の場合は奇点のうちどちらかを始点とする。このとき，もう一方の奇点が終点となる。

解答　(1)　奇点が 4 個あるから，**一筆書きはできない。**　答

(2)　奇点がないから，**一筆書きはできる。**　答

(3)　奇点が 2 個あるから，**一筆書きはできる。**　答

(2)，(3)については，たとえば，次の矢印のように線をたどればよい。

(2)
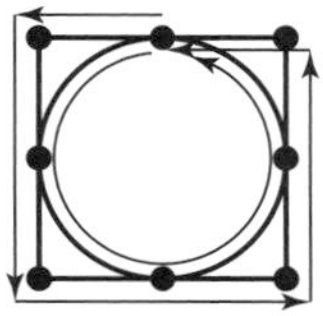
(3)

練習 17 教 p.169

右の離散グラフは，九州の7つの県の県庁所在地を頂点で表し，2つの頂点を含む県が陸続きで隣接しているならば，その間を辺で結んだものである。この離散グラフは一筆書きができるか。理由とともに答えよ。

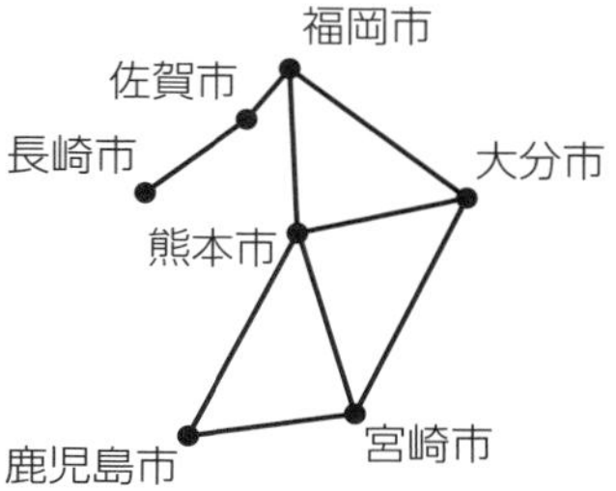

指針 **一筆書きができるための必要十分条件** 奇点の個数が0または2であるかどうかで判定する。

解答 長崎市，福岡市，大分市，宮崎市が奇点である。
よって，**奇点が4個あるから，一筆書きはできない。** 答

B 最短経路

練習 18 教 p.170

A, B, C, D, E, Fの6駅が右の図のような路線を構成している。この離散グラフの辺に隣接して書かれている数は移動する際の所要時間(分)である。この路線において，AからFまで移動するとき，所要時間が最も短くなる経路を見つけよ。

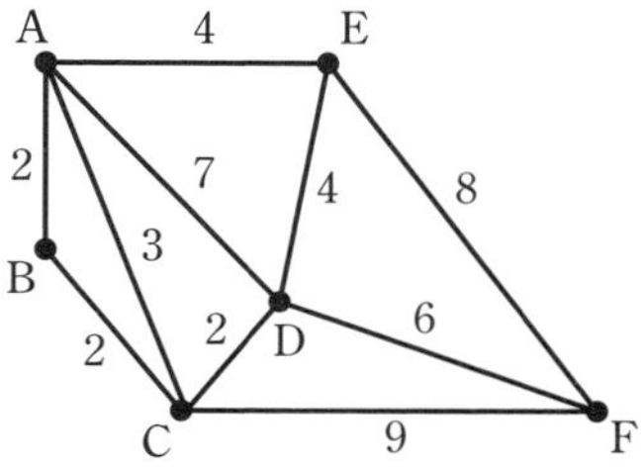

指針 **最短経路** AからFまでの経路の所要時間を1つずつ調べ，最小のものを見つける。

解答 それぞれの経路の所要時間を調べると

A→B→C→D→E→F	では18分
A→B→C→D→F	では12分
A→B→C→F	では13分
A→C→D→E→F	では17分
A→C→D→F	では11分
A→C→F	では12分
A→D→C→F	では18分
A→D→E→F	では19分
A→D→F	では13分

A → E → D → C → F　　では 19 分
A → E → D → F　　では 14 分
A → E → F　　では 12 分
であるから，最も短い所要時間は 11 分で，そのときの経路は
A → C → D → F　答

教 p.173

練習 19

A，B，C，D，E，F の 6 駅が右の図のような路線を構成している。この離散グラフの辺に隣接して書かれている数は移動する際の所要時間(分)である。この路線において，A から F まで移動するとき，所要時間が最も短くなる経路をダイクストラのアルゴリズムを利用して見つけよ。

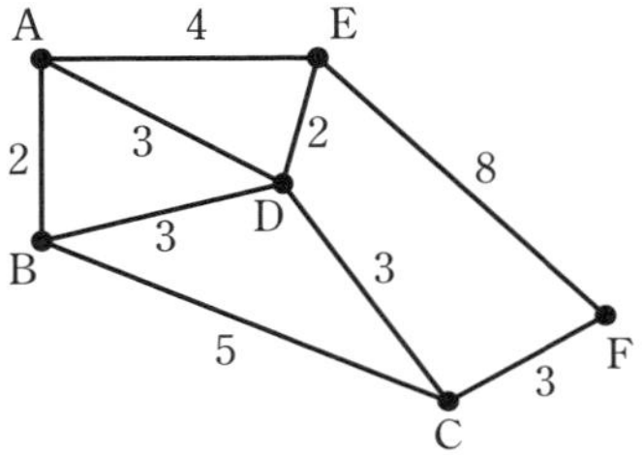

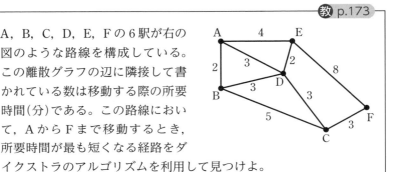

指針　**最短経路を効率よく調べる方法**　教科書 171～173 ページの方法を参考にするとよい。A から順に所要時間の小さい頂点を探索して数値を確定させていく。

解答　まず，A に 0 を割り当てる。
① A が 0 で確定
② B に 2，D に 3，E に 4 を割り当てる
頂点 B について考える。
① B が 2 で確定
② C に 7 を割り当て，D は 3 のまま
頂点 D について考える。
① D が 3 で確定
② C に 6 を割り当て，E は 4 のまま
頂点 E について考える。
① E が 4 で確定
② F に 12 を割り当てる
頂点 C について考える。
① C が 6 で確定
② F に 9 を割り当てる
頂点 F について考える。
① F が 9 で確定
以上から，頂点 A から頂点 F までの最小の所要時間は 9 分であることがわかり，このときの経路は　**A → D → C → F**　答

4 離散グラフと行列の関連

まとめ

1 隣接行列

n を自然数として，離散グラフの頂点を P_1，P_2，……，P_n とする。
このとき，$n\times n$ 行列 A の $(i,\ j)$ 成分を，2 つの頂点 P_i，P_j を結ぶ辺の本数とする。
このようにして定めた行列 A を離散グラフの **隣接行列** という。

（離散グラフ）

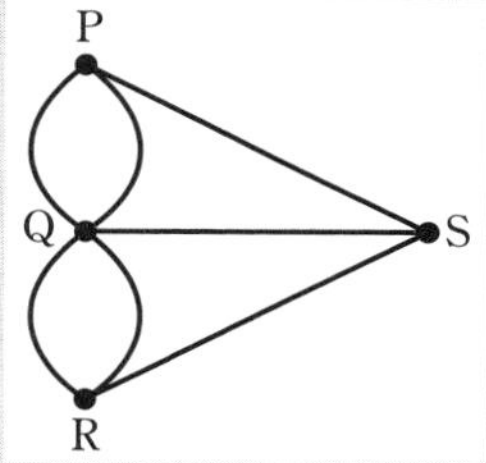

（隣接行列）

$$\begin{array}{c} \\ A= \end{array}\begin{array}{c} \begin{array}{cccc} P & Q & R & S \end{array} \\ \begin{pmatrix} 0 & 2 & 0 & 1 \\ 2 & 0 & 2 & 1 \\ 0 & 2 & 0 & 1 \\ 1 & 1 & 1 & 0 \end{pmatrix} \end{array}\begin{array}{l} \\ \cdots P \\ \cdots Q \\ \cdots R \\ \cdots S \end{array}$$

2 行列の n 乗

行列 A に A 自身を掛けた積 AA を A^2 と書き，これを行列 A の **2 乗** という。
同様にして，自然数 n について A^n すなわち A の **n 乗** を定義することができる。

3 経路の数え上げ

ある頂点 P から別の頂点 Q への経路を数え上げる際，離散グラフの隣接行列 A を利用できる場合がある。
たとえば，辺を 2 回通って P から Q まで行く経路の総数は，A^2 を計算してその成分から求めることができる。

A 離散グラフの隣接行列

練習 20 教 p.175

次の離散グラフの隣接行列を求めよ。

(1)

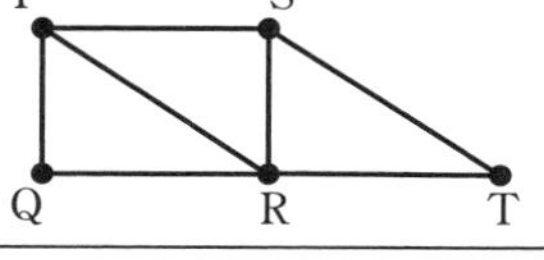

(2)

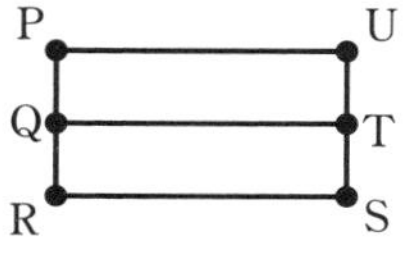

教科書 $p.175$

指針 **離散グラフの隣接行列**　隣接する2つの頂点を結ぶ辺の本数を読み取り，行列に表す。

解答 (1) $\begin{pmatrix} 0 & 1 & 1 & 1 & 0 \\ 1 & 0 & 1 & 0 & 0 \\ 1 & 1 & 0 & 1 & 1 \\ 1 & 0 & 1 & 0 & 1 \\ 0 & 0 & 1 & 1 & 0 \end{pmatrix}$ 答

(2) $\begin{pmatrix} 0 & 1 & 0 & 0 & 0 & 1 \\ 1 & 0 & 1 & 0 & 1 & 0 \\ 0 & 1 & 0 & 1 & 0 & 0 \\ 0 & 0 & 1 & 0 & 1 & 0 \\ 0 & 1 & 0 & 1 & 0 & 1 \\ 1 & 0 & 0 & 0 & 1 & 0 \end{pmatrix}$ 答

練習 21　教 p.175

次の隣接行列 A をもつ離散グラフを，右下の図に辺を書き入れて完成させよ。

$$\begin{array}{cc} & \begin{matrix} \mathrm{P} & \mathrm{Q} & \mathrm{R} & \mathrm{S} & \mathrm{T} \\ \vdots & \vdots & \vdots & \vdots & \vdots \end{matrix} \\ A= & \begin{pmatrix} 0 & 0 & 1 & 0 & 1 \\ 0 & 0 & 0 & 0 & 1 \\ 1 & 0 & 0 & 1 & 0 \\ 0 & 0 & 1 & 0 & 0 \\ 1 & 1 & 0 & 0 & 0 \end{pmatrix} \begin{matrix} \cdots\mathrm{P} \\ \cdots\mathrm{Q} \\ \cdots\mathrm{R} \\ \cdots\mathrm{S} \\ \cdots\mathrm{T} \end{matrix} \end{array}$$

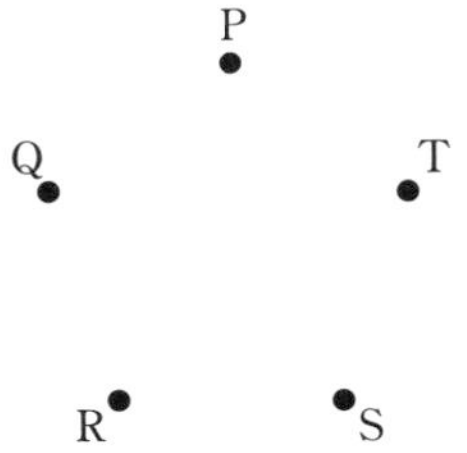

指針 **隣接行列の表す離散グラフ**　2つの頂点を結ぶ辺の本数を隣接行列から読み取り，離散グラフに表す。

解答

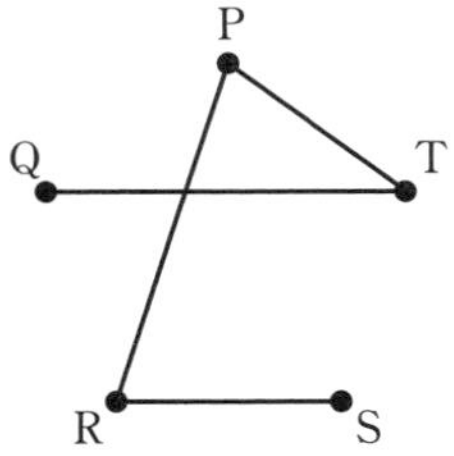

B 経路の数え上げ

練習 22 教 p.177

教科書 176 ページで考えた 4 つの都市とそれらを結ぶ 5 本の高速道路について，次の経路の総数を求めよ。ただし，(2)では Q → P → Q のように同じ高速道路を使う経路も考えることとする。

(1) 高速道路を 2 回使って，Q から R に行く経路

(2) 高速道路を 2 回使って，Q を出発して再び Q に戻る経路

指針 **経路の総数と行列** A^2 の各成分は，高速道路を 2 回使ってある都市からある都市まで行く経路の総数を表している。

(1) Q → R は(2, 3)成分，(2) Q → Q は(2, 2)成分である。

解答 $A^2=\begin{pmatrix}2&0&0&3\\0&5&3&0\\0&3&2&0\\3&0&0&5\end{pmatrix}$ である。

(1) 求める経路の総数は行列 A^2 の(2, 3)成分であるから **3** 答

(2) 求める経路の総数は行列 A^2 の(2, 2)成分であるから **5** 答

練習 23 教 p.177

教科書 176 ページで考えた 4 つの都市とそれらを結ぶ 5 本の高速道路について，次の問いに答えよ。

(1) 隣接行列 A について，A^3 を求めよ。

(2) 高速道路を 3 回使って，P から R に行く経路の総数を求めよ。ただし，P → Q → P → R や，P → R → P → R のように，同じ高速道路を複数回使う経路も考えることとする。

指針 **経路の総数と行列** (2) A^2 のときと同様に，A^3 の成分から経路の総数を読み取る。

解答 (1) $A^3=A^2A=\begin{pmatrix}2&0&0&3\\0&5&3&0\\0&3&2&0\\3&0&0&5\end{pmatrix}\begin{pmatrix}0&1&1&0\\1&0&0&2\\1&0&0&1\\0&2&1&0\end{pmatrix}=\begin{pmatrix}\mathbf{0}&\mathbf{8}&\mathbf{5}&\mathbf{0}\\\mathbf{8}&\mathbf{0}&\mathbf{0}&\mathbf{13}\\\mathbf{5}&\mathbf{0}&\mathbf{0}&\mathbf{8}\\\mathbf{0}&\mathbf{13}&\mathbf{8}&\mathbf{0}\end{pmatrix}$ 答

(2) 求める経路の総数は行列 A^3 の(1, 3)成分であるから **5** 答

教 p.177

練習 24

右の図はある鉄道会社の主要6駅とその駅を結ぶ路線について，離散グラフに表したものである。たとえば，P駅からS駅へは2つの路線が運行している。

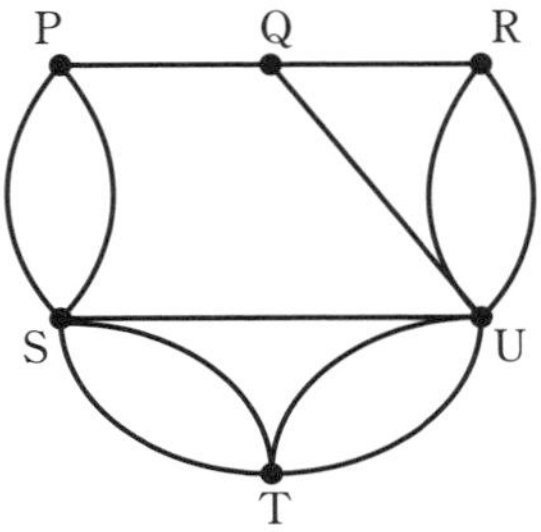

1日に1路線のみを使えるとし，

P → Q → Pと移動するには2日かかるとする。

(1) P駅から出発して，3日目にU駅に到着する経路の総数を求めよ。

(2) P駅から出発して，4日目にU駅に到着する経路の総数を求めよ。

指針　**経路の総数と行列**　離散グラフの隣接行列 A について A^3，A^4 を求め，これらの成分から経路の総数を求める。

解答　離散グラフの隣接行列は

$$A=\begin{pmatrix} 0 & 1 & 0 & 2 & 0 & 0 \\ 1 & 0 & 1 & 0 & 0 & 1 \\ 0 & 1 & 0 & 0 & 0 & 2 \\ 2 & 0 & 0 & 0 & 2 & 1 \\ 0 & 0 & 0 & 2 & 0 & 2 \\ 0 & 1 & 2 & 1 & 2 & 0 \end{pmatrix}$$

(1) $$A^2=\begin{pmatrix} 5 & 0 & 1 & 0 & 4 & 3 \\ 0 & 3 & 2 & 3 & 2 & 2 \\ 1 & 2 & 5 & 2 & 4 & 1 \\ 0 & 3 & 2 & 9 & 2 & 4 \\ 4 & 2 & 4 & 2 & 8 & 2 \\ 3 & 2 & 1 & 4 & 2 & 10 \end{pmatrix},$$

$$A^3=\begin{pmatrix} 0 & 9 & 6 & 21 & 6 & 10 \\ 9 & 4 & 7 & 6 & 10 & 14 \\ 6 & 7 & 4 & 11 & 6 & 22 \\ 21 & 6 & 11 & 8 & 26 & 20 \\ 6 & 10 & 6 & 26 & 8 & 28 \\ 10 & 14 & 22 & 20 & 28 & 12 \end{pmatrix}$$

求める経路の総数は行列 A^3 の(1，6)成分であるから　**10**　答

教科書 p.177

(2) $A^4=\begin{pmatrix} 51 & 16 & 29 & 22 & 62 & 54 \\ 16 & 30 & 32 & 52 & 40 & 44 \\ 29 & 32 & 51 & 46 & 66 & 38 \\ 22 & 52 & 46 & 114 & 56 & 88 \\ 62 & 40 & 66 & 56 & 108 & 64 \\ 54 & 44 & 38 & 88 & 64 & 134 \end{pmatrix}$

求める経路の総数は行列 A^4 の(1, 6)成分であるから **54** 答

総合問題

1 ※ 問題文は教科書 178 ページを参照

指針 (2) $\vec{a}\circ\vec{b}$ を変形して $|\vec{a}|$，$|\vec{b}|$，$\vec{a}\cdot\vec{b}$ で表す。

(3) $\vec{a}\circ\vec{b}$ の定義式や(2)で求めた式 $\vec{a}\circ\vec{b}=|a_1b_2-a_2b_1|$ を用いて式や条件を変形し，常に成り立つか，成り立たない場合があるかを確かめる。

解答 (1) 平行でない 2 つのベクトル $\vec{a}$，$\vec{b}$ に対して，$\overrightarrow{OA}=\vec{a}$，$\overrightarrow{OB}=\vec{b}$ とする。

$\triangle OAB=\dfrac{1}{2}|\vec{a}||\vec{b}|\sin\theta$ であるから，$\vec{a}\circ\vec{b}=|\vec{a}||\vec{b}|\sin\theta$ は

$\overrightarrow{OC}=\overrightarrow{OA}+\overrightarrow{OB}$ となる点 C をとると，平行四辺形 OACB の面積を表す。

よって　(エ) 答

参考 (イ) $\vec{a}$，$\vec{b}$ のなす角の正弦は $\sin\theta=\dfrac{\vec{a}\circ\vec{b}}{|\vec{a}||\vec{b}|}$ で表される。

よって，$|\vec{a}|\neq1$ または $|\vec{b}|\neq1$ のとき，$\vec{a}$，$\vec{b}$ のなす角の正弦と $\vec{a}\circ\vec{b}$ は等しくない。

(ウ) 線分 OA，OB の長さの積は $|\vec{a}||\vec{b}|$ である。$\vec{a}\circ\vec{b}=|\vec{a}||\vec{b}|\sin\theta$ から，$\sin\theta\neq1$ のとき，線分 OA，OB の長さの積と $\vec{a}\circ\vec{b}$ は等しくない。

(2) $0^\circ<\theta<180^\circ$ のとき，$\sin\theta>0$ であるから　$\sin\theta=\sqrt{1-\cos^2\theta}$

ゆえに
$$\vec{a}\circ\vec{b}=|\vec{a}||\vec{b}|\sin\theta=|\vec{a}||\vec{b}|\sqrt{1-\cos^2\theta}$$
$$=\sqrt{|\vec{a}|^2|\vec{b}|^2-|\vec{a}|^2|\vec{b}|^2\cos^2\theta}$$
$$=\sqrt{|\vec{a}|^2|\vec{b}|^2-(\vec{a}\cdot\vec{b})^2}$$

$\theta=0^\circ$ または $\theta=180^\circ$ のときもこの式が成り立つ。

また
$$|\vec{a}|^2|\vec{b}|^2-(\vec{a}\cdot\vec{b})^2=(a_1^2+a_2^2)(b_1^2+b_2^2)-(a_1b_1+a_2b_2)^2$$
$$=a_1^2b_2^2-2a_1b_1a_2b_2+a_2^2b_1^2$$
$$=(a_1b_2-a_2b_1)^2$$

よって　$\boldsymbol{\vec{a}\circ\vec{b}=|a_1b_2-a_2b_1|}$ 答

(3) (A) $\vec{a}\neq\vec{0}$ のとき，$\vec{a}$ と $\vec{a}$ のなす角は 0° であるから

$\vec{a}\circ\vec{a}=|\vec{a}||\vec{a}|\sin0^\circ=0$

よって，常には成り立たない。

(B) 常に成り立つ。

(C) $\vec{a}=(a_1,\ a_2)$，$\vec{b}=(b_1,\ b_2)$，$\vec{c}=(c_1,\ c_2)$ とする。

$$(\vec{a}+\vec{b})\circ\vec{c}=|(a_1+b_1)c_2-(a_2+b_2)c_1|$$
$$=|(a_1c_2-a_2c_1)+(b_1c_2-b_2c_1)|$$
$$\vec{a}\circ\vec{c}+\vec{b}\circ\vec{c}=|a_1c_2-a_2c_1|+|b_1c_2-b_2c_1|$$

ゆえに，$a_1c_2-a_2c_1$ と $b_1c_2-b_2c_1$ の符号が異なるときは，$(\vec{a}+\vec{b})\circ\vec{c}$ と $\vec{a}\circ\vec{c}+\vec{b}\circ\vec{c}$ は一致しない。

よって，常には成り立たない。

(D)　$\vec{a}\neq\vec{0}$，$\vec{b}\neq\vec{0}$，$\vec{a}$ と $\vec{b}$ は平行でないとする。
$\vec{a}$ と $\vec{b}$ のなす角を θ とすると，$-\vec{a}$ と $\vec{b}$ のなす角は $180°-\theta$ である。
このとき
$$(-\vec{a})\circ\vec{b}=|-\vec{a}||\vec{b}|\sin(180°-\theta)=|\vec{a}||\vec{b}|\sin\theta=\vec{a}\circ\vec{b}\neq-\vec{a}\circ\vec{b}$$
よって，常には成り立たない。
(E)　$\vec{a}\neq\vec{0}$，$\vec{b}\neq\vec{0}$，$\vec{a}\perp\vec{b}$ のとき，$\vec{a}$ と $\vec{b}$ のなす角 θ は $90°$であるから
$$\vec{a}\circ\vec{b}=|\vec{a}||\vec{b}|\sin 90°=|\vec{a}||\vec{b}|\neq 0$$
よって，常には成り立たない。
(F)　$\vec{a}\neq\vec{0}$，$\vec{b}\neq\vec{0}$ として，$\vec{a}$ と $\vec{b}$ のなす角を θ とする。
$\vec{a}/\!/\vec{b}$ とすると，$\theta=0°$ または $\theta=180°$ であるから　　$\sin\theta=0$
ゆえに　　$\vec{a}\circ\vec{b}=|\vec{a}||\vec{b}|\sin\theta=0$
また，$\vec{a}\circ\vec{b}=0$ とすると　　$|\vec{a}||\vec{b}|\sin\theta=0$
$|\vec{a}|\neq 0$，$|\vec{b}|\neq 0$ であるから　　$\sin\theta=0$
よって，$\theta=0°$ または $\theta=180°$ であるから　　$\vec{a}/\!/\vec{b}$
したがって，常に成り立つ。
以上から，常に成り立つものは　　**(B)，(F)**　答

2 ※　問題文は教科書 179 ページを参照

指針　(2)　△ABC は xy 平面上にあるから H の z 座標は 0 となる。また，
△ABC は ∠BAC＝90° の直角三角形であるから H は線分 BC の中点。
(3)　$\overrightarrow{AB}\cdot\overrightarrow{AD}$ から x 座標が，$\overrightarrow{AC}\cdot\overrightarrow{AD}$ から y 座標が求められる。
さらに，AD＝4 から z 座標が求められる。
(4)　$|\overrightarrow{OA}|=|\overrightarrow{OD}|$ から k の値が求められる。

解答　(1)　OA＝OB＝OC＝r，∠OHA＝∠OHB＝∠OHC＝90° であるから
$$AH^2=OA^2-OH^2=r^2-OH^2$$
$$BH^2=OB^2-OH^2=r^2-OH^2$$
$$CH^2=OC^2-OH^2=r^2-OH^2$$
ゆえに，$AH^2=BH^2=CH^2$ から　　AH＝BH＝CH
よって，H は △ABC の外心である。終
(2)　△ABC は ∠BAC＝90° の直角三角形であるから，BC を直径とする円が △ABC の外接円である。
よって，外心 H は BC の中点 $\left(\dfrac{1}{2},\ \dfrac{3}{2},\ 0\right)$ である。答
(3)　$\overrightarrow{AB}\cdot\overrightarrow{AD}=|\overrightarrow{AB}||\overrightarrow{AD}|\cos\angle BAD$ から　　$x=1\cdot4\cdot\cos 60°=2$
また，$\overrightarrow{AC}\cdot\overrightarrow{AD}=|\overrightarrow{AC}||\overrightarrow{AD}|\cos\angle CAD$ から　　$3y=3\cdot4\cdot\cos 60°$
ゆえに，$3y=6$ から　　$y=2$
AD＝4 から　　$x^2+y^2+z^2=16$

$x=2$，$y=2$ を代入すると　　$z^2=8$

よって，$z\geqq 0$ から　　$z=2\sqrt{2}$

したがって　　$x=2$，$y=2$，$z=2\sqrt{2}$

すなわち，D の座標は　　$(2,\ 2,\ 2\sqrt{2})$ 答

(4)　$\overrightarrow{AO}=\overrightarrow{AH}+\overrightarrow{HO}=\left(\frac{1}{2},\ \frac{3}{2},\ 0\right)+k(0,\ 0,\ 1)=\left(\frac{1}{2},\ \frac{3}{2},\ k\right)$

すなわち，$O\left(\frac{1}{2},\ \frac{3}{2},\ k\right)$ と表すことができる。

ゆえに，OA=OD から

$$\left(\frac{1}{2}\right)^2+\left(\frac{3}{2}\right)^2+k^2=\left(2-\frac{1}{2}\right)^2+\left(2-\frac{3}{2}\right)^2+(2\sqrt{2}-k)^2$$

よって，$8-4\sqrt{2}k=0$ から　　$k=\sqrt{2}$

これより，O の座標は　　$\left(\frac{1}{2},\ \frac{3}{2},\ \sqrt{2}\right)$ 答

また，球の半径 r は　　$r=OA=\sqrt{\left(\frac{1}{2}\right)^2+\left(\frac{3}{2}\right)^2+(\sqrt{2})^2}=\frac{3\sqrt{2}}{2}$ 答

3 ※　問題文は教科書 180 ページを参照

指針　(1)　印 A，印 B の位置を表す複素数をそれぞれ z_1，z_2 とすると，点 z_1 は点 α を，点 β を中心として $-\frac{\pi}{2}$ だけ回転した点であり，点 z_2 は点 α を，点 γ を中心として $\frac{\pi}{2}$ だけ回転した点である。

(2)　(1)で求めた δ を用いると　$\frac{\gamma-\delta}{\beta-\delta}=\frac{i+1}{i-1}=-i$

解答　(1)　印 A，印 B の位置を表す複素数を，それぞれ z_1，z_2 とする。

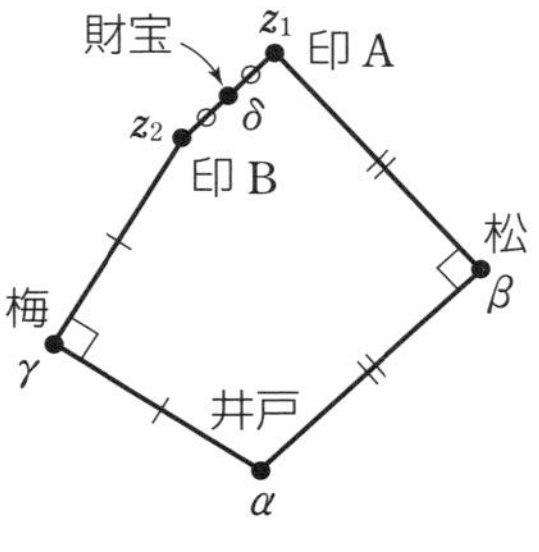

点 z_1 は，点 α を，点 β を中心として $-\frac{\pi}{2}$ だけ回転した点であるから

$z_1-\beta$

$=\left\{\cos\left(-\frac{\pi}{2}\right)+i\sin\left(-\frac{\pi}{2}\right)\right\}(\alpha-\beta)$

ゆえに　　$z_1=(\beta-\alpha)i+\beta$

また，点 z_2 は，点 α を，点 γ を中心として $\frac{\pi}{2}$ だけ回転した点であるから

$$z_2-\gamma=\left(\cos\frac{\pi}{2}+i\sin\frac{\pi}{2}\right)(\alpha-\gamma)$$

よって　　$z_2=(\alpha-\gamma)i+\gamma$

点 δ は，2 点 z_1，z_2 を結んでできる線分の中点であるから

$$\delta=\frac{z_1+z_2}{2}=\frac{(\beta-\alpha)i+\beta+(\alpha-\gamma)i+\gamma}{2}=\frac{\beta-\gamma}{2}i+\frac{\beta+\gamma}{2}$$

したがって，δ は α を用いずに表すことができる。 終

(2) $$\frac{\gamma-\delta}{\beta-\delta}=\frac{\gamma-\left(\frac{\beta-\gamma}{2}i+\frac{\beta+\gamma}{2}\right)}{\beta-\left(\frac{\beta-\gamma}{2}i+\frac{\beta+\gamma}{2}\right)}=\frac{i+1}{i-1}=-i=\cos\left(-\frac{\pi}{2}\right)+i\sin\left(-\frac{\pi}{2}\right)$$

また，$\left|\frac{\gamma-\delta}{\beta-\delta}\right|=1$ から　$|\gamma-\delta|=|\beta-\delta|$

ゆえに，3 点 β，γ，δ を結んでできる三角形は，2 点 β，γ を結んでできる線分を底辺とする直角二等辺三角形である。

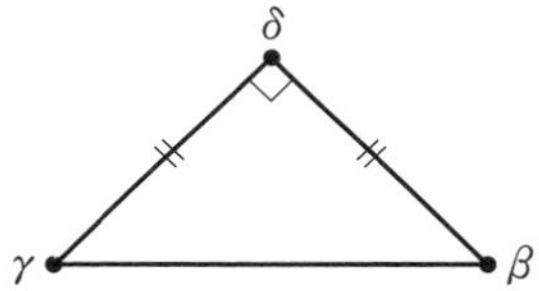

よって，財宝は，2 点 β，γ を結んでできる線分を底辺とする直角二等辺三角形の頂点の位置にある。 終

4 ※　問題文は教科書 181 ページを参照

指針 (3)　点 P における C_1，C_2 の接線の傾き $-\frac{16x_1}{a^2y_1}$，$\frac{b^2x_1}{4y_1}$ の積が -1 になることを示す。

(4)　$F(c,\ 0)$，$F'(-c,\ 0)$ とおくと　$c=\sqrt{a^2-16}$

(5)　接線とそれぞれの漸近線の方程式を連立させて解く。

解答 (1)　C_1 の焦点の座標は　　$(\sqrt{a^2-16},\ 0)$，$(-\sqrt{a^2-16},\ 0)$

C_2 の焦点の座標は　　$(\sqrt{4+b^2},\ 0)$，$(-\sqrt{4+b^2},\ 0)$

C_1 と C_2 は 2 つの焦点を共有しているから　　$a^2-16=4+b^2$

よって　　$\boldsymbol{b^2=a^2-20}$ 答

(2)　(1) から，$P(x_1,\ y_1)$ は次の①，②を満たす。

$16x_1^2+a^2y_1^2=16a^2$　　……①

$(a^2-20)x_1^2-4y_1^2=4(a^2-20)$　　……②

①×4＋②×a^2 から　　$(a^4-20a^2+64)x_1^2=4(a^4-20a^2)+64a^2$

展開して整理すると　　$(a^2-4)(a^2-16)x_1^2=4a^2(a^2-4)$

$a>2\sqrt{5}$ より $a^2-4\neq0$，$a^2-16\neq0$ であるから

$$x_1^2=\frac{4a^2}{a^2-16}\quad\cdots\cdots③$$

$x_1>0$ であるから　　$\boldsymbol{x_1=\frac{2a}{\sqrt{a^2-16}}}$ 答

また，③ を ① に代入して　　$\frac{64a^2}{a^2-16}+a^2y_1^2=16a^2$

よって　$y_1{}^2=\dfrac{16(a^2-16)}{a^2-16}-\dfrac{64}{a^2-16}=\dfrac{16a^2-256-64}{a^2-16}$

$=\dfrac{16a^2-320}{a^2-16}=\dfrac{16(a^2-20)}{a^2-16}$

$y_1>0$ であるから　$y_1=4\sqrt{\dfrac{a^2-20}{a^2-16}}$ 答

(3) 点Pにおける C_1, C_2 の接線の傾きは，それぞれ　$-\dfrac{16x_1}{a^2y_1}$, $\dfrac{b^2x_1}{4y_1}$

(1), (2)の結果を用いると

$-\dfrac{16x_1}{a^2y_1}\cdot\dfrac{b^2x_1}{4y_1}=-4\cdot\dfrac{b^2}{a^2}\cdot x_1^2\cdot\dfrac{1}{y_1^2}$

$=-4\cdot\dfrac{a^2-20}{a^2}\cdot\dfrac{4a^2}{a^2-16}\cdot\dfrac{a^2-16}{16(a^2-20)}=-1$

よって，2つの接線は直交する。 終

(4) 点Pにおける C_1 の接線の方程式は　$\dfrac{x_1x}{a^2}+\dfrac{y_1y}{16}-1=0$

また，F$(c,\ 0)$，F$'(-c,\ 0)$とおくと　$c=\sqrt{a^2-16}$

このとき

$$\mathrm{FH}=\frac{\left|\dfrac{x_1c}{a^2}-1\right|}{\sqrt{\left(\dfrac{x_1}{a^2}\right)^2+\left(\dfrac{y_1}{16}\right)^2}},\quad \mathrm{F'H'}=\frac{\left|-\dfrac{x_1c}{a^2}-1\right|}{\sqrt{\left(\dfrac{x_1}{a^2}\right)^2+\left(\dfrac{y_1}{16}\right)^2}}$$

であるから

$$\mathrm{FH}\cdot\mathrm{F'H'}=\frac{\left|\dfrac{x_1^2c^2}{a^4}-1\right|}{\left(\dfrac{x_1}{a^2}\right)^2+\left(\dfrac{y_1}{16}\right)^2}=\frac{\left|\dfrac{4}{a^2}-1\right|}{\dfrac{4}{a^2(a^2-16)}+\dfrac{a^2-20}{16(a^2-16)}}$$

$$=\frac{16(a^2-16)\,|4-a^2|}{64+a^2(a^2-20)}=\frac{16(a^2-16)(a^2-4)}{(a^2-16)(a^2-4)}=16$$

よって，2つの垂線の長さの積 FH・F$'$H$'$ の値は一定である。 終

(5) 点Pにおける C_2 の接線の方程式は　$\dfrac{x_1x}{4}-\dfrac{y_1y}{b^2}=1$

2つの漸近線の方程式は　$y=\dfrac{b}{2}x$, $y=-\dfrac{b}{2}x$

ここで，$\dfrac{x_1x}{4}-\dfrac{y_1y}{b^2}=1$ と $y=\dfrac{b}{2}x$ の交点Aの x 座標は，方程式 $\dfrac{x_1x}{4}-\dfrac{y_1x}{2b}=1$ の解である。

$(bx_1-2y_1)x=4b$ から　$x=\dfrac{4b}{bx_1-2y_1}$

これを $y=\dfrac{b}{2}x$ に代入すると　$y=\dfrac{2b^2}{bx_1-2y_1}$

ゆえに，Aの座標は　$\left(\dfrac{4b}{bx_1-2y_1},\ \dfrac{2b^2}{bx_1-2y_1}\right)$

同様に，$y=-\dfrac{b}{2}x$ との交点Bの座標は　$\left(\dfrac{4b}{bx_1+2y_1},\ -\dfrac{2b^2}{bx_1+2y_1}\right)$

よって，線分ABの中点Mの座標を$(x',\ y')$とすると

$$x'=\frac{1}{2}\left(\frac{4b}{bx_1-2y_1}+\frac{4b}{bx_1+2y_1}\right)=\frac{1}{2}\cdot\frac{8b^2x_1}{b^2x_1^2-4y_1^2}=\frac{1}{2}\cdot\frac{8b^2x_1}{4b^2}=x_1$$

$$y'=\frac{1}{2}\left(\frac{2b^2}{bx_1-2y_1}-\frac{2b^2}{bx_1+2y_1}\right)=\frac{1}{2}\cdot\frac{8b^2y_1}{b^2x_1^2-4y_1^2}=\frac{1}{2}\cdot\frac{8b^2y_1}{4b^2}=y_1$$

したがって，点Pは線分ABの中点である。 終

第1章 平面上のベクトル

1 ベクトル

1 右の図に示されたベクトルについて，次のようなベクトルの番号の組をすべてあげよ。

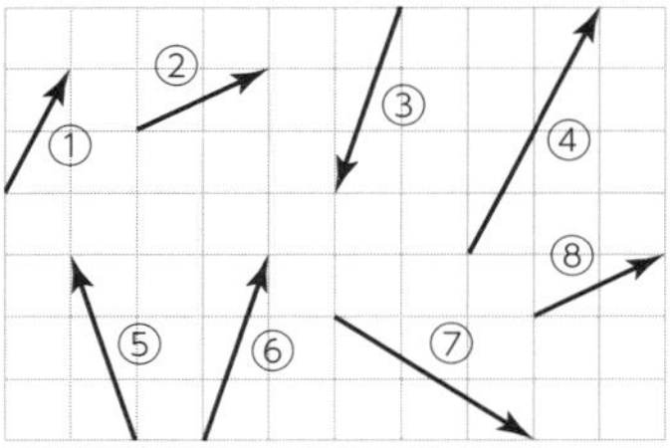

(1) 大きさが等しいベクトル

(2) 向きが同じベクトル

(3) 等しいベクトル

(4) 互いに逆ベクトル 教p.9 練習1

2 ベクトルの演算

2 次の等式が成り立つことを示せ。

$\overrightarrow{AD}+\overrightarrow{DC}+\overrightarrow{CB}=\overrightarrow{AB}$ 教p.11 練習3

3 次の等式が成り立つことを示せ。

$\overrightarrow{AC}+\overrightarrow{CB}+\overrightarrow{BA}=\vec{0}$ 教p.12 練習4

4 右の図のベクトル $\vec{a}$，$\vec{b}$，$\vec{c}$ について，次の(　)に適する実数を求めよ。

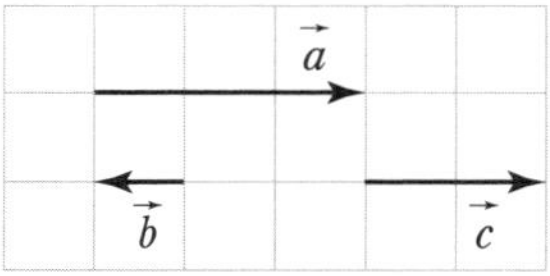

(1) $\vec{b}=(\quad)\vec{a}$　　(2) $\vec{c}=(\quad)\vec{b}$

(3) $\vec{a}=(\quad)\vec{c}$ 教p.13 練習6

5 次の計算をせよ。

(1) $\vec{a}-3\vec{a}+4\vec{a}$　　(2) $2(3\vec{a}-\vec{b})+3(2\vec{b}-\vec{a})$ 教p.14 練習8

6 (1) 単位ベクトル $\vec{e}$ と平行で，大きさが3のベクトルを $\vec{e}$ を用いて表せ。

(2) $|\vec{a}|=5$ のとき，$\vec{a}$ と同じ向きの単位ベクトルを $\vec{a}$ を用いて表せ。

教p.15 練習9

7 正六角形ABCDEFにおいて，$\overrightarrow{\mathrm{AB}}=\vec{a}$，$\overrightarrow{\mathrm{AF}}=\vec{b}$ とするとき，次のベクトルを $\vec{a}$，$\vec{b}$ を用いて表せ。

(1) $\overrightarrow{\mathrm{EC}}$　　(2) $\overrightarrow{\mathrm{BC}}$　　(3) $\overrightarrow{\mathrm{FD}}$

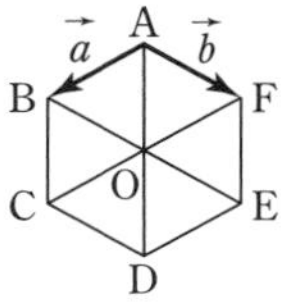

≫教 p.16 練習 10

3 ベクトルの成分

8 右の図のベクトル $\vec{a}$，$\vec{b}$，$\vec{c}$，$\vec{d}$，$\vec{e}$ を，それぞれ成分表示せよ。また，各ベクトルの大きさを求めよ。

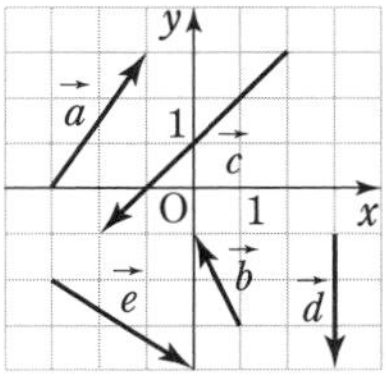

≫教 p.18 練習 11

9 $\vec{a}=(3,\ 4)$，$\vec{b}=(-2,\ 3)$ のとき，次のベクトルを成分表示せよ。

(1) $\vec{a}+\vec{b}$　　(2) $-3\vec{a}$

(3) $-2\vec{a}+3\vec{b}$　　(4) $-3(-\vec{a}+2\vec{b})$

≫教 p.19 練習 12

10 $\vec{a}=(4,\ 2)$，$\vec{b}=(-3,\ 5)$ とする。$\vec{c}=(5,\ 9)$ を，適当な実数 s，t を用いて $s\vec{a}+t\vec{b}$ の形に表せ。

≫教 p.19 練習 13

11 次の2つのベクトルが平行になるように，x の値を定めよ。

(1) $\vec{a}=(-1,\ 2)$，$\vec{b}=(3,\ x)$　　(2) $\vec{a}=(x,\ 2)$，$\vec{b}=(12,\ 8)$

≫教 p.19 練習 14

12 次の2点A，Bについて，$\overrightarrow{\mathrm{AB}}$ を成分表示し，$|\overrightarrow{\mathrm{AB}}|$ を求めよ。

(1) A$(3,\ 1)$，B$(-2,\ 5)$　　(2) A$(3,\ 5)$，B$(5,\ -1)$

≫教 p.20 練習 15

13 4点A$(x,\ y)$，B(2, 1)，C(5, 2)，D(4, 6)を頂点とする四角形ABCDが平行四辺形になるように，x，yの値を定めよ。

教 p.20 練習16

4 ベクトルの内積

14 $\vec{a}$と$\vec{b}$のなす角をθとする。次の場合に内積$\vec{a}\cdot\vec{b}$を求めよ。

(1) $|\vec{a}|=1$，$|\vec{b}|=2$，$\theta=45°$　　(2) $|\vec{a}|=2$，$|\vec{b}|=5$，$\theta=150°$

教 p.21 練習17

15 右の図の直角三角形ABCにおいて，次の内積を求めよ。

(1) $\overrightarrow{BC}\cdot\overrightarrow{CA}$　　(2) $\overrightarrow{BA}\cdot\overrightarrow{BC}$

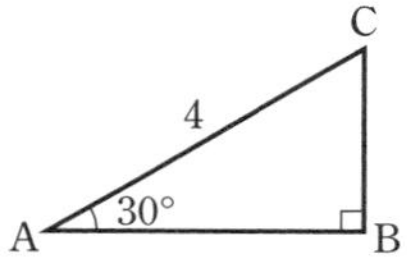

教 p.22 練習18

16 次のベクトル$\vec{a}$，$\vec{b}$について，内積$\vec{a}\cdot\vec{b}$を求めよ。

(1) $\vec{a}=(1,\ 3)$，$\vec{b}=(5,\ -2)$　　(2) $\vec{a}=(2,\ 1)$，$\vec{b}=(3,\ -6)$

教 p.23 練習19

17 次の2つのベクトルのなす角θを求めよ。

(1) $\vec{a}=(2,\ 3)$，$\vec{b}=(-1,\ 5)$　　(2) $\vec{a}=(\sqrt{3},\ -1)$，$\vec{b}=(\sqrt{3},\ -3)$

(3) $\vec{a}=(2,\ -3)$，$\vec{b}=(-4,\ 6)$　　(4) $\vec{a}=(-\sqrt{6},\ \sqrt{2})$，$\vec{b}=(\sqrt{3},\ 1)$

教 p.24 練習20

18 次の2つのベクトルが垂直になるように，xの値を定めよ。

(1) $\vec{a}=(4,\ -1)$，$\vec{b}=(x,\ 2)$　　(2) $\vec{a}=(x,\ x-3)$，$\vec{b}=(x-7,\ 2)$

教 p.25 練習21

19 (1) $\vec{a}=(3,\ 4)$に垂直で大きさが5のベクトル$\vec{p}$を求めよ。
(2) $\vec{a}=(2,\ -\sqrt{5})$に垂直な単位ベクトル$\vec{e}$を求めよ。 ≫教 p.25 練習 22

20 $\vec{0}$でないベクトル$\vec{a}=(a_1,\ a_2)$，$\vec{b}=(a_2,\ -a_1)$が垂直であることを用いて，$\vec{p}=(3,\ 2)$に垂直な単位ベクトル$\vec{e}$を求めよ。 ≫教 p.25 練習 23

21 次の等式を証明せよ。
(1) $|2\vec{a}+3\vec{b}|^2=4|\vec{a}|^2+12\vec{a}\cdot\vec{b}+9|\vec{b}|^2$
(2) $(3\vec{a}+4\vec{b})\cdot(3\vec{a}-4\vec{b})=9|\vec{a}|^2-16|\vec{b}|^2$ ≫教 p.26 練習 24

22 $|\vec{a}|=2$，$|\vec{b}|=3$，$\vec{a}\cdot\vec{b}=5$のとき，次の値を求めよ。
(1) $|\vec{a}-\vec{b}|$ (2) $|2\vec{a}+\vec{b}|$ ≫教 p.27 練習 25

23 $|\vec{a}|=\sqrt{2}$，$|\vec{b}|=2$で，$3\vec{a}+2\vec{b}$と$\vec{a}-\vec{b}$が垂直であるとする。このとき，$\vec{a}$と$\vec{b}$のなす角θを求めよ。 ≫教 p.27 練習 26

24 次の3点を頂点とする三角形の面積を求めよ。
A$(0,\ -1)$，B$(2,\ 5)$，C$(-1,\ 1)$ ≫教 p.28 練習 1

5 位置ベクトル

25 3点P$(\vec{p})$，Q$(\vec{q})$，R$(\vec{r})$に対して，次のベクトルを$\vec{p}$，$\vec{q}$，$\vec{r}$のいずれかを用いて表せ。
(1) $\overrightarrow{PQ}$ (2) $\overrightarrow{RP}$ (3) $\overrightarrow{QR}$ ≫教 p.31 練習 27

26 2点A($\vec{a}$)，B($\vec{b}$)を結ぶ線分ABに対して，次のような点の位置ベクトルを求めよ。

(1) 1：2に内分する点　(2) 5：3に内分する点

(3) 1：4に外分する点　(4) 6：5に外分する点

教 p.33 練習28

27 3点A($\vec{a}$)，B($\vec{b}$)，C($\vec{c}$)を頂点とする△ABCにおいて，辺BC，CA，ABを3：2に内分する点を，それぞれD，E，Fとする。△DEFの重心Gの位置ベクトル$\vec{g}$を$\vec{a}$，$\vec{b}$，$\vec{c}$を用いて表せ。

教 p.35 練習29

6 ベクトルの図形への応用

28 △OABにおいて，辺OAを1：2に内分する点をD，辺OBの中点をE，辺ABを2：1に外分する点をFとする。このとき，3点D，E，Fは一直線上にあることを証明せよ。

教 p.36 練習30

29 △OABにおいて，辺OAを4：3に内分する点をC，辺OBを3：1に内分する点をDとし，線分ADと線分BCの交点をPとする。$\overrightarrow{OA}=\vec{a}$，$\overrightarrow{OB}=\vec{b}$とするとき，$\overrightarrow{OP}$を$\vec{a}$，$\vec{b}$を用いて表せ。

教 p.37 練習31

30 OA=6, OC=4である長方形OABCにおいて，辺OA上にOP：PA=2：1となる点P，辺OC上にOQ：QC=3：1となる点Qをとる。このとき，PB⊥QAであることをベクトルを用いて証明せよ。

教 p.38 練習32

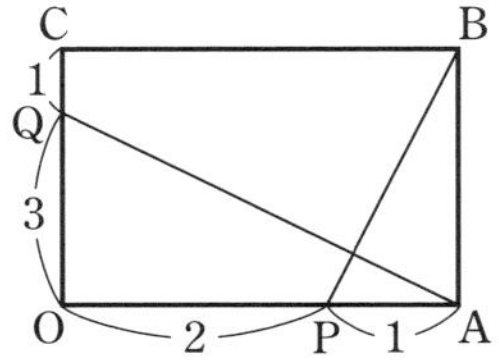

7 図形のベクトルによる表示

31 点 A(4, −2)を通り，$\vec{d}=(2,\ -1)$に平行な直線を媒介変数表示せよ。また，媒介変数を消去した式で表せ。 教 p.40 練習 33

32 △OAB において，次の式を満たす点 P の存在範囲を求めよ。

$\overrightarrow{OP}=s\overrightarrow{OA}+t\overrightarrow{OB}$,　$s+t=\dfrac{1}{3}$，$s\geqq 0$，$t\geqq 0$ 教 p.41 練習 34

33 △OAB において，次の式を満たす点 P の存在範囲を求めよ。

(1) $\overrightarrow{OP}=s\overrightarrow{OA}+t\overrightarrow{OB}$，$0\leqq s+t\leqq 3$，$s\geqq 0$，$t\geqq 0$

(2) $\overrightarrow{OP}=s\overrightarrow{OA}+t\overrightarrow{OB}$，$0\leqq s+t\leqq \dfrac{1}{3}$，$s\geqq 0$，$t\geqq 0$ 教 p.42 練習 35

34 次の点 A を通り，ベクトル $\vec{n}$ に垂直な直線の方程式を求めよ。

(1) A(1, 3)，$\vec{n}=(4,\ 5)$　　(2) A(−4, 1)，$\vec{n}=(2,\ -3)$

教 p.43 練習 36

35 点 A($\vec{a}$)が与えられているとき，次のベクトル方程式において点 P($\vec{p}$)の全体は円となる。円の中心の位置ベクトル，円の半径を求めよ。

(1) $|\vec{p}+\vec{a}|=4$　　(2) $|3\vec{p}-2\vec{a}|=1$ 教 p.44 練習 37

36 平面上の異なる 2 点 O，A に対して，$\overrightarrow{OA}=\vec{a}$ とすると，点 A を中心とし線分 OA を半径とする円のベクトル方程式は，その円上の点 P について $\overrightarrow{OP}=\vec{p}$ として，$\vec{p}\cdot(\vec{p}-2\vec{a})=0$ で与えられることを示せ。

教 p.44 練習 38

定期考査対策問題　第 1 章

1 $\overrightarrow{OA}=\vec{a}$，$\overrightarrow{OB}=\vec{b}$，$\overrightarrow{OP}=5\vec{a}-4\vec{b}$，$\overrightarrow{OQ}=2\vec{a}-\vec{b}$ であるとき，$\overrightarrow{PQ}/\!/\overrightarrow{AB}$ であることを示せ。ただし，$\vec{a}\neq\vec{0}$，$\vec{b}\neq\vec{0}$ で，$\vec{a}$ と $\vec{b}$ は平行でないものとする。

2 平行四辺形 ABCD の辺 BC，CD の中点を，それぞれ E，F とし，$\overrightarrow{AB}=\vec{b}$，$\overrightarrow{AD}=\vec{d}$ とする。

(1) $\overrightarrow{EF}$ を $\vec{b}$，$\vec{d}$ を用いて表せ。

(2) $\overrightarrow{AE}=\vec{u}$，$\overrightarrow{AF}=\vec{v}$ とするとき，$\vec{b}$，$\vec{d}$ を $\vec{u}$，$\vec{v}$ を用いて表せ。

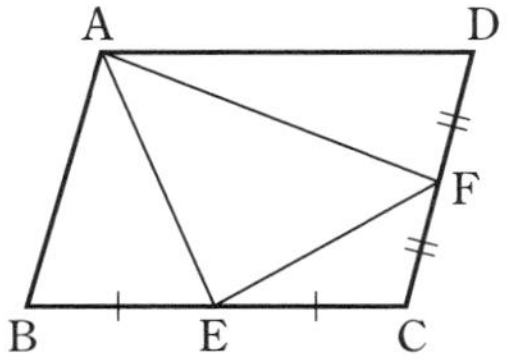

3 $\vec{a}=(x,\ 1)$，$\vec{b}=(2,\ 3)$ について，$\vec{a}+\vec{b}$ と $2\vec{a}-\vec{b}$ が平行になるように，x の値を定めよ。

4 $|\vec{a}|=3$，$|\vec{b}|=2$，$|\vec{a}+\vec{b}|=\sqrt{15}$ のとき，$3\vec{a}-\vec{b}$ と $\vec{a}+2t\vec{b}$ が垂直になるように，実数 t の値を定めよ。

5 $|\vec{a}|=4$，$|\vec{b}|=5$，$|\vec{a}-\vec{b}|=\sqrt{21}$ のとき，$|\vec{a}+t\vec{b}|$ の最小値を求めよ。ただし，t は実数とする。

6 AB=5，BC=6，CA=7 である △ABC の内心を I とする。$\overrightarrow{AB}=\vec{b}$，$\overrightarrow{AC}=\vec{c}$ とするとき，$\overrightarrow{AI}$ を $\vec{b}$，$\vec{c}$ を用いて表せ。

7 △ABC と点 P に対して，等式 $2\overrightarrow{PA}+3\overrightarrow{PB}+4\overrightarrow{PC}=\vec{0}$ が成り立つとする。

(1) 点 P は △ABC に対してどのような位置にあるか。

(2) 面積の比 △PBC：△PCA：△PAB を求めよ。

8 平行四辺形 ABCD において，辺 CD を 3：1 に内分する点を E，対角線 BD を 4：1 に内分する点を F とする。このとき，3 点 A，F，E は一直線上にあることを証明せよ。

9 △OAB と点 P に対して，$\overrightarrow{OP}=s\overrightarrow{OA}+t\overrightarrow{OB}$ が成り立つとする。
s，t が次の条件を満たすとき，点 P の存在範囲を求めよ。

(1) $s+t=3$

(2) $0\leqq 2s+3t\leqq 6$，$s\geqq 0$，$t\geqq 0$

10 平面上の異なる 2 点 O，A に対して，$\overrightarrow{OA}=\vec{a}$ とする。このとき，ベクトル方程式 $2\vec{a}\cdot\vec{p}=|\vec{a}||\vec{p}|$ において $\overrightarrow{OP}=\vec{p}$ となる点 P の全体はどのような図形を表すか。

第2章 空間のベクトル

1 空間の点

37 点P(1, 5, −2)に対して，次の点の座標を求めよ。

(1) xy 平面に関して対称な点　(2) x 軸に関して対称な点

(3) z 軸に関して対称な点　(4) 原点に関して対称な点

教 p.51 練習 1

38 原点Oと次の点の距離を求めよ。

(1) P(5, −2, 4)　(2) Q(−4, −1, 3)

教 p.51 練習 2

2 空間のベクトル

39 右の図の直方体において，各頂点を始点，終点とする有向線分が表すベクトルのうち，$\overrightarrow{BC}$ に等しいベクトルで $\overrightarrow{BC}$ 以外のものをすべてあげよ。また，$\overrightarrow{HD}$ の逆ベクトルで $\overrightarrow{DH}$ 以外のものをすべてあげよ。

教 p.52 練習 3

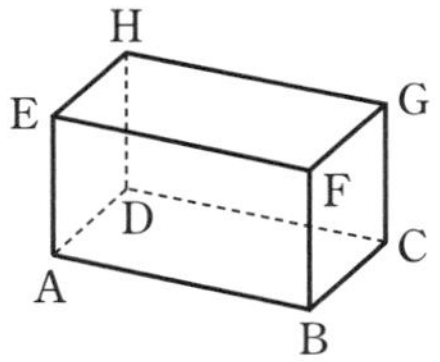

40 本書の演習問題39番の直方体において，次の□に適する頂点の文字を求めよ。

(1) $\overrightarrow{AB}+\overrightarrow{EH}+\overrightarrow{CG}=\overrightarrow{A\square}$

(2) $\overrightarrow{AB}-\overrightarrow{FG}-\overrightarrow{DH}=\overrightarrow{\square B}$

教 p.53 練習 4

41 図の平行六面体において，$\overrightarrow{AB}=\vec{a}$，$\overrightarrow{AD}=\vec{b}$，$\overrightarrow{AE}=\vec{c}$ とするとき，次のベクトルを，$\vec{a}$，$\vec{b}$，$\vec{c}$ を用いて表せ。

(1) $\overrightarrow{BD}$　(2) $\overrightarrow{FC}$

(3) $\overrightarrow{GA}$　(4) $\overrightarrow{CE}$

教 p.53 練習 5

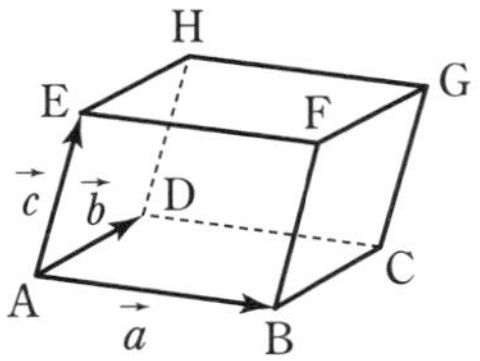

3 ベクトルの成分

42 次のベクトル $\vec{a}$, $\vec{b}$ が等しくなるように，x, y, z の値を定めよ。

$\vec{a}=(1,\ 2,\ -3)$，$\vec{b}=(x+2,\ -y,\ z)$

教 p.55 練習 6

43 次のベクトルの大きさを求めよ。

(1) $\vec{a}=(3,\ -2,\ 4)$　(2) $\vec{b}=(2,\ 4,\ -5)$

教 p.56 練習 7

44 $\vec{a}=(1,\ 0,\ 1)$，$\vec{b}=(2,\ -1,\ -2)$ のとき，次のベクトルを成分表示せよ。

(1) $\vec{a}+\vec{b}$　(2) $\vec{a}-\vec{b}$

(3) $3\vec{a}-2\vec{b}$　(4) $(\vec{a}-3\vec{b})-(7\vec{a}-2\vec{b})$

教 p.57 練習 8

45 次の 2 点 A，B について，$\overrightarrow{AB}$ を成分表示し，$|\overrightarrow{AB}|$ を求めよ。

(1) A(1, 1, 2)，B(2, 3, 5)

(2) A(0, −1, 3)，B(3, 4, −5)

教 p.57 練習 9

4 ベクトルの内積

46 次の 2 つのベクトル $\vec{a}$, $\vec{b}$ について，内積とそのなす角 θ を求めよ。

(1) $\vec{a}=(1,\ -2,\ -3)$，$\vec{b}=(6,\ 2,\ -4)$

(2) $\vec{a}=(-4,\ -2,\ 4)$，$\vec{b}=(2,\ 1,\ -2)$

教 p.59 練習 10

47 3 点 A(2, 1, 0)，B(0, 2, 1)，C(1, 0, 2) を頂点とする △ABC において，∠BAC の大きさを求めよ。

教 p.59 練習 11

48 2つのベクトル $\vec{a}=(1,\ 2,\ 3)$，$\vec{b}=(1,\ -2,\ 1)$の両方に垂直で，大きさが $\sqrt{21}$ のベクトル $\vec{p}$ を求めよ。
≫ 教 p.60 練習 12

5 ベクトルの図形への応用

49 四面体OABCにおいて，辺ABを2：1に内分する点をD，線分CDを3：2に内分する点をPとする。$\overrightarrow{OP}$ を $\overrightarrow{OA}$，$\overrightarrow{OB}$，$\overrightarrow{OC}$ を用いて表せ。
≫ 教 p.61 練習 13

50 四面体OABCにおいて，辺OA，BC，OB，ACの中点を，それぞれK，L，M，Nとする。線分KLの中点をPとするとき，3点M，N，Pは一直線上にあることを証明せよ。
≫ 教 p.62 練習 14

51 3点A(3，1，2)，B(4，2，3)，C(5，2，5)の定める平面ABC上に点D(−2，−1，z)があるとき，z の値を求めよ。
≫ 教 p.63 練習 15

52 四面体OABCにおいて，辺OAを1：2に内分する点をD，辺BCを3：2に内分する点をE，線分DEの中点をMとし，直線OMと平面ABCの交点をPとする。$\overrightarrow{OA}=\vec{a}$，$\overrightarrow{OB}=\vec{b}$，$\overrightarrow{OC}=\vec{c}$ とするとき，$\overrightarrow{OP}$ を $\vec{a}$，$\vec{b}$，$\vec{c}$ を用いて表せ。
≫ 教 p.64 練習 16

53 正四面体ABCDにおいて，辺AB，CDの中点をそれぞれE，Fとすると，AB⊥EFである。このことをベクトルを用いて証明せよ。
≫ 教 p.66 練習 17

6 座標空間における図形

54 2 点 A(2, 1, -1), B(1, -3, 5) について, 次のものを求めよ。

(1) 2 点 A, B 間の距離　　(2) 線分 AB の中点の座標

(3) 線分 AB を 3：1 に内分する点の座標

(4) 線分 AB を 2：1 に外分する点の座標

≫教 p.67 練習 18

55 3 点 A(2, -3, 0), B(5, 1, 5), C(8, -1, 1) を頂点とする △ABC の重心の座標を, 原点 O に関する位置ベクトルを利用して求めよ。

≫教 p.67 練習 19

56 点(3, -2, 5) を通り, 次のような平面の方程式を求めよ。

(1) xy 平面に平行　　(2) zx 平面に平行　　(3) x 軸に垂直

≫教 p.68 練習 20

57 次のような球面の方程式を求めよ。

(1) 原点を中心とする半径 5 の球面

(2) 点(3, 2, 1) を中心とする, 半径が 2 の球面

(3) 点 A(1, 2, 1) を中心とし, 点 B(-2, 3, 4) を通る球面

(4) 2 点 A(4, -1, 3), B(0, 11, 9) を直径の両端とする球面

≫教 p.69 練習 21

58 球面 $(x-2)^2+(y+3)^2+(z+1)^2=4^2$ と zx 平面が交わる部分は円である。その円の中心の座標と半径を求めよ。

≫教 p.70 練習 22

59 点(2, -6, -3) を通り, ベクトル $\vec{n}=(4,\ -1,\ 5)$ に垂直な平面の方程式を求めよ。

≫教 p.70 練習 1

定期考査対策問題　第2章

1 A(1, −2, −3), B(2, 1, 1), C(−1, −3, 2), D(3, −4, −1)とする。
線分AB, AC, ADを3辺とする平行六面体の他の頂点の座標を求めよ。

2 次のベクトルを，3つのベクトル $\vec{a}=(1,\ 2,\ 3)$，$\vec{b}=(0,\ 2,\ 5)$，
$\vec{c}=(1,\ 3,\ 1)$と適当な実数 s，t，u を用いて，$s\vec{a}+t\vec{b}+u\vec{c}$ の形に表せ。

(1)　$\vec{p}=(0,\ 3,\ 12)$　　(2)　$\vec{q}=(-2,\ 2,\ 9)$

3 $|\vec{a}|=6$，$|\vec{c}|=1$，$\vec{a}$ と $\vec{b}$ のなす角は60°で，$\vec{a}$ と $\vec{c}$，$\vec{b}$ と $\vec{c}$，$\vec{a}+\vec{b}+\vec{c}$ と $2\vec{a}-5\vec{b}$ のなす角は，いずれも90°である。
このとき，$|\vec{b}|$，$|\vec{a}+\vec{b}+\vec{c}|$の値を求めよ。

4 $\vec{a}=(1,\ 2,\ 3)$，$\vec{b}=(2,\ -1,\ 1)$で，t は実数とする。$|\vec{a}+t\vec{b}|$ の最小値とそのときの t の値を求めよ。

5 四面体ABCDにおいて，辺ABの中点をM，辺CDの中点をN，辺BDの中点をP，辺ACの中点をQとする。次の等式を証明せよ。

(1)　$\overrightarrow{AD}+\overrightarrow{BC}=2\overrightarrow{MN}$

(2)　$\overrightarrow{AB}+\overrightarrow{AD}+\overrightarrow{CB}+\overrightarrow{CD}=4\overrightarrow{QP}$

6 四面体ABCDにおいて，等式 $\overrightarrow{AP}+2\overrightarrow{BP}+5\overrightarrow{CP}+6\overrightarrow{DP}=\vec{0}$ を満たす点Pはどのような点か。

7 3点A$(-3,\ 2,\ 4)$，B$(1,\ -1,\ 6)$，C$(x,\ y,\ 5)$が一直線上にあるとき，x，yの値を求めよ。

8 1辺の長さが2の正四面体OABCにおいて，辺BCの中点をMとする。
(1) 内積$\overrightarrow{\mathrm{OA}}\cdot\overrightarrow{\mathrm{OM}}$を求めよ。 (2) $\cos\angle\mathrm{AOM}$の値を求めよ。

9 A$(1,\ -2,\ 3)$，B$(-1,\ 2,\ 3)$，C$(1,\ 2,\ -3)$とする。平面ABCに，原点Oから垂線OHを下ろす。線分OHの長さを求めよ。
また，四面体OABCの体積を求めよ。

10 AB$=2$，AD$=\sqrt{3}$，AE$=1$である直方体ABCD-EFGHがあり，辺ABの中点をMとする。
点Pが辺CD上を動くとき，内積$\overrightarrow{\mathrm{PF}}\cdot\overrightarrow{\mathrm{PM}}$の最小値を求めよ。
また，そのときの点Pの位置を求めよ。

11 中心が点$(-2,\ 1,\ a)$，半径が6の球面が，xy平面と交わってできる円の半径が$4\sqrt{2}$であるとき，aの値を求めよ。

第3章 複素数平面

1 複素数平面

60 次の点を右の図に示せ。

A$(2+i)$，　B$(-3-4i)$，
C$(-1+2i)$，　D$(-2i)$

教 p.76 練習 1

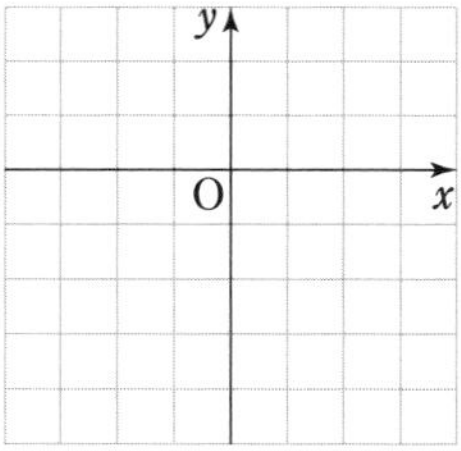

61 次の複素数の絶対値を求めよ。

(1) $5-2i$　(2) $1+\sqrt{3}\,i$　(3) 4　(4) $-7i$

教 p.78 練習 4

62 右の図の複素数平面上の点 α，β について，次の点を図に示せ。

(1) $\alpha+\beta$　(2) $\alpha-\beta$

教 p.79 練習 6

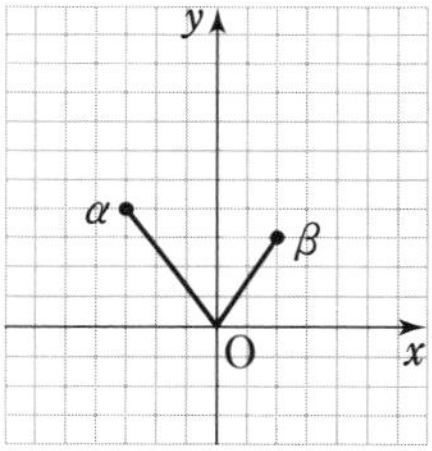

63 次の2点間の距離を求めよ。

(1) A$(5+4i)$，B$(9+2i)$　(2) C$(6-7i)$，D$(-3+i)$

教 p.80 練習 7

64 $\alpha=2+6i$，$\beta=-1+yi$ とする。2点 A(α)，B(β) と原点 O が一直線上にあるとき，実数 y の値を求めよ。

教 p.81 練習 8

65 複素数 α，β について，$\alpha+\beta-2i=0$ のとき，$\overline{\alpha}+\overline{\beta}$ を求めよ。

教 p.83 練習 9

66 複素数 α について，次のことを証明せよ。

$|\alpha|=1$ のとき，$\alpha^4+\dfrac{1}{\alpha^4}$ は実数である。 教 p.83 練習 10

2 複素数の極形式

67 次の複素数を極形式で表せ。ただし，偏角 θ の範囲は，(1)，(2)では $0 \leqq \theta < 2\pi$，(3)，(4)では $-\pi < \theta \leqq \pi$ とする。

(1) $-1+\sqrt{3}\,i$　　(2) $3-3i$

(3) $-\sqrt{3}-i$　　(4) $-3i$ 教 p.85 練習 11

68 次の複素数 α，β について，$\alpha\beta$，$\dfrac{\alpha}{\beta}$ をそれぞれ極形式で表せ。

ただし，偏角 θ の範囲は $0 \leqq \theta < 2\pi$ とする。

$$\alpha=4\sqrt{2}\left(\cos\frac{3}{4}\pi+i\sin\frac{3}{4}\pi\right),\ \beta=2\left(\cos\frac{2}{3}\pi+i\sin\frac{2}{3}\pi\right)$$

教 p.87 練習 13

69 複素数 α，β について，$|\alpha|=5$，$|\beta|=4$ のとき，次の値を求めよ。

(1) $|\alpha^3|$　　(2) $|\alpha\beta^2|$　　(3) $\left|\dfrac{1}{\alpha\beta}\right|$　　(4) $\left|\dfrac{\beta^3}{\alpha^2}\right|$

教 p.87 練習 14

70 次の点は，点 z をどのように移動した点であるか。

(1) $(1-i)z$　　(2) $(-1+\sqrt{3}\,i)z$　　(3) $-i\overline{z}$

教 p.88 練習 15

71 $z=6+2i$ とする。点 z を原点を中心として次の角だけ回転した点を表す複素数を求めよ。

(1) $\dfrac{\pi}{4}$　　(2) $-\dfrac{\pi}{3}$　　(3) $\dfrac{\pi}{2}$　　(4) $\dfrac{5}{6}\pi$ 教 p.89 練習 16

72 $\alpha=\sqrt{3}-4i$ とする。複素数平面上の 3 点 0，α，β を頂点とする三角形が，正三角形であるとき，β の値を求めよ。 教 p.89 練習 17

3 ド・モアブルの定理

73 次の式を計算せよ。

(1) $(\sqrt{3}+i)^6$　(2) $(-\sqrt{2}+\sqrt{6}\,i)^5$　(3) $(1-i)^{-6}$

≫ 教 p.91 練習 18

74 1の4乗根を求めよ。 ≫ 教 p.92 練習 19

75 次の方程式を解け。また，解を表す点を，それぞれ複素数平面上に図示せよ。

(1) $z^2=1-\sqrt{3}\,i$　(2) $z^3=-8i$ ≫ 教 p.93 練習 20

4 複素数と図形

76 $A(2+4i)$，$B(5-2i)$とする。次の点を表す複素数を求めよ。

(1) 線分ABを2：1に内分する点C

(2) 線分ABの中点M

(3) 線分ABを1：3に外分する点D ≫ 教 p.94 練習 21

77 複素数平面上の3点$A(3+2i)$，$B(6-i)$，$C(-3-4i)$を頂点とする△ABCの重心を表す複素数を求めよ。 ≫ 教 p.95 練習 22

78 次の方程式を満たす点z全体は，どのような図形か。

(1) $|z-3|=1$　(2) $|z+2i|=4$　(3) $|z+2|=|z-6i|$

≫ 教 p.95 練習 23

79 方程式$2|z-i|=|z+2i|$を満たす点z全体は，どのような図形か。

≫ 教 p.96 練習 24

80 $w=2i(z+2)$ とする。点 z が原点Oを中心とする半径1の円上を動くとき，点 w はどのような図形を描くか。

≫教 p.97 練習 25

81 $\alpha=-1+2i$，$\beta=3-i$ とする。点 β を，点 α を中心として $\dfrac{\pi}{2}$ だけ回転した点を表す複素数 γ を求めよ。

≫教 p.98 練習 26

82 3点 A$(-2-3i)$，B$(5-2i)$，C$(1+i)$ に対して，半直線 AB から半直線 AC までの回転角 θ を求めよ。ただし，$-\pi<\theta\leqq\pi$ とする。

≫教 p.99 練習 27

83 3点 A(-1)，B$(2+i)$，C$(a-4i)$ について，次の問いに答えよ。ただし，a は実数とする。

(1) 2直線 AB，AC が垂直に交わるように，a の値を定めよ。

(2) 3点 A，B，C が一直線上にあるように，a の値を定めよ。

≫教 p.100 練習 28

84 3点 A(α)，B(β)，C(γ) を頂点とする △ABC について，等式 $\gamma=\left(\dfrac{1}{2}-\dfrac{\sqrt{3}}{2}i\right)\alpha+\left(\dfrac{1}{2}+\dfrac{\sqrt{3}}{2}i\right)\beta$ が成り立つとき，次のものを求めよ。

(1) 複素数 $\dfrac{\gamma-\alpha}{\beta-\alpha}$ の値　　(2) △ABC の3つの角の大きさ

≫教 p.101 練習 29

85 3点 A$(1+i)$，B$(3+(\sqrt{2}+1)i)$，C$(-\sqrt{2}+1+3i)$ を頂点とする △ABC はどのような三角形か。

≫教 p.102 練習 1

定期考査対策問題　第3章

1 $\alpha=-2+3i$, $\beta=a-6i$, $\gamma=3+bi$ とする。4点0, α, β, γ が一直線上にあるとき，実数 a, b の値を求めよ。

2 (1) 複素数 α, β について，$|\alpha|=|\beta|=|\alpha+\beta|=1$ のとき，$\alpha^2+\alpha\beta+\beta^2=0$ であることを証明せよ。

(2) 複素数 z について，$|z+1|=2|z-2|$ のとき，$|z-3|$ の値を求めよ。

3 次の複素数を極形式で表せ。ただし，偏角 θ の範囲は $0\leqq\theta<2\pi$ とする。

(1) $\dfrac{3+2i}{1+5i}$　　(2) $\sin\dfrac{\pi}{6}+i\cos\dfrac{\pi}{6}$

4 複素数平面上の3点O(0), A$(3-i)$, Bについて，次の条件を満たしているとき，点Bを表す複素数を求めよ。

(1) △OABが正三角形　　(2) 2OA=OB かつ $\angle\mathrm{AOB}=\dfrac{2}{3}\pi$

5 複素数平面上で，原点Oと点 $\sqrt{3}+i$ を通る直線を ℓ とする。点 $2+i$ を直線 ℓ に関して対称移動した点を表す複素数を求めよ。

6 次の式を計算せよ。

(1) $\left(\dfrac{\sqrt{3}-i}{\sqrt{3}+i}\right)^3$　　(2) $\left\{\left(\dfrac{1+i}{\sqrt{2}}\right)^{10}-\left(\dfrac{1-i}{\sqrt{2}}\right)^{10}\right\}^2$

7 複素数 z が，$z+\dfrac{1}{z}=2\cos\theta$ を満たすとき，次の問いに答えよ。

(1) z を θ を用いて表せ。

(2) n が自然数のとき，$z^n+\dfrac{1}{z^n}=2\cos n\theta$ であることを示せ。

8 次の方程式の解を極形式で表せ。

$$z^4+2z^3+4z^2+8z+16=0$$

9 $\alpha=\cos\dfrac{2}{17}\pi+i\sin\dfrac{2}{17}\pi$ のとき，次の式の値を求めよ。

(1) $1+\alpha+\alpha^2+\cdots\cdots+\alpha^{16}$　　(2) $\alpha\cdot\alpha^2\cdot\cdots\cdots\cdot\alpha^{16}$

10 n が $a_n=\left(\dfrac{\sqrt{3}+1}{2}+\dfrac{\sqrt{3}-1}{2}i\right)^{2n}$ を実数とする最小の自然数のとき，a_n の値を求めよ。

11 次の方程式を満たす点 z 全体は，どのような図形か。

(1) $z-\overline{z}=2i$　　(2) $2z\overline{z}+z+\overline{z}+i(z-\overline{z})=1$

(3) $3|z|=|z+8|$　　(4) $|z-2i|=2|z+i|$

12 複素数平面上の異なる3点 α，β，γ が一直線上にあるとき，次の等式が成り立つことを証明せよ。

$$\overline{\alpha}(\beta-\gamma)+\overline{\beta}(\gamma-\alpha)+\overline{\gamma}(\alpha-\beta)=0$$

13 △ABC と点 P に対し，等式 $AB^2+PC^2=AC^2+PB^2$ が成り立つならば $PA\perp BC$ であることを，複素数平面を利用して証明せよ。
ただし，点 P は頂点 A と異なるものとする。

第4章 式と曲線

1 放物線

86 次の放物線の概形をかけ。また，その焦点と準線を求めよ。

(1) $y^2=16x$　　(2) $y^2=-12x$　　教 p.107 練習 1

87 焦点が点(5, 0)で，準線が直線 $x=-5$ である放物線の方程式を求めよ。

教 p.107 練習 2

88 次の放物線の概形をかけ。また，その焦点と準線を求めよ。

(1) $x^2=8y$　　(2) $y=-3x^2$　　教 p.107 練習 3

2 楕円

89 次の楕円の概形をかけ。また，その焦点，長軸の長さ，短軸の長さを求めよ。

(1) $\dfrac{x^2}{6^2}+\dfrac{y^2}{5^2}=1$　　(2) $x^2+\dfrac{25}{16}y^2=100$　　教 p.109 練習 4

90 2点(4, 0), (−4, 0)を焦点とし，焦点からの距離の和が10である楕円の方程式を求めよ。　　教 p.110 練習 5

91 次の楕円の概形をかけ。また，その焦点，長軸の長さ，短軸の長さを求めよ。

(1) $\dfrac{x^2}{4^2}+\dfrac{y^2}{5^2}=1$　　(2) $25x^2+9y^2=225$　　教 p.111 練習 6

92 円 $x^2+y^2=2^2$ を，x 軸をもとにして次のように縮小または拡大して得られる楕円の方程式を求めよ。

(1) y 軸方向に $\dfrac{1}{2}$ 倍　　(2) y 軸方向に $\dfrac{3}{2}$ 倍　　教 p.112 練習 7

93 座標平面上において，長さが9の線分ABの端点Aは x 軸上を，端点Bは y 軸上を動くとき，線分ABを1：2に内分する点Pの軌跡を求めよ。

教 p.113 練習 8

3 双曲線

94 次の双曲線の概形をかけ。また，その焦点，頂点，漸近線を求めよ。

(1) $\dfrac{x^2}{6^2}-\dfrac{y^2}{3^2}=1$　　(2) $4x^2-y^2=1$　　教 p.116 練習 9

95 2 点$(3,\ 0)$，$(-3,\ 0)$を焦点とし，焦点からの距離の差が 4 である双曲線の方程式を求めよ。　教 p.117 練習 10

96 2 点$(2\sqrt{2},\ 0)$，$(-2\sqrt{2},\ 0)$を焦点とする直角双曲線の方程式を求めよ。
教 p.117 練習 11

97 次の双曲線の概形をかけ。また，その焦点，頂点，漸近線を求めよ。

(1) $\dfrac{x^2}{3^2}-\dfrac{y^2}{4^2}=-1$　　(2) $x^2-4y^2=-1$　　教 p.118 練習 12

4 2 次曲線の平行移動

98 楕円 $x^2+\dfrac{y^2}{4}=1$ を，x 軸方向に 1，y 軸方向に 2 だけ平行移動するとき，移動後の楕円の方程式と焦点の座標を求めよ。　教 p.121 練習 13

99 放物線 $y^2=2x$ を，x 軸方向に 2，y 軸方向に -1 だけ平行移動するとき，移動後の放物線の方程式と焦点の座標を求めよ。　教 p.121 練習 14

100 次の方程式はどのような図形を表すか。

(1) $x^2+4y^2-4x+8y+4=0$

(2) $4y^2-9x^2-18x-24y-9=0$

(3) $y^2+2x-2y-3=0$　　教 p.122 練習 15

5 2次曲線と直線

101 k は定数とする。双曲線 $4x^2-9y^2=36$ と直線 $x+y=k$ の共有点の個数を調べよ。

≫教 p.123 練習 16

102 点 C(3, 0) から楕円 $x^2+4y^2=4$ に接線を引くとき，その接線の方程式を求めよ。

≫教 p.124 練習 17

103 次の曲線上の点 P における接線の方程式を求めよ。

(1) 楕円 $\dfrac{x^2}{4}+y^2=1$,　$\mathrm{P}\left(\sqrt{3},\ -\dfrac{1}{2}\right)$

(2) 放物線 $y^2=4x$,　P(1, −2)

≫教 p.125 練習 1

6 2次曲線の性質

104 点 F(5, 0) からの距離と，直線 $x=2$ からの距離の比が 1：2 である点 P の軌跡を求めよ。

≫教 p.127 練習 18

7 曲線の媒介変数表示

105 次のように媒介変数表示される曲線について，t を消去して x, y の方程式を求め，曲線の概形をかけ。

(1) $x=t+2$, $y=2t^2+1$　　(2) $x=4t+1$, $y=2t^2-4t+2$

≫教 p.132 練習 19

106 放物線 $y=-x^2+2tx+(t-1)^2$ の頂点は，t の値が変化するとき，どのような曲線を描くか。

≫教 p.132 練習 20

107 角 θ を媒介変数として，次の円を表せ。

(1) $x^2+y^2=4^2$　　(2) $x^2+y^2=5$

≫教 p.133 練習 21

108 角θを媒介変数として，次の楕円を表せ。

(1) $\dfrac{x^2}{5^2}+\dfrac{y^2}{3^2}=1$　(2) $9x^2+4y^2=36$　教 p.133 練習 22

109 θが変化するとき，点$\mathrm{P}\left(\dfrac{4}{\cos\theta},\ 6\tan\theta\right)$は双曲線$\dfrac{x^2}{16}-\dfrac{y^2}{36}=1$上を動くことを示せ。　教 p.133 練習 23

110 双曲線$\dfrac{x^2}{4}-y^2=1$を媒介変数θを用いて表せ。　教 p.134 練習 24

111 次の媒介変数表示は，どのような曲線を表すか。

(1) $x=2\cos\theta-1,\ y=2\sin\theta+2$

(2) $x=2\cos\theta+1,\ y=3\sin\theta-1$　教 p.134 練習 25

112 サイクロイド$x=3(\theta-\sin\theta),\ y=3(1-\cos\theta)$において，$\theta$が次の値をとったときの点の座標を求めよ。

(1) $\theta=\dfrac{\pi}{6}$　(2) $\theta=\dfrac{\pi}{2}$　(3) $\theta=\dfrac{3}{2}\pi$　(4) $\theta=2\pi$

教 p.135 練習 26

8 極座標と極方程式

113 極座標が次のような点の直交座標を求めよ。

(1) $\left(4,\ \dfrac{\pi}{3}\right)$　(2) $\left(4,\ \dfrac{\pi}{2}\right)$　(3) $\left(\sqrt{2},\ -\dfrac{\pi}{4}\right)$　教 p.139 練習 27

114 直交座標が次のような点の極座標を求めよ。ただし，偏角θの範囲は$0\leqq\theta<2\pi$とする。

(1) $(2,\ 0)$　(2) $(-3,\ 3)$　(3) $(-1,\ -\sqrt{3})$　教 p.139 練習 28

115 極座標が$\left(2,\ \dfrac{\pi}{2}\right)$である点Aを通り，始線に平行な直線を，極方程式で表せ。　教 p.141 練習 29

116 次の極方程式で表される曲線を図示せよ。

(1)　$\theta=\dfrac{\pi}{3}$　　(2)　$r=4\cos\theta$　≫教 p.141 練習 30

117 極座標が$\left(2,\ \dfrac{\pi}{4}\right)$である点Aを通り，OAに垂直な直線$\ell$の極方程式は

$r\cos\left(\theta-\dfrac{\pi}{4}\right)=2$であることを示せ。　≫教 p.142 練習 31

118 楕円$3x^2+2y^2=1$を極方程式で表せ。　≫教 p.142 練習 32

119 次の極方程式の表す曲線を，直交座標のx，yの方程式で表せ。

(1)　$r=\cos\theta+\sin\theta$　(2)　$r^2\cos 2\theta=-1$　≫教 p.143 練習 33

120 次の極方程式の表す曲線を，直交座標のx，yの方程式で表せ。

$r=\dfrac{9}{1+2\cos\theta}$　≫教 p.144 練習 34

121 始線OX上の点A(3, 0)を通り，始線に垂直な直線をℓとする。極Oを焦点，ℓを準線とする放物線の極方程式を求めよ。　≫教 p.145 練習 35

定期考査対策問題　第4章

1 次のような2次曲線の方程式を求めよ。

(1) 軸が x 軸，頂点が原点で，点$(-4,\ 6)$を通る放物線

(2) 焦点が2点$(0,\ 4)$，$(0,\ -4)$，短軸の長さが6である楕円

(3) 2つの焦点$(7,\ 0)$，$(-7,\ 0)$からの距離の差が6である双曲線

2 次の方程式はどのような図形を表すか。

(1) $x-y^2+4y-3=0$

(2) $4x^2+9y^2-16x+54y+61=0$

(3) $2x^2-9y^2+32x+36y+74=0$

3 次の2次曲線と直線の2つの交点を結んだ線分の中点の座標と，その線分の長さを求めよ。

$$x^2+9y^2=9,\ x+3y=1$$

4 傾きが1で双曲線 $2x^2-y^2=-2$ に接する直線の方程式を求めよ。

5 点$(3,\ 4)$から楕円 $\dfrac{x^2}{16}+\dfrac{y^2}{9}=1$ に引いた2本の接線は直交することを示せ。

6 次の2次曲線と直線が，異なる2点P，Qで交わるように k の値が変化するとき，線分PQの中点Rの軌跡を求めよ。

楕円 $x^2+4y^2=4$，　直線 $y=x+k$

7 次のように媒介変数表示される図形はどのような曲線か。x，y の方程式を求めて示せ。

(1) $x=t+1,\ y=2t-3$

(2) $x=t+1,\ y=\sqrt{t}$

(3) $x=\sqrt{t},\ y=\sqrt{1-t}$

(4) $x=4\cos\theta+1,\ y=3\sin\theta-1$

(5) $x=\dfrac{2}{\cos\theta},\ y=3\tan\theta$

8 次の極方程式はどのような曲線を表すか。

(1) $\theta=\dfrac{\pi}{4}$　　(2) $r=6\cos\theta$　　(3) $r\cos\left(\theta-\dfrac{5}{6}\pi\right)=1$

9 次の極方程式の表す曲線を，直交座標の x，y の方程式で表せ。

(1) $r=\dfrac{1}{\sqrt{2}+\cos\theta}$　　(2) $r=\dfrac{3}{1+2\cos\theta}$　　(3) $r=\dfrac{2}{1+\cos\theta}$

10 極座標が$(2,\ 0)$である点Aを通り始線OXに垂直な直線をℓとし，ℓ上の動点をPとする。極Oを端点とする半直線OP上に，OP・OQ=4を満たす点Qをとるとき，点Qの軌跡の極方程式を求めよ。

11 次の点Pは，tの値が変化するとき，どのような曲線を描くか。

(1) 放物線 $x=y^2-2(t+1)y+2t^2-t$ の頂点P

(2) 円 $(1+t^2)(x^2+y^2)-2(1-t^2)x-12ty-2=0$ の中心P

12 極座標に関して，中心が$\left(2,\ \dfrac{\pi}{6}\right)$，半径が$\sqrt{3}$である円に，極から引いた2本の接線の極方程式を求めよ。

第5章 数学的な表現の工夫

1 データの表現方法の工夫

122 右のデータは，2020年10月における日本の電気事業者について，発電方法とその発電量を調査した結果である。このデータについて，次の問いに答えよ。

項目	発電量(億kWh)
火力発電	547.4
水力発電	55.6
新エネルギー等	□
原子力発電	18.2
その他	0.2
計	641.3

(1) 空欄に当てはまる数値を答えよ。

(2) 各項目の累積比率を求めよ。

≫ 教 p.153 練習 1

123 (1) 次の空欄に当てはまる言葉を答えよ。

バブルチャートは ア□ つの異なる変量を1つの図で表すことができる。例えば，散布図は縦軸と横軸の イ□ つのデータによる表現となるが，バブルチャートは縦軸と横軸に加えて ウ□ でもデータを表現することが可能である。

(2) バブルチャートは，データの状態によっては(1)の長所を活かしきれない場合がある。そのようなデータの特徴を2つ，理由をつけて述べよ。

≫ 教 p.157 練習 2

2 行列による表現

124 教科書158ページと同様に，その年の7月における3つの店X，Y，Zでの，4種類のボールペンの販売数を表と行列で次のように表した。

	黒	赤	青	緑
X	60	31	15	14
Y	49	32	17	10
Z	37	40	25	7

$$D=\begin{pmatrix} 60 & 31 & 15 & 14 \\ 49 & 32 & 17 & 10 \\ 37 & 40 & 25 & 7 \end{pmatrix}$$

(1) 3つの店での合計販売数が最も少ないのは，どの色のボールペンか。

(2) ボールペンの合計販売数が最も少ないのはどの店か。

≫ 教 p.159 練習 3

125 次の行列は何行何列の行列か。

(1) $\begin{pmatrix} 3 & 2 \end{pmatrix}$　(2) $\begin{pmatrix} 3 & 0 \\ 5 & 6 \end{pmatrix}$　(3) $\begin{pmatrix} 4 \\ -1 \\ 3 \end{pmatrix}$　(4) $\begin{pmatrix} 2 & 7 & -8 \\ 4 & -5 & -3 \\ -1 & 6 & 7 \end{pmatrix}$

≫教 p.160 練習 4

126 行列 $\begin{pmatrix} -1 & 2 & 3 \\ 5 & 0 & 2 \\ -2 & 4 & -1 \end{pmatrix}$ について，次の成分をいえ。

(1) (3, 2)成分　(2) (1, 3)成分　(3) (2, 2)成分

≫教 p.160 練習 5

127 教科書 160 ページの行列の和 $A+B$ を用いて，4 月と 5 月の販売数の合計が最も多かったもの，最も少なかったものは，それぞれどの店のどの色のボールペンか答えよ。

≫教 p.161 練習 6

128 次の計算をせよ。

(1) $\begin{pmatrix} 2 & 5 \\ -1 & 3 \end{pmatrix}+\begin{pmatrix} 4 & -2 \\ 7 & 5 \end{pmatrix}$　(2) $\begin{pmatrix} 1 & 2 & 3 \\ -4 & 5 & -6 \end{pmatrix}+\begin{pmatrix} 3 & -5 & 9 \\ 6 & 2 & -7 \end{pmatrix}$

(3) $\begin{pmatrix} -1 & -2 \\ 2 & 1 \end{pmatrix}-\begin{pmatrix} 1 & 1 \\ -1 & 1 \end{pmatrix}$　(4) $\begin{pmatrix} 7 \\ -3 \end{pmatrix}-\begin{pmatrix} 5 \\ -1 \end{pmatrix}$

≫教 p.161 練習 7

129 教科書 162 ページ練習 8 の行列 C と，本書の演習問題 124 の行列 D を利用して，6 月と 7 月の平均値を表す行列を求めよ。

≫教 p.162 練習 8

130 $A=\begin{pmatrix} 1 & -2 \\ 0 & 3 \end{pmatrix}$ のとき，次の行列を求めよ。

(1) $2A$　(2) $\frac{1}{3}A$　(3) $(-1)A$　(4) $(-3)A$

≫教 p.162 練習 9

131 教科書 163 ページの自動車の評価について，別の購入検討者の観点の重要度は右のようになった。この購入者について，3 つの自動車の総得点を計算し，X，Y，Z のうち総得点が最大になる自動車はどれか答えよ。

観点	a	b	c
重要度	5	2	2

≫教 p.165 練習 11

132 次の行列の積を計算せよ。

(1) $\begin{pmatrix} 5 & 2 \\ 3 & 3 \end{pmatrix}\begin{pmatrix} 2 \\ 4 \end{pmatrix}$　(2) $\begin{pmatrix} 1 & 3 \\ 2 & 4 \end{pmatrix}\begin{pmatrix} 4 & 1 \\ 3 & 2 \end{pmatrix}$　(3) $\begin{pmatrix} -1 & 2 \\ 2 & 1 \end{pmatrix}\begin{pmatrix} 0 & 1 \\ 1 & 2 \end{pmatrix}$

≫教 p.165 練習 12

3 離散グラフによる表現

133 次の離散グラフについて，一筆書きができるか判定せよ。また，一筆書きができる場合は，実際に一筆書きの方法を見つけよ。

(1)

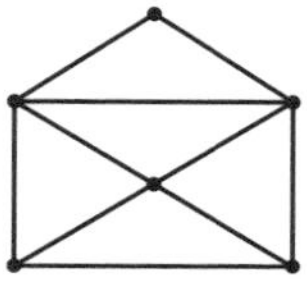

(2)

(3)

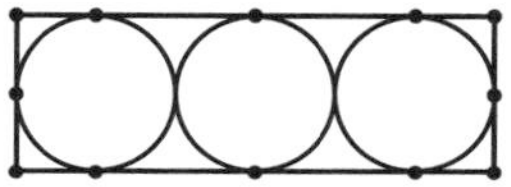

教 p.169 練習 16

134 A，B，C，D，E，F，G，H が右のような経路で結ばれている。この離散グラフの辺に隣接して書かれている数は移動する際の所要時間(分)である。この図において，A から H まで移動するとき，所要時間が最も短くなる経路をダイクストラのアルゴリズムを利用して見つけよ。

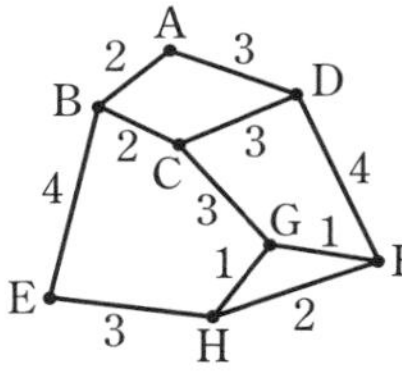

教 p.173 練習 19

4 離散グラフと行列の関連

135 次の行列 A について，A^2，A^3 をそれぞれ求めよ。

(1) $A=\begin{pmatrix} 1 & 1 \\ 0 & 1 \end{pmatrix}$　　(2) $A=\begin{pmatrix} 1 & 0 & 5 \\ 2 & -1 & 4 \\ 3 & -2 & 0 \end{pmatrix}$

教 p.177 練習 23

136 右の図はある鉄道会社の主要 5 駅とその駅を結ぶ路線について，離散グラフに表したものである。たとえば，P 駅から S 駅へは 2 つの路線が運行している。1 日に必ず 1 路線を使って移動するとし，P → Q → P と移動するには 2 日かかるとする。

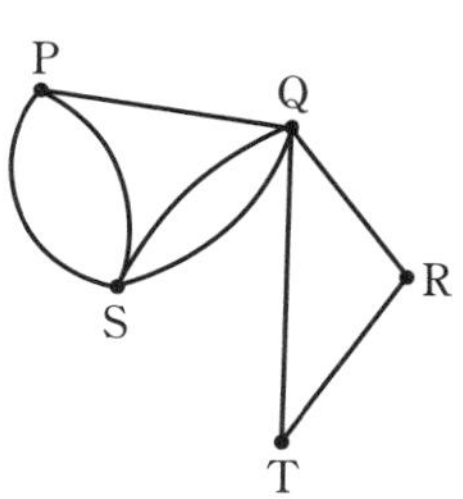

(1) P 駅から出発して，3 日目に T 駅に到着する経路の総数を求めよ。

(2) 3 日目に T 駅に到着する経路の総数が最も大きい出発地点はどこか。出発地点の駅を経路の総数とともに答えよ。

教 p.177 練習 24

演習編の答と略解

注意 演習編の答の数値，図を示し，適宜略解，略証を[　]に入れて示した。

1 (1) ①と②と⑧，③と⑤と⑥
(2) ①と④，②と⑧
(3) ②と⑧
(4) ③と⑥

2 $[(\overrightarrow{AD}+\overrightarrow{DC})+\overrightarrow{CB}=\overrightarrow{AC}+\overrightarrow{CB}=\overrightarrow{AB}]$

3 $[(\overrightarrow{AC}+\overrightarrow{CB})+\overrightarrow{BA}=\overrightarrow{AB}+\overrightarrow{BA}=\overrightarrow{AA}=\vec{0}]$

4 (1) $-\dfrac{1}{3}$ (2) -2 (3) $\dfrac{3}{2}$

5 (1) $2\vec{a}$ (2) $3\vec{a}+4\vec{b}$

6 (1) $3\vec{e}$ と $-3\vec{e}$ (2) $\dfrac{1}{5}\vec{a}$

7 (1) $\vec{a}-\vec{b}$ (2) $\vec{a}+\vec{b}$ (3) $2\vec{a}+\vec{b}$

8 $\vec{a}=(2,\ 3)$，$\vec{b}=(-1,\ 2)$，$\vec{c}=(-4,\ -4)$，$\vec{d}=(0,\ -3)$，$\vec{e}=(3,\ -2)$
各ベクトルの大きさは
$|\vec{a}|=\sqrt{13}$，$|\vec{b}|=\sqrt{5}$，$|\vec{c}|=4\sqrt{2}$，$|\vec{d}|=3$，$|\vec{e}|=\sqrt{13}$

9 (1) $(1,\ 7)$ (2) $(-9,\ -12)$
(3) $(-12,\ 1)$ (4) $(21,\ -6)$

10 $\vec{c}=2\vec{a}+\vec{b}$

11 (1) $x=-6$ (2) $x=3$
[(1) $(3,\ x)=k(-1,\ 2)$，(2) $(x,\ 2)=k(12,\ 8)$ として，まず k の値を求める]

12 (1) $\overrightarrow{AB}=(-5,\ 4)$，$|\overrightarrow{AB}|=\sqrt{41}$
(2) $\overrightarrow{AB}=(2,\ -6)$，$|\overrightarrow{AB}|=2\sqrt{10}$

13 $x=1$，$y=5$ [$\overrightarrow{AD}=\overrightarrow{BC}$ から]

14 (1) $\sqrt{2}$ (2) $-5\sqrt{3}$

15 (1) -4 (2) 0

16 (1) -1 (2) 0

17 (1) $\theta=45°$ (2) $\theta=30°$ (3) $\theta=180°$
(4) $\theta=120°$

18 (1) $x=\dfrac{1}{2}$ (2) $x=-1,\ 6$

19 (1) $\vec{p}=(4,\ -3)$，$(-4,\ 3)$
(2) $\vec{e}=\left(\dfrac{\sqrt{5}}{3},\ \dfrac{2}{3}\right)$，$\left(-\dfrac{\sqrt{5}}{3},\ -\dfrac{2}{3}\right)$
[(1) $\vec{p}=(x,\ y)$とすると $3x+4y=0$，$x^2+y^2=5^2$ (2) $\vec{e}=(x,\ y)$とすると $2x-\sqrt{5}y=0$，$x^2+y^2=1^2$]

20 $\vec{e}=\left(\dfrac{2\sqrt{13}}{13},\ -\dfrac{3\sqrt{13}}{13}\right)$，$\left(-\dfrac{2\sqrt{13}}{13},\ \dfrac{3\sqrt{13}}{13}\right)$ [ベクトル $\vec{a}$ に平行な単位ベクトルは $\pm\dfrac{\vec{a}}{|\vec{a}|}$]

21 [(1) 左辺$=(2\vec{a}+3\vec{b})\cdot(2\vec{a}+3\vec{b})$
$=2\vec{a}\cdot(2\vec{a}+3\vec{b})+3\vec{b}\cdot(2\vec{a}+3\vec{b})$
$=4|\vec{a}|^2+12\vec{a}\cdot\vec{b}+9|\vec{b}|^2$
(2) 左辺$=3\vec{a}\cdot(3\vec{a}-4\vec{b})+4\vec{b}\cdot(3\vec{a}-4\vec{b})$
$=9|\vec{a}|^2-16|\vec{b}|^2$]

22 (1) $\sqrt{3}$ (2) $3\sqrt{5}$

23 $\theta=135°$ $\left[\vec{a}\cdot\vec{b}=-2 \text{ で } \cos\theta=-\dfrac{1}{\sqrt{2}}\right]$

24 5

25 (1) $\vec{q}-\vec{p}$ (2) $\vec{p}-\vec{r}$ (3) $\vec{r}-\vec{q}$

26 (1) $\dfrac{2}{3}\vec{a}+\dfrac{1}{3}\vec{b}$ (2) $\dfrac{3}{8}\vec{a}+\dfrac{5}{8}\vec{b}$
(3) $\dfrac{4}{3}\vec{a}-\dfrac{1}{3}\vec{b}$ (4) $-5\vec{a}+6\vec{b}$

27 $\vec{g}=\dfrac{\vec{a}+\vec{b}+\vec{c}}{3}$

28 [$\overrightarrow{OA}=\vec{a}$，$\overrightarrow{OB}=\vec{b}$ とすると
$\overrightarrow{DE}=\overrightarrow{OE}-\overrightarrow{OD}=\dfrac{1}{2}\vec{b}-\dfrac{1}{3}\vec{a}$
$=-\dfrac{1}{3}\vec{a}+\dfrac{1}{2}\vec{b}$，
$\overrightarrow{DF}=\overrightarrow{OF}-\overrightarrow{OD}=(-\vec{a}+2\vec{b})-\dfrac{1}{3}\vec{a}$
$=-\dfrac{4}{3}\vec{a}+2\vec{b}$
よって，$\overrightarrow{DF}=4\overrightarrow{DE}$ と表される]

29 $\overrightarrow{OP}=\dfrac{1}{4}\vec{a}+\dfrac{9}{16}\vec{b}$
[AP：PD$=s：(1-s)$，BP：PC$=t：(1-t)$ とすると $1-s=\dfrac{4}{7}t$，$\dfrac{3}{4}s=1-t$]

30 [$\overrightarrow{OA}=\vec{a}$，$\overrightarrow{OC}=\vec{c}$ とすると
$\overrightarrow{PB}=\dfrac{1}{3}\vec{a}+\vec{c}$，$\overrightarrow{QA}=\vec{a}-\dfrac{3}{4}\vec{c}$ であるから

$\overrightarrow{PB}\cdot\overrightarrow{QA}=\frac{1}{3}|\vec{a}|^2+\frac{3}{4}\vec{a}\cdot\vec{c}-\frac{3}{4}|\vec{c}|^2=0$]

31 $\begin{cases} x=4+2t \\ y=-2-t \end{cases}$ ；$x+2y=0$

32 $\frac{1}{3}\overrightarrow{OA}=\overrightarrow{OA'}$，$\frac{1}{3}\overrightarrow{OB}=\overrightarrow{OB'}$ となる点A′，B′をとると，線分A′B′

33 (1) $3\overrightarrow{OA}=\overrightarrow{OA'}$，$3\overrightarrow{OB}=\overrightarrow{OB'}$ となる点A′，B′をとると，△OA′B′の周および内部

(2) $\frac{1}{3}\overrightarrow{OA}=\overrightarrow{OA'}$，$\frac{1}{3}\overrightarrow{OB}=\overrightarrow{OB'}$ となる点A′，B′をとると，△OA′B′の周および内部

34 (1) $4x+5y-19=0$

(2) $2x-3y+11=0$

35 (1) 中心の位置ベクトルは$-\vec{a}$，半径は4

(2) 中心の位置ベクトルは$\frac{2}{3}\vec{a}$，半径は$\frac{1}{3}$

36 [$|\vec{p}|^2-2\vec{a}\cdot\vec{p}=0$ から

$|\vec{p}|^2-2\vec{a}\cdot\vec{p}+|\vec{a}|^2=|\vec{a}|^2$

よって　$|\vec{p}-\vec{a}|^2=|\vec{a}|^2$]

37 (1) (1, 5, 2)　(2) (1, −5, 2)

(3) (−1, −5, −2)　(4) (−1, −5, 2)

38 (1) $3\sqrt{5}$　(2) $\sqrt{26}$

39 $\overrightarrow{BC}$ に等しいベクトル $\overrightarrow{AD}$，$\overrightarrow{EH}$，$\overrightarrow{FG}$

$\overrightarrow{HD}$ の逆ベクトル　$\overrightarrow{AE}$，$\overrightarrow{BF}$，$\overrightarrow{CG}$

40 (1) G　(2) H

41 (1) $\overrightarrow{BD}=-\vec{a}+\vec{b}$　(2) $\overrightarrow{FC}=\vec{b}-\vec{c}$

(3) $\overrightarrow{GA}=-\vec{a}-\vec{b}-\vec{c}$

(4) $\overrightarrow{CE}=-\vec{a}-\vec{b}+\vec{c}$

42 $x=-1$，$y=-2$，$z=-3$

43 (1) $\sqrt{29}$　(2) $3\sqrt{5}$

44 (1) (3, −1, −1)　(2) (−1, 1, 3)

(3) (−1, 2, 7)　(4) (−8, 1, −4)

45 (1) $\overrightarrow{AB}=(1,\ 2,\ 3)$，$|\overrightarrow{AB}|=\sqrt{14}$

(2) $\overrightarrow{AB}=(3,\ 5,\ -8)$，$|\overrightarrow{AB}|=7\sqrt{2}$

46 内積，なす角の順に

(1) 14，$\theta=60°$　(2) −18，$\theta=180°$

47 60°

48 $\vec{p}=(-4,\ -1,\ 2)$，$(4,\ 1,\ -2)$

[$\vec{p}=(x,\ y,\ z)$とすると　$x+2y+3z=0$，$x-2y+z=0$，$x^2+y^2+z^2=21$]

49 $\overrightarrow{OP}=\frac{1}{5}\overrightarrow{OA}+\frac{2}{5}\overrightarrow{OB}+\frac{2}{5}\overrightarrow{OC}$

50 [$\overrightarrow{OA}=\vec{a}$，$\overrightarrow{OB}=\vec{b}$，$\overrightarrow{OC}=\vec{c}$ とすると

$\overrightarrow{MN}=\overrightarrow{ON}-\overrightarrow{OM}=\frac{1}{2}(\vec{a}-\vec{b}+\vec{c})$

$\overrightarrow{MP}=\overrightarrow{OP}-\overrightarrow{OM}=\frac{1}{4}(\vec{a}-\vec{b}+\vec{c})$]

51 $z=-6$　[$\overrightarrow{AD}=s\overrightarrow{AB}+t\overrightarrow{AC}$ とすると $s+2t=-5$，$s+t=-2$，$s+3t=z-2$]

52 $\overrightarrow{OP}=\frac{1}{4}\vec{a}+\frac{3}{10}\vec{b}+\frac{9}{20}\vec{c}$

[$\overrightarrow{OP}=k\overrightarrow{OM}$，$\overrightarrow{AP}=s\overrightarrow{AB}+t\overrightarrow{AC}$ となる実数k，s，tがあって，条件から

$\frac{k}{6}=1-s-t$，$\frac{k}{5}=s$，$\frac{3}{10}k=t$]

53 [$\overrightarrow{AB}=\vec{b}$，$\overrightarrow{AC}=\vec{c}$，$\overrightarrow{AD}=\vec{d}$ とすると

$\overrightarrow{AB}\cdot\overrightarrow{EF}=\vec{b}\cdot\left(\frac{\vec{c}+\vec{d}-\vec{b}}{2}\right)$

$=\frac{1}{2}(\vec{b}\cdot\vec{c}+\vec{b}\cdot\vec{d}-|\vec{b}|^2)$　$\vec{b}$ と $\vec{c}$，$\vec{b}$ と $\vec{d}$ のなす角はともに60°であり，$|\vec{b}|=|\vec{c}|=|\vec{d}|$ であるから $\vec{b}\cdot\vec{c}=\vec{b}\cdot\vec{d}=\frac{1}{2}|\vec{b}|^2$ である。よって，

$\overrightarrow{AB}\cdot\overrightarrow{EF}=0$ となる]

54 (1) $\sqrt{53}$　(2) $\left(\frac{3}{2},\ -1,\ 2\right)$

(3) $\left(\frac{5}{4},\ -2,\ \frac{7}{2}\right)$　(4) (0, −7, 11)

55 (5, −1, 2)

56 (1) $z=5$　(2) $y=-2$　(3) $x=3$

57 (1) $x^2+y^2+z^2=25$

(2) $(x-3)^2+(y-2)^2+(z-1)^2=4$

(3) $(x-1)^2+(y-2)^2+(z-1)^2=19$

(4) $(x-2)^2+(y-5)^2+(z-6)^2=49$

58 (2, 0, −1)，$\sqrt{7}$

59 $4x-y+5z+1=0$

60

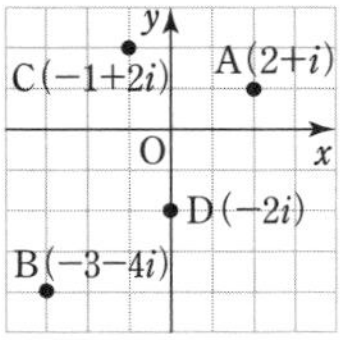

61 (1) $\sqrt{29}$　(2) 2　(3) 4　(4) 7

62

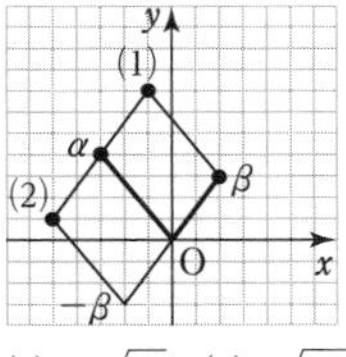

63 (1) $2\sqrt{5}$　(2) $\sqrt{145}$

64 $y=-3$

65 $-2i$

66 $\left[|\alpha|^2=1\right.$ から $\overline{\alpha}=\dfrac{1}{\alpha}$ よって

$\left.\overline{\alpha^4+\dfrac{1}{\alpha^4}}=(\overline{\alpha})^4+\dfrac{1}{(\overline{\alpha})^4}=\dfrac{1}{\alpha^4}+\alpha^4\right]$

67 (1) $2\left(\cos\dfrac{2}{3}\pi+i\sin\dfrac{2}{3}\pi\right)$

(2) $3\sqrt{2}\left(\cos\dfrac{7}{4}\pi+i\sin\dfrac{7}{4}\pi\right)$

(3) $2\left\{\cos\left(-\dfrac{5}{6}\pi\right)+i\sin\left(-\dfrac{5}{6}\pi\right)\right\}$

(4) $3\left\{\cos\left(-\dfrac{\pi}{2}\right)+i\sin\left(-\dfrac{\pi}{2}\right)\right\}$

68 $\alpha\beta=8\sqrt{2}\left(\cos\dfrac{17}{12}\pi+i\sin\dfrac{17}{12}\pi\right)$,

$\dfrac{\alpha}{\beta}=2\sqrt{2}\left(\cos\dfrac{\pi}{12}+i\sin\dfrac{\pi}{12}\right)$

69 (1) 125 (2) 80 (3) $\dfrac{1}{20}$ (4) $\dfrac{64}{25}$

70 (1) 原点を中心として $-\dfrac{\pi}{4}$ だけ回転し，原点からの距離を $\sqrt{2}$ 倍した点

(2) 原点を中心として $\dfrac{2}{3}\pi$ だけ回転し，原点からの距離を2倍した点

(3) 実軸に関して対称移動し，原点を中心として $-\dfrac{\pi}{2}$ だけ回転した点

71 (1) $2\sqrt{2}+4\sqrt{2}\,i$

(2) $(3+\sqrt{3})+(1-3\sqrt{3})i$

(3) $-2+6i$

(4) $(-3\sqrt{3}-1)+(-\sqrt{3}+3)i$

72 $\beta=\dfrac{5\sqrt{3}}{2}-\dfrac{1}{2}i,\ -\dfrac{3\sqrt{3}}{2}-\dfrac{7}{2}i$

73 (1) -64 (2) $-64(\sqrt{2}+\sqrt{6}\,i)$

(3) $-\dfrac{1}{8}i$

74 $\pm1,\ \pm i$

75 (1) $z=-\dfrac{\sqrt{6}}{2}+\dfrac{\sqrt{2}}{2}i,\ \dfrac{\sqrt{6}}{2}-\dfrac{\sqrt{2}}{2}i$

(2) $z=2i,\ -\sqrt{3}-i,\ \sqrt{3}-i$

図示するとそれぞれ次のようになる。

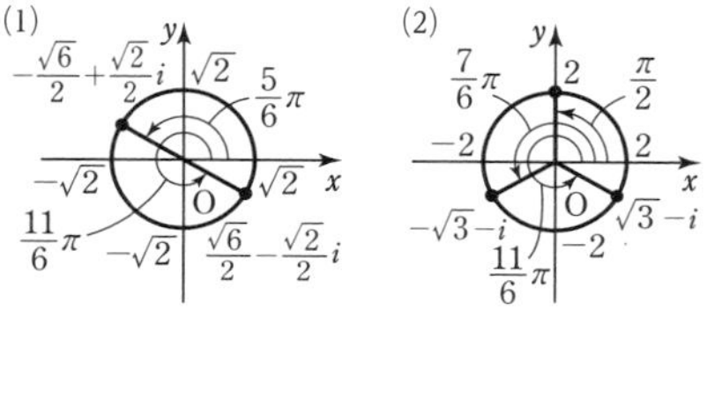

76 (1) 4 (2) $\dfrac{7}{2}+i$ (3) $\dfrac{1}{2}+7i$

77 $2-i$

78 (1) 点3を中心とする半径1の円

(2) 点 $-2i$ を中心とする半径4の円

(3) 2点 -2, $6i$ を結ぶ線分の垂直二等分線

79 点 $2i$ を中心とする半径2の円

80 点 $4i$ を中心とする半径2の円

81 $\gamma=2+6i$

82 $\theta=\dfrac{\pi}{4}$ ［A(α)，B(β)，C(γ)とすると

$\dfrac{\gamma-\alpha}{\beta-\alpha}=\dfrac{1}{2}+\dfrac{1}{2}i=\dfrac{1}{\sqrt{2}}\left(\cos\dfrac{\pi}{4}+i\sin\dfrac{\pi}{4}\right)$］

83 (1) $a=\dfrac{1}{3}$ (2) $a=-13$

$\left[\dfrac{(x-4i)-(-1)}{(2+i)-(-1)}=\dfrac{3a-1}{10}-\dfrac{a+13}{10}i\right]$

84 (1) $\dfrac{\gamma-\alpha}{\beta-\alpha}=\dfrac{1}{2}+\dfrac{\sqrt{3}}{2}i$

(2) $\angle A=\dfrac{\pi}{3}$, $\angle B=\dfrac{\pi}{3}$, $\angle C=\dfrac{\pi}{3}$

［(2) (1)から $\left|\dfrac{\gamma-\alpha}{\beta-\alpha}\right|=1$ で AC=AB

また，$\arg\dfrac{\gamma-\alpha}{\beta-\alpha}=\dfrac{\pi}{3}$ から $\angle A=\dfrac{\pi}{3}$］

85 $\angle A=\dfrac{\pi}{2}$ の直角二等辺三角形

［A(α)，B(β)，C(γ)とすると $\dfrac{\gamma-\alpha}{\beta-\alpha}=i$］

86 焦点，準線の順に

(1) 点(4，0)，直線 $x=-4$，〔図〕

(2) 点(-3，0)，直線 $x=3$，〔図〕

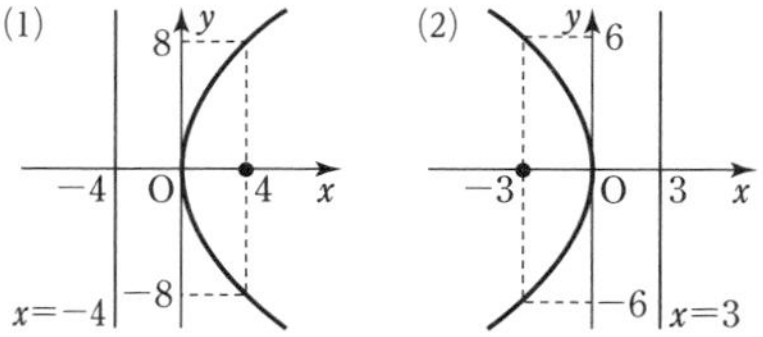

87 $y^2=20x$

88 焦点，準線の順に

(1) 点(0，2)，直線 $y=-2$，〔図〕

(2) 点$\left(0,\ -\dfrac{3}{4}\right)$，直線 $y=\dfrac{3}{4}$，〔図〕

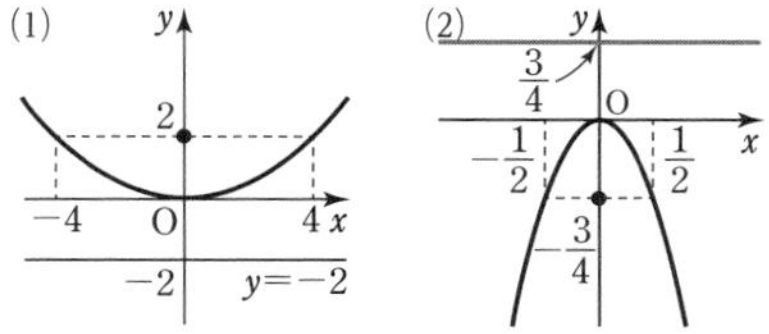

89 焦点，長軸の長さ，短軸の長さの順に

(1) $(\sqrt{11},\ 0)$，$(-\sqrt{11},\ 0)$；12；10；〔図〕

(2) $(6,\ 0)$，$(-6,\ 0)$；20；16；〔図〕

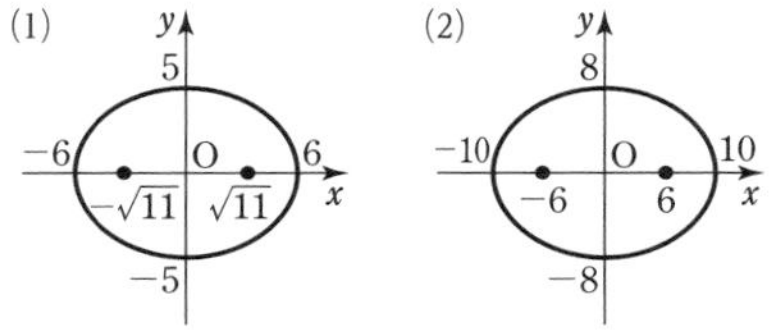

90 $\dfrac{x^2}{25}+\dfrac{y^2}{9}=1$

91 焦点，長軸の長さ，短軸の長さの順に

(1) $(0,\ 3)$，$(0,\ -3)$；10；8；〔図〕

(2) $(0,\ 4)$，$(0,\ -4)$；10；6；〔図〕

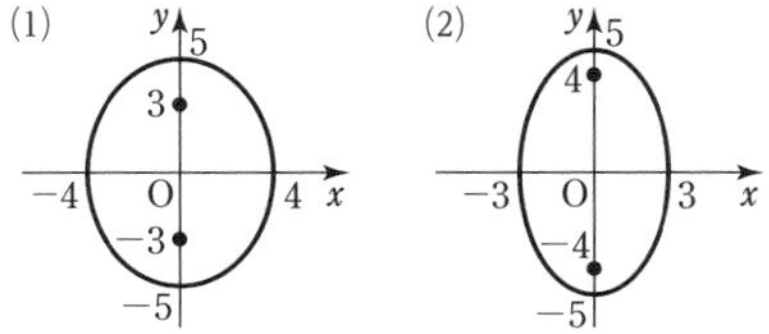

92 (1) $\dfrac{x^2}{4}+y^2=1$ (2) $\dfrac{x^2}{4}+\dfrac{y^2}{9}=1$

93 楕円 $\dfrac{x^2}{36}+\dfrac{y^2}{9}=1$

94 焦点，頂点，漸近線の順に

(1) 2 点 $(3\sqrt{5},\ 0)$，$(-3\sqrt{5},\ 0)$；

2 点 $(6,\ 0)$，$(-6,\ 0)$；

2 直線 $y=\dfrac{1}{2}x$，$y=-\dfrac{1}{2}x$；〔図〕

(2) 2 点 $\left(\dfrac{\sqrt{5}}{2},\ 0\right)$，$\left(-\dfrac{\sqrt{5}}{2},\ 0\right)$；

2 点 $\left(\dfrac{1}{2},\ 0\right)$，$\left(-\dfrac{1}{2},\ 0\right)$；

2 直線 $y=2x$，$y=-2x$；〔図〕

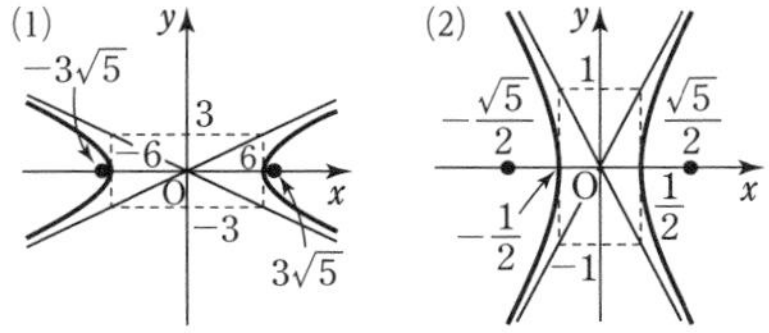

95 $\dfrac{x^2}{4}-\dfrac{y^2}{5}=1$

96 $\dfrac{x^2}{4}-\dfrac{y^2}{4}=1$

97 焦点，頂点，漸近線の順に

(1) 2 点 $(0,\ 5)$，$(0,\ -5)$；

2 点 $(0,\ 4)$，$(0,\ -4)$；

2 直線 $y=\dfrac{4}{3}x$，$y=-\dfrac{4}{3}x$；〔図〕

(2) 2 点 $\left(0,\ \dfrac{\sqrt{5}}{2}\right)$，$\left(0,\ -\dfrac{\sqrt{5}}{2}\right)$；

2 点 $\left(0,\ \dfrac{1}{2}\right)$，$\left(0,\ -\dfrac{1}{2}\right)$；

2 直線 $y=\dfrac{1}{2}x$，$y=-\dfrac{1}{2}x$；〔図〕

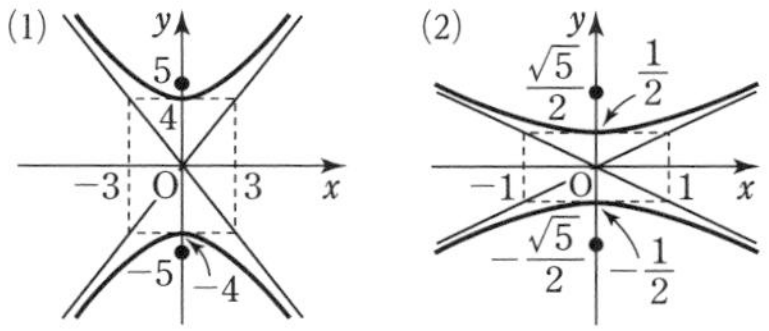

98 方程式，焦点の座標の順に

$(x-1)^2+\dfrac{(y-2)^2}{4}=1$；

$(1,\ \sqrt{3}+2)$，$(1,\ -\sqrt{3}+2)$

99 方程式，焦点の座標の順に

$(y+1)^2=2(x-2)$；$\left(\dfrac{5}{2},\ -1\right)$

100 (1) 楕円 $\dfrac{x^2}{4}+y^2=1$ を x 軸方向に 2，y 軸方向に -1 だけ平行移動した楕円

(2) 双曲線 $\dfrac{x^2}{4}-\dfrac{y^2}{9}=-1$ を x 軸方向に -1，y 軸方向に 3 だけ平行移動した双曲線

(3) 放物線 $y^2=-2x$ を x 軸方向に 2，y 軸方向に 1 だけ平行移動した放物線

101 $k<-\sqrt{5}$，$\sqrt{5}<k$ のとき 2 個；

$k=\pm\sqrt{5}$ のとき 1 個；

$-\sqrt{5}<k<\sqrt{5}$ のとき 0 個

[$5x^2-18kx+9k^2+36=0$ の判別式 D に対し

$\dfrac{D}{4}=36(k^2-5)$ の符号を調べる]

102 $y=\dfrac{1}{\sqrt{5}}x-\dfrac{3}{\sqrt{5}}$，$y=-\dfrac{1}{\sqrt{5}}x+\dfrac{3}{\sqrt{5}}$

[接線の方程式は $y=m(x-3)$ とおけて，条件から $(4m^2+1)x^2-24m^2x+36m^2-4=0$

これが重解をもつ条件は $5m^2-1=0$]

103 (1) $\sqrt{3}x-2y-4=0$ (2) $x+y+1=0$

104 楕円 $\dfrac{(x-6)^2}{4}+\dfrac{y^2}{3}=1$

105 (1) $y=2x^2-8x+9$；〔図〕

(2) $y=\dfrac{x^2}{8}-\dfrac{5}{4}x+\dfrac{25}{8}$；〔図〕

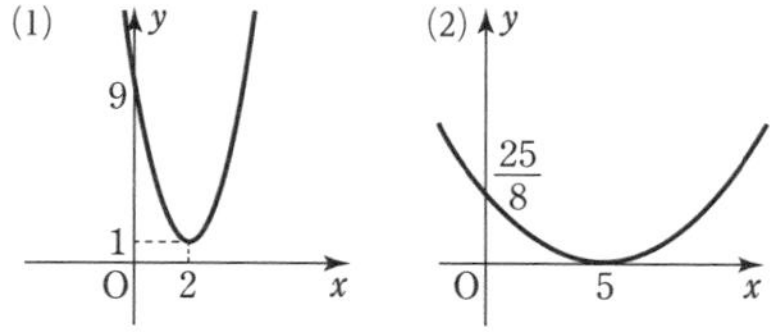

106 放物線 $y=2x^2-2x+1$

107 (1) $x=4\cos\theta$, $y=4\sin\theta$

(2) $x=\sqrt{5}\cos\theta$, $y=\sqrt{5}\sin\theta$

108 (1) $x=5\cos\theta$, $y=3\sin\theta$

(2) $x=2\cos\theta$, $y=3\sin\theta$

109 $\left[x=\dfrac{4}{\cos\theta}\right.$, $y=6\tan\theta$とすると

$\left.\dfrac{x^2}{16}-\dfrac{y^2}{36}=\dfrac{1}{\cos^2\theta}-\tan^2\theta=1\right]$

110 $x=\dfrac{2}{\cos\theta}$, $y=\tan\theta$

111 (1) 点$(-1,\ 2)$を中心とする半径2の円

(2) 楕円 $\dfrac{(x-1)^2}{4}+\dfrac{(y+1)^2}{9}=1$

112 (1) $\left(\dfrac{\pi}{2}-\dfrac{3}{2},\ 3-\dfrac{3\sqrt{3}}{2}\right)$

(2) $\left(\dfrac{3}{2}\pi-3,\ 3\right)$ (3) $\left(\dfrac{9}{2}\pi+3,\ 3\right)$

(4) $(6\pi,\ 0)$

113 (1) $(2,\ 2\sqrt{3})$ (2) $(0,\ 4)$

(3) $(1,\ -1)$

114 (1) $(2,\ 0)$ (2) $\left(3\sqrt{2},\ \dfrac{3}{4}\pi\right)$

(3) $\left(2,\ \dfrac{4}{3}\pi\right)$

115 $r=\dfrac{2}{\sin\theta}$

116 (1) (2)

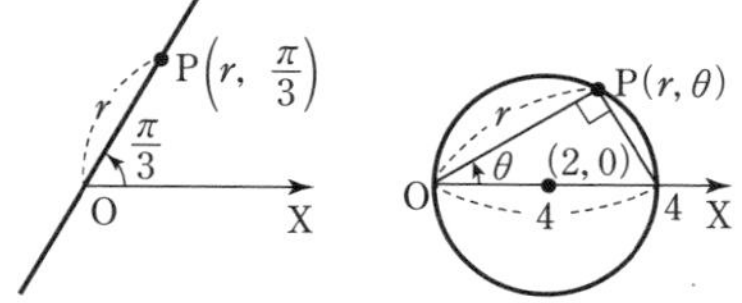

117 〔ℓ上の点Pの極座標を$(r,\ \theta)$とすると，

$\mathrm{OP}\cos\angle\mathrm{AOP}=\mathrm{OA}$より

$r\cos\left(\theta-\dfrac{\pi}{4}\right)=2$〕

118 $r^2(\cos^2\theta+2)=1$

119 (1) $x^2+y^2-x-y=0$

(2) $x^2-y^2=-1$

〔(1) 両辺にrを掛ける

(2) $\cos 2\theta=\cos^2\theta-\sin^2\theta$から〕

120 $3x^2-36x-y^2+81=0$

121 $r=\dfrac{3}{1+\cos\theta}$

122 (1) 19.9

(2) 順に 85.36%，94.03%，97.13%，99.97%，100%

123 (1) (ア) 3 (イ) 2 (ウ) 円の大きさ

(2) (1つめ)データの大きさが大きくなり過ぎると，円が重なり読み取りにくいことがある。

(2つめ)円の大きさで表すデータの値に差が小さいと，大きさの細かな読み取りが難しく比較しづらいことがある。

124 (1) 緑 (2) 店Y

125 (1) 1行2列 (2) 2行2列

(3) 3行1列 (4) 3行3列

126 (1) 4 (2) 3 (3) 0

127 順に，店Yの黒のボールペン，店Zの緑のボールペン

128 (1) $\begin{pmatrix}6 & 3\\ 6 & 8\end{pmatrix}$ (2) $\begin{pmatrix}4 & -3 & 12\\ 2 & 7 & -13\end{pmatrix}$

(3) $\begin{pmatrix}-2 & -3\\ 3 & 0\end{pmatrix}$ (4) $\begin{pmatrix}2\\ -2\end{pmatrix}$

129 $\begin{pmatrix}\frac{105}{2} & \frac{81}{2} & \frac{37}{2} & \frac{27}{2}\\ 65 & \frac{105}{2} & 28 & \frac{35}{2}\\ \frac{77}{2} & 40 & 19 & \frac{17}{2}\end{pmatrix}$

130 (1) $\begin{pmatrix}2 & -4\\ 0 & 6\end{pmatrix}$ (2) $\begin{pmatrix}\frac{1}{3} & -\frac{2}{3}\\ 0 & 1\end{pmatrix}$

(3) $\begin{pmatrix}-1 & 2\\ 0 & -3\end{pmatrix}$ (4) $\begin{pmatrix}-3 & 6\\ 0 & -9\end{pmatrix}$

131 Y 〔総得点は

$(5\ \ 2\ \ 2)\begin{pmatrix}3 & 4 & 2\\ 1 & 5 & 4\\ 5 & 2 & 3\end{pmatrix}=(27\ \ 34\ \ 24)$〕

132 (1) $\begin{pmatrix}18\\ 18\end{pmatrix}$ (2) $\begin{pmatrix}13 & 7\\ 20 & 10\end{pmatrix}$ (3) $\begin{pmatrix}2 & 3\\ 1 & 4\end{pmatrix}$

133 (1) 一筆書きはできる。

(2) 一筆書きはできない。

(3) 一筆書きはできる。

(1)

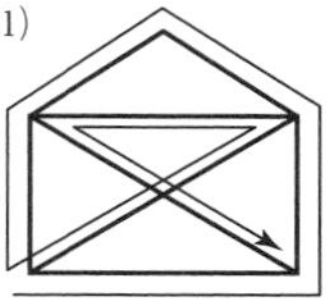

(3)

134 A → B → C → G → H

135 (1) $A^2=\begin{pmatrix}1&2\\0&1\end{pmatrix}$, $A^3=\begin{pmatrix}1&3\\0&1\end{pmatrix}$

(2) $A^2=\begin{pmatrix}16&-10&5\\12&-7&6\\-1&2&7\end{pmatrix}$,

$A^3=\begin{pmatrix}11&0&40\\16&-5&32\\24&-16&3\end{pmatrix}$

136 (1) 5 (2) Q駅，総数は8

[(1) 行列 A^3 の $(1, 5)$ 成分 (2) 経路の総数は，行列 A^3 の5行目の値]

定期考査対策問題の答と略解

第1章

1 [$\overrightarrow{PQ}=\overrightarrow{OQ}-\overrightarrow{OP}=3(\vec{b}-\vec{a})$

$\overrightarrow{AB}=\overrightarrow{OB}-\overrightarrow{OA}=\vec{b}-\vec{a}$

よって $\overrightarrow{PQ}=3\overrightarrow{AB}$]

2 (1) $\overrightarrow{EF}=-\frac{1}{2}\vec{b}+\frac{1}{2}\vec{d}$

(2) $\vec{b}=\frac{4}{3}\vec{u}-\frac{2}{3}\vec{v}$, $\vec{d}=-\frac{2}{3}\vec{u}+\frac{4}{3}\vec{v}$

$\left[(2)\ \vec{b}+\frac{1}{2}\vec{d}=\vec{u},\ \frac{1}{2}\vec{b}+\vec{d}=\vec{v}\right]$

3 $x=\frac{2}{3}$

4 $t=13$

$[\vec{a}\cdot\vec{b}=1,\ 3|\vec{a}|^2+(6t-1)\vec{a}\cdot\vec{b}-2t|\vec{b}|^2=0]$

5 $t=-\frac{2}{5}$ で最小値 $2\sqrt{3}$

$\left[\vec{a}\cdot\vec{b}=10 \text{ から } |\vec{a}+t\vec{b}|^2=25\left(t+\frac{2}{5}\right)^2+12\right]$

6 $\overrightarrow{AI}=\frac{7}{18}\vec{b}+\frac{5}{18}\vec{c}$ [AI と BC の交点を D とすると BD : DC = AB : AC = 5 : 7, AI : ID = BA : BD = 2 : 1]

7 (1) 辺 BC を 4 : 3 に内分する点を Q とすると，線分 AQ を 7 : 2 に内分する点

(2) 2 : 3 : 4 [(2) △PBQ : △PCQ = 4 : 3, △PCA : △PCQ = △PAB : △PBQ = 7 : 2]

8 [$\overrightarrow{AB}=\vec{b}$, $\overrightarrow{AD}=\vec{d}$ とすると

$\overrightarrow{AF}=\frac{\overrightarrow{AB}+4\overrightarrow{AD}}{4+1}=\frac{\vec{b}+4\vec{d}}{5}$

また，$\overrightarrow{AC}=\vec{b}+\vec{d}$ より

$\overrightarrow{AE}=\frac{\overrightarrow{AC}+3\overrightarrow{AD}}{3+1}=\frac{\vec{b}+4\vec{d}}{4}$

であるから $\overrightarrow{AF}=\frac{4}{5}\overrightarrow{AE}$]

9 (1) $3\overrightarrow{OA}=\overrightarrow{OA'}$, $3\overrightarrow{OB}=\overrightarrow{OB'}$ となる点 A′, B′ をとると，点 P の存在範囲は直線 A′B′

(2) $3\overrightarrow{OA}=\overrightarrow{OA'}$, $2\overrightarrow{OB}=\overrightarrow{OB'}$ となる点 A′, B′ をとると，点 P の存在範囲は△OA′B′ の周および内部

10 O を端点とし，半直線 OA と 60° の角をなす 2 本の半直線

第2章

1 (0, 0, 6), (4, −1, 3), (1, −5, 4), (2, −2, 8)

2 (1) $\vec{p}=\vec{a}+2\vec{b}-\vec{c}$ (2) $\vec{q}=-2\vec{a}+3\vec{b}$

3 $|\vec{b}|=3$, $|\vec{a}+\vec{b}+\vec{c}|=8$

$[\vec{a}\cdot\vec{b}=3|\vec{b}|,\ \vec{a}\cdot\vec{c}=0,\ \vec{b}\cdot\vec{c}=0,\ |\vec{a}|=6,$
$(\vec{a}+\vec{b}+\vec{c})\cdot(2\vec{a}-5\vec{b})=0 \text{ から } |\vec{b}|=3]$

4 $t=-\frac{1}{2}$ で最小値 $\frac{5\sqrt{2}}{2}$

$\left[|\vec{a}+t\vec{b}|^2=6\left(t+\frac{1}{2}\right)^2+\frac{25}{2}\right]$

5 [(1) $\overrightarrow{AB}=\vec{b}$, $\overrightarrow{AC}=\vec{c}$, $\overrightarrow{AD}=\vec{d}$ とすると

(左辺) $=\overrightarrow{AD}+(\overrightarrow{AC}-\overrightarrow{AB})=\vec{d}+\vec{c}-\vec{b}$,

(右辺) $=2(\overrightarrow{AN}-\overrightarrow{AM})=\vec{c}+\vec{d}-\vec{b}$

(2) (左辺) $=\overrightarrow{AB}+\overrightarrow{AD}+(\overrightarrow{AB}-\overrightarrow{AC})$
$+(\overrightarrow{AD}-\overrightarrow{AC})$

$=2(\vec{b}-\vec{c}+\vec{d})$,

(右辺) $=4(\overrightarrow{AP}-\overrightarrow{AQ})$]

6 辺 BC を 5 : 2 に内分する点を Q，線分 QD を 6 : 7 に内分する点を R とすると，線分 AR を 13 : 1 に内分する点

7 $x=-1$, $y=\frac{1}{2}$

8 (1) 2 (2) $\frac{1}{\sqrt{3}}$

9 OH$=\frac{6}{7}$，体積 4 $\left[\overrightarrow{OH}=\left(\frac{36}{49},\ \frac{18}{49},\ \frac{12}{49}\right)\right.$
また，$\overrightarrow{AB}\cdot\overrightarrow{AC}=16$，$|\overrightarrow{AB}|^2=20$，$|\overrightarrow{AC}|^2=52$
から　△ABC=14]

10 点 P が辺 CD を 1：3 に内分する点のとき最小値 $\frac{11}{4}$
[P$(t,\ 0,\ 0)(0\leqq t\leqq 2)$とおくと
$\overrightarrow{PF}\cdot\overrightarrow{PM}=\left(t-\frac{1}{2}\right)^2+\frac{11}{4}$]

11 $a=\pm 2$
[円の方程式は　$(x+2)^2+(y-1)^2=6^2-a^2$，
$z=0$]

第 3 章

1 $a=4$，$b=-\frac{9}{2}$　[$\beta=k\alpha$，$\gamma=l\alpha$ となる
実数 k，l があり $k=-2$，$l=-\frac{3}{2}$]

2 (2) 2
[(1) 条件から　$\alpha\overline{\alpha}=1$，$\beta\overline{\beta}=1$，
$(\alpha+\beta)(\overline{\alpha}+\overline{\beta})=1$
よって，$\overline{\alpha}=\frac{1}{\alpha}$，$\overline{\beta}=\frac{1}{\beta}$ であるから
$(\alpha+\beta)\left(\frac{1}{\alpha}+\frac{1}{\beta}\right)=1$]

3 (1) $\frac{1}{\sqrt{2}}\left(\cos\frac{7}{4}\pi+i\sin\frac{7}{4}\pi\right)$
(2) $\cos\frac{\pi}{3}+i\sin\frac{\pi}{3}$

4 (1) $\frac{3+\sqrt{3}}{2}-\frac{1-3\sqrt{3}}{2}i$ または
$\frac{3-\sqrt{3}}{2}-\frac{1+3\sqrt{3}}{2}i$
(2) $(\sqrt{3}-3)+(1+3\sqrt{3})i$ または
$-(3+\sqrt{3})+(1-3\sqrt{3})i$
[(2) 点 B は，点 A を原点を中心として $\pm\frac{2}{3}\pi$ 回転し，原点からの距離を 2 倍した点]

5 $\frac{2+\sqrt{3}}{2}+\frac{-1+2\sqrt{3}}{2}i$
[点 $2+i$ を原点を中心として $-\frac{\pi}{6}$ 回転した点を，実軸に関して対称移動し，さらに原点を中心として $\frac{\pi}{6}$ 回転した点を表す複素数]

6 (1) -1 (2) -4

7 (1) $z=\cos\theta\pm i\sin\theta$
[(2) (1)から　$z=\cos\theta\pm i\sin\theta$
$z=\cos\theta+i\sin\theta$ のとき
$z^n=\cos n\theta+i\sin n\theta$，
$\frac{1}{z^n}=\cos n\theta-i\sin n\theta$
よって，$z^n+\frac{1}{z^n}=2\cos n\theta$ が成り立つ。
$z=\cos\theta-i\sin\theta$ のときも同様に考える]

8 $z=2\left(\cos\frac{2}{5}\pi+i\sin\frac{2}{5}\pi\right)$，
$2\left(\cos\frac{4}{5}\pi+i\sin\frac{4}{5}\pi\right)$，$2\left(\cos\frac{6}{5}\pi+i\sin\frac{6}{5}\pi\right)$，
$2\left(\cos\frac{8}{5}\pi+i\sin\frac{8}{5}\pi\right)$

9 (1) 0　(2) 1　[(1) $\alpha^{17}=1$ から
$(\alpha-1)(\alpha^{16}+\alpha^{15}+\cdots\cdots+\alpha^2+\alpha+1)=0$]

10 -64

11 (1) 点 i を通り虚軸に垂直な直線
(2) 点 $-\frac{1}{2}+\frac{1}{2}i$ を中心とする半径 1 の円
(3) 点 1 を中心とする半径 3 の円
(4) 点 $-2i$ を中心とする半径 2 の円
[(2) 変形すると $\left(z+\frac{1-i}{2}\right)\overline{\left(z+\frac{1-i}{2}\right)}=1$
(4) $|z-2i|^2=4|z+i|^2$ から
$z\overline{z}-2iz+2i\overline{z}=0 \rightarrow (z+2i)(\overline{z}-2i)=4$]

12 [3 点 α，β，γ が一直線上にあるから
$\frac{\gamma-\alpha}{\beta-\alpha}$ は実数である。
よって　$\frac{\gamma-\alpha}{\beta-\alpha}=\overline{\left(\frac{\gamma-\alpha}{\beta-\alpha}\right)}$
すなわち $\frac{\gamma-\alpha}{\beta-\alpha}=\frac{\overline{\gamma}-\overline{\alpha}}{\overline{\beta}-\overline{\alpha}}$ であり，分母を払って整理する]

13 [P(0)，A(α)，B(β)，C(γ)とすると，
$AB^2+PC^2=AC^2+PB^2$ から
$|\beta-\alpha|^2+|\gamma|^2=|\gamma-\alpha|^2+|\beta|^2$
変形して　$(\overline{\gamma}-\overline{\beta})\alpha=-(\gamma-\beta)\overline{\alpha}$
両辺を $\alpha\overline{\alpha}$ で割って　$\overline{\left(\frac{\gamma-\beta}{\alpha}\right)}=-\frac{\gamma-\beta}{\alpha}$
よって，$\frac{\gamma-\beta}{\alpha}$ は純虚数であるから
PA⊥BC]

第 4 章

1 (1) $y^2=-9x$　(2) $\frac{x^2}{9}+\frac{y^2}{25}=1$

(3) $\dfrac{x^2}{9}-\dfrac{y^2}{40}=1$

2 (1) 放物線 $y^2=x$ を x 軸方向に -1, y 軸方向に 2 だけ平行移動した放物線

(2) 楕円 $\dfrac{x^2}{9}+\dfrac{y^2}{4}=1$ を x 軸方向に 2, y 軸方向に -3 だけ平行移動した楕円

(3) 双曲線 $\dfrac{x^2}{9}-\dfrac{y^2}{2}=1$ を x 軸方向に -8, y 軸方向に 2 だけ平行移動した双曲線

3 中点 $\left(\dfrac{1}{2},\ \dfrac{1}{6}\right)$, 長さ $\dfrac{\sqrt{170}}{3}$

[2 つの交点の y 座標を y_1, y_2 とすると

$y_1+y_2=\dfrac{1}{3}$, $y_1y_2=-\dfrac{4}{9}$,

$l^2=10\{(y_1+y_2)^2-4y_1y_2\}$]

4 $y=x+1$, $y=x-1$ [直線の方程式は $y=x+k$ とおけて, $x^2-2kx-k^2+2=0$ の判別式 $D=0$ から　$k^2-1=0$]

5 [点 $(3,\ 4)$ を通る接線は

$y=m(x-3)+4$

これを楕円の方程式に代入して整理した x の 2 次方程式の判別式 D について

$\dfrac{D}{4}=144(7m^2+24m-7)=0$

この m の 2 次方程式の 2 つの解を m_1, m_2 とすると, 解と係数の関係から

$m_1m_2=-1$

よって, 2 接線は直交する]

6 直線 $y=-\dfrac{1}{4}x$ の $-\dfrac{4\sqrt{5}}{5}<x<\dfrac{4\sqrt{5}}{5}$ の部分

[点 P, Q, R の x 座標をそれぞれ x_1, x_2, x とおくと　$x_1+x_2=-\dfrac{8}{5}k$, $x=\dfrac{x_1+x_2}{2}$]

7 (1) 直線 $y=2x-5$

(2) 放物線 $x=y^2+1$ の $y\geqq 0$ の部分

(3) 円 $x^2+y^2=1$ の $x\geqq 0$, $y\geqq 0$ の部分

(4) 楕円 $\dfrac{(x-1)^2}{16}+\dfrac{(y+1)^2}{9}=1$

(5) 双曲線 $\dfrac{x^2}{4}-\dfrac{y^2}{9}=1$

8 (1) 極を通り, 始線とのなす角が $\dfrac{\pi}{4}$ の直線

(2) 中心の極座標が $(3,\ 0)$, 半径が 3 の円

(3) 極座標が $\left(1,\ \dfrac{5}{6}\pi\right)$ である点 A を通り, OA に垂直な直線 (O は極)

9 (1) $x^2+2y^2+2x-1=0$

(2) $3x^2-y^2-12x+9=0$

(3) 放物線 $y^2+4x-4=0$

10 $r=2\cos\theta$ (ただし $r\neq 0$)

11 (1) 放物線 $x=y^2-5y+3$

(2) 楕円 $x^2+\dfrac{y^2}{9}=1$

ただし, 点 $(-1,\ 0)$ を除く

[(2) P$(x,\ y)$ のとき　$x=\dfrac{1-t^2}{1+t^2}$, $y=\dfrac{6t}{1+t^2}$

$x\neq -1$ であるから, t を消去して

$\left\{\dfrac{y}{3(1+x)}\right\}^2=\dfrac{1-x}{1+x}$]

12 $\theta=\dfrac{\pi}{2}$, $\theta=-\dfrac{\pi}{6}$

● 表紙デザイン
株式会社リーブルテック

初版
第１刷　2023年５月１日　発行

教科書ガイド
数研出版 版
高等学校　数学C

ISBN978-4-87740-107-8

制　作　株式会社チャート研究所
発行所　数研図書株式会社
〒604-0861　京都市中京区烏丸通竹屋町上る
大倉町205番地
〔電話〕 075(254)3001

乱丁本・落丁本はお取り替えいたします。
本書の一部または全部を許可なく複写・複製すること，および本書の解説書，問題集ならびにこれに類するものを無断で作成することを禁じます。
230401